JN200072

肥料の夜明け

肥料・ミネラルと人の健康

食と農の健康研究所 **渡辺和彦** 編著

化学工業日報社

執　筆　者

渡辺和彦　　　（一般社団法人 食と農の健康研究所）　　　第1，7〜17章

土屋浩一郎　　（徳島大学大学院医歯薬学研究部 薬学域）　第2章

田中卓二　　　（岐阜市民病院 病理診断科部）　　　　　　第3章

高野順平　　　（大阪府立大学 生命環境科学研究科）　　　第4章

倉澤隆平　　　（東御市立みまき温泉診療所）　　　　　　　第5章

馬 建鋒　　　（岡山大学 資源植物科学研究所）　　　　　　第6章

まえがき

　本書は化学工業日報社発行の雑誌「化学経済」に「肥料の夜明け」というタイトルで 2014 ～ 2015 年に連載した記事と、2017 年 9 月に日本土壌肥料学会仙台大会で開催した「肥料・ミネラルと人の健康」をテーマとするシンポジウムの内容を各演者に要約していただいたものを、1 冊の本としてとりまとめたものである。

　肥料、特に硝酸態窒素は人の体に悪いものと永年考えられてきており、私達肥料の専門家としては、はなはだ残念な状況が続いていた。作物の生育にプラスに働くのだが、過剰の硝酸態窒素は発がん性の恐れもあると言われると、農家は安心して肥料を使用できない。発がん性物質が環境汚染の元凶であると指摘されれば、施肥はできるだけ少ないほうがよいと考えるようになるのは当然である。硝酸態窒素を多量に含む濃い緑色の野菜は、作ることすら犯罪であるかのように感じられることもあった。私達肥料の専門家は、黙って減肥料を推進せざるを得ない立場であった。

　ところが、日本のがん専門家が行ったラットでの実験で、硝酸性窒素、亜硝酸性窒素を多量に摂取させたラットの発がん性は、むしろ低下するという結果が得られたのである。しかも高濃度の硝酸や亜硝酸を摂取したラットは死亡率も低下していた（前川ら, 1982）。予想とは全く逆の結果が得られたのである。フランスのリロンデルらは、硝酸塩の危険性について科学的に詳細に再考し、結論として「硝酸塩の歴史は、50 年以上も続いた世界的規模での科学の誤りである。今こそこの遺憾な、そして高くついた誤解を正すときである。」とまとめている（リロンデルら, 1996）。本書の第 8 章、第 9 章に新しい知見も加えて詳しく説明したが、硝酸性窒素は害どころか人の健康にプラスに働いていたのである。まさに、今、肥料の夜明けである。

　学会シンポジウムでは硝酸態窒素に限らず、亜鉛やマグネシウム、ホウ素、ケイ素についても人の健康に役立っていることを各分野の専門家に紹介していただいた。これをまとめたのが第 1 編（第 1 ～ 7 章）である。

　第2編（第8〜17章）では、肥料・ミネラルと長寿ホルモン（アディポネクチン）、骨ホルモン（オステオカルシン）との関連など最近の知見も加えて肥料・ミネラルが人の健康に役立っていることを紹介している。また、アトピー性皮膚炎については米品種問題や増粘剤問題もあること、腎障害の方にはカルシウム、カリウム、リンの過剰摂取は寿命を縮める危険性があることも紹介している。

　人間が食事をするのは、健康な体を維持するためである。食事の大半は農作物であり、その品質・収量は肥料により大きく影響を受ける。肥料・ミネラルは、作物だけでなく、人間の健康にも大きく関与している。私自身がそうであるが、肥料・ミネラルの専門家としてもっと自分の仕事に誇りを持ちたいのである。仲間の皆様が誇りをもって自らの仕事に励んでいただくきっかけとなることを狙って本書を上梓した。

　本書が完成するまで、化学工業日報社には根気よく細部に至るまで細かく執筆指導を受けた。同社なくしては本書の上梓はできなかった。ここに記し、御礼申し上げる。

2018年9月　　　　　　　　　　　執筆者を代表して　渡辺和彦

目　次

第1編　肥料・ミネラルと人の健康

第2編　肥料の夜明け（渡辺和彦）

第1編

肥料・ミネラルと人の健康

第1章 はじめに
──特に硝酸塩について

　「我々の使っている肥料・ミネラルは人間の健康に役立っていた」。このことを多くの方々に知っていただくべく 2017 年 9 月に日本土壌肥料学会仙台大会において「肥料・ミネラルと人の健康」をテーマとするシンポジウムを開催した。本稿はそのシンポジウムでの講演内容を個々の話題提供者らがとりまとめたものである。特に硝酸塩は、昔は毒とされていた。硝酸塩は、唾液中微生物によって亜硝酸塩に変わり、血液中のヘモグロビンに結合しメトヘモグロビン血症を生じることがある。海外においては過去に生後 3 カ月未満の乳児で発生した事例が知られている。これは、3 カ月未満の乳児は胃酸の分泌が少なく胃内の pH が高いため、胃内で硝酸塩から亜硝酸塩が生成されやすく、これがメトヘモグロビン血症を引き起こすことになる。なお、牧草に多くの硝酸塩が含まれていると、反芻胃を持つウシはメトヘモグロビン血症を起こし死亡する事例があるのも事実である。

　一方、食品添加物として認められている亜硝酸ナトリウムは、肉に含まれるアミンと反応しニトロソアミン類を生成する。N-ニトロソジメチルアミンは、国際がん研究機関（IARC）においてグループ 2 A（ヒトに対しておそらく発がん性がある）に分類されている発がん性物質である。そのため、ニトロソアミン類の発がん性を危惧する人が大勢いるのも事実である。しかし、野菜に含まれる硝酸塩が発がん性を示すとの報告はない（Kobayashi, 2017）。また肉においても、78 ページに示すようにハーバード大学による疫学研究でがん発生との関係は認められていない（Michaud, et al., 2009）。

　こうした環境下に硝酸塩、亜硝酸塩はあるが、「硝酸塩、亜硝酸塩は人の健

康維持に必須である」という多くの実験事実、疫学調査結果が、世界のみならず日本の医学、薬学分野の研究者によって発表されているのも事実である（Kobayashi, et al., 2015 ; Kina-Tanada, et al., 2017）。

1.1　農林水産省が2016年から大きく見方を変えた

　そこでまず、農林水産省の硝酸塩に対する見方、考え方が 2016 年から 2017 年にかけて大きく変わったことを紹介する。2016 年 1 月に公表された「農林水産省が優先的にリスク管理を行うべき有害化学物質のリスト」には、ヒ素、カドミウム、鉛、水銀、アフラトキシン、アクリルアミドなどと一緒に硝酸性窒素も含まれていたが、「現時点で健康への悪影響や中毒発生の懸念が低い（中略）硝酸性窒素について、優先的なリスク管理の対象から外しました。」と記されている。

　そして 2017 年 3 月 31 日に公表された「農業技術の基本指針（平成 29 年改定）」では、「（2）有害物質等のリスク管理措置の徹底」の小項目としてこれまで設けられてきた「 エ．野菜の硝酸塩対策」の項目全体が削除された。すなわち、過去には「野菜中の硝酸塩をできる限り低減するため、過剰な施肥を避け、適切な施肥管理を徹底する。また、必要に応じて、硝酸塩低吸収品種の剪定、遮光及び温度等の栽培条件の制御による野菜の硝酸塩低減技術の実証・評価を実施する。」等の説明文が存在していたのだが、これは完全に削除された。

　さらに、農研機構が 2006 年 3 月 1 日付けでウェブ上に掲載していた「野菜の硝酸イオン低減化マニュアル」には「硝酸イオン自体は直接人体に害を及ぼすことはありませんが、ヒトにとって全く必要でないものであり、…」との記述があったが、2017 年 3 月に次の文章が追加記載された「※硝酸イオンの人体に与える影響については、現在有用な効果も見つかっており、さらに研究が必要です。硝酸低減マニュアル内の記述については、作成時の硝酸に対する認識が反映されたものです。」（下線は筆者）。「全く必要でないもの」から「現在

有用な効果も見つかっており」へと記述内容が変更されたことは、非常に大きな変化である。

1.2 我々の取り組み

全国肥料商連合会主催、農林水産省後援による施肥技術講習会が 2011 年より開催されているが、講習会で使用するテキスト『環境・資源・健康を考えた土と施肥の新知識』（渡辺ら, 2012）の「第 7 章 作物の栄養と作用機作」では、硝酸塩、亜硝酸塩の発がん調査結果を示している。ここでは、WHO にも引用されている国立衛生試験所（現 国立医薬品食品衛生研究所）の発がん性物質の専門家である前川昭彦氏の実験（ラットへの硝酸塩、亜硝酸塩の投与実験）のデータ（Maekawa, et al., 1982）を引用してある。雌雄各区 50 頭の実験で、ラットが死亡するごとに各種がん発生調査をしている。データをみると、硝酸塩、亜硝酸塩とも高濃度摂取区のがん発生率は、低濃度あるいは無添加区よりも低くなっていた。硝酸塩、亜硝酸塩はがん発生を助長するどころか、抑制していたのである。120 週後の累積死亡率では硝酸塩、亜硝酸塩投与区の累積死亡率は無投与区よりも有意に低くなっていた。すなわち長生きするラットが多いのである。こうしたデータなどと、リロンデルら（2006）の要旨を抜粋引用して、硝酸塩は有害どころか有益だったと結論した。このように硝酸塩を有益と記述した土壌肥料の専門書は日本ではこの本が最初である。もちろん、講習会では図書には記載していない新しい実験事実も逐次紹介してきた（詳細は本書第 8、9 章参照）。施肥技術講習会は農林水産省後援でもあり、農林水産省の職員の方々も私のこうした講義を聴いてくれていた。

また 2015 年には、国際肥料協会、国際植物栄養協会の共同出版である、『人を健康にする施肥』（2015）を翻訳出版した。この本では、多くの特筆すべき発見が 1994 年にあり、硝酸塩に対する見方が 1994 年に変わったことに 2 ページにわたり触れている。人の胃の中で多くの一酸化窒素（NO）が発生してい

るという事実の発見や、それがピロリ菌などのバクテリアを殺す作用について記述されている。300ページ以上にも及ぶ膨大な図書の翻訳は、多くの仲間の協力で成し遂げられたのだが、こうした図書の出版も農林水産省の担当関係者は把握しており、硝酸イオンが人の健康に役立っていることも理解してもらえていたのだろうと思っている。施肥講習会が始まってから6年間の歳月を必要としたが、農林水産省の今回の一連の改正は大きく、上杉 登 氏（全国肥料商連合会会長）らの全面的な応援のもとで奮闘してきた筆者には感慨深いものがある。一般の方々への普及はこれからである。　　　　　　　　　　（渡辺和彦）

■文献

Kina-Tanada, M, Sakanashi, M., Tanimoto, A., Kaname, T., Matsuzaki, T., Noguchi, K., Uchida, T., Nakasone, J., Kozuka, C., Ishida, M., Kubota, H., Taira, Y., Totsuka, Y., Kina, S., Sunakawa, H., Omura, J., Satoh, K., Shimokawa, H., Yanagihara, N., Maeda, S., Ohya, Y., Matsushita, M., Masuzaki, H., Arasaki, A. and Tsutsui, M., 2017, Long-term dietary nitrite and nitrate deficiency causes the metabolic syndrome, endothelial dysfunction and cardiovascular death in mice. *Diabetologia*, 60:1138-1151.

Kobayashi, J., 2017, Effect of diet and gut environment on the gastrointestinal formation of N-nitroso compounds: A review. *Nitric Oxide, Biol.*, 73:66-73.

Kobayashi, J., Ohtake, K., Uchida, H., 2015, NO-rich diet for lifestyle-related diseases. *Nutrients*, 7:4911-4937.

国際肥料協会, 国際植物栄養協会（渡辺和彦 日本語版監修）, 2015, 人を健康にする施肥、全国肥料商連合会 [International Plant Nutrition Insuitute and International Fertilizer Industry Association, 2012, Fertilizing Crops to Improve Human Health: A Scientific Review, IPNI, USA, IFA, France, This joint publication can be downloaded from either IPNI's or IFA7s web site].

リロンデル, J., リロンデル, J-L.（越野正義 訳）2006, 硝酸塩は本当に危険か：崩れた有害仮説と真実, 農山漁村文化協会 [L'hirondel J. and L'hirondel J.-L, 1996, Nitrate ahd Man：Toxic, harmless or benificial? University Hospital of Caen, France].

Maekawa, A., Ogiu, T., Onodera, H., Furuta, K., Matsuoka, C., Ohno, Y. and Odashima, S.,1982, Carcinogenicity studies of sodium nitrite and sodium nitrate in F-344rats. *Food Chem. Toxicol.*,20: 25-33.

Michaud, D.S., Holick, C.N., Batchelor, T.T., Giovannucci, E. and Hunte, D.J., 2009,Prospective study of meat intake and dietary nitrates, nitrites, and nitrosamines and risk of adult glioma. *Am. J. Clin. Nutr.*, 90:570-577.

渡辺和彦, 後藤逸男, 小川吉雄, 六本木和夫, 2012, 土と施肥の新知識, 全国肥料商連合会.

第2章 硝酸塩の臓器保護作用
——亜硝酸塩の体内での代謝と生理作用について

　地球の大気の78%は窒素分子が占めている。窒素固定菌によってアンモニアに還元されて一部はアミノ酸になるほか、硝化菌によってさらに亜硝酸イオン、硝酸イオンへと酸化され、これを植物が吸収し、その植物を動物が食べることで体内に取り込まれる。植物・動物が分解されるとアンモニアが生成し、硝酸イオンは脱窒菌によって窒素分子に分解される。このことを「窒素循環」というが、我々人間もこの窒素循環経路に組み込まれており、我々の体内を様々な形の"窒素を含む分子"が通り抜けている。窒素は人の体を構成する元素では4番目に多く、核酸やタンパク質を形作るのに必須の元素である。これらのうち硝酸塩、亜硝酸塩（体内ではイオン化しているので硝酸イオン、亜硝酸イオンになる）と生体の関連については、20世紀後半になるまで研究の歩みは遅かった。その大きな原因として、亜硝酸塩が"発がん物質"として規制の対象になっていたこと、また高度成長期の公害問題として、窒素酸化物（NO_x）が大気汚染物質として認識されており、これらのことから当時、硝酸塩・亜硝酸塩の研究というと公害関連分野が主流だったことが挙げられる。

　しかし1998年のノーベル医学・生理学賞が、血管弛緩物質としての一酸化窒素（nitric oxide: NO）を発見したR. Furchgott（当時 米ニューヨーク州立大名誉教授）, L. Ignarro（同 米カリフォルニア大ロサンゼルス校教授）, F. Murad（同 米テキサス大教授）の薬理学者3氏に贈られたことが契機になり、亜硝酸塩、硝酸塩の生理作用にも目が向けられるようになった。硝酸塩、亜硝酸塩に関する論文数をみても、ノーベル賞受賞の少し前からの急増がうかがえる（図2.1）。

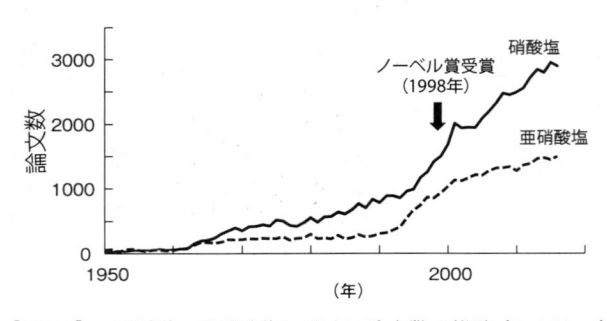

【図2.1】　硝酸塩・亜硝酸塩に関する論文数の推移（PubMed）

　NO は生体内で NO 合成酵素（nitric oxide synthase: NOS）により L-Arg（アルギニン）を基質として生成されるが、体内での半減期が数秒ときわめて短く、体内で迅速に亜硝酸イオン、硝酸イオンへと酸化され、最終的には尿から排泄される（Lundberg, et al., 2008）。したがって血液中にはこれらイオンが常に一定量存在しており、血中の無機の亜硝酸イオンや硝酸イオンは NO の不活性な中間代謝物および最終代謝物と考えられる。NO の生理作用が発見された当時は血中の硝酸イオンと亜硝酸イオンの和が生体内の NO 生成の指標として汎用されていた。

　我々は窒素をタンパク質の形で食物から摂取しているが、野菜には硝酸態窒素（硝酸イオン）が多く含まれており（White, 1975）、野菜を摂取するとその硝酸イオンも体内に取り込まれ、様々な有益な生理作用をもたらすことが 21 世紀になると知られるようになった（Webb, et al., 2008）。

　現在、筆者らを含む多くの研究者がこの血中の硝酸イオン、亜硝酸イオンの生理作用について研究を行っている。ここでは、これまでの研究内容および最近の硝酸塩・亜硝酸塩に関する研究の動向について紹介したい。

2.1　生体におけるNOと亜硝酸イオン・硝酸イオンの関係

　前述のように NO は、R. Furchgott 氏、L. Ignarro 氏、F. Murad 氏らの研究

で、それまで正体が不明であった"血管弛緩物質"の本体として明らかにされた。NO の分子はその特性として、電荷を持たないため細胞膜を容易に通過し、純水に室温下で 2mM 程度溶解できる。またラジカル分子なので、他のラジカル種、例えばスーパーオキシドアニオンラジカル（$O_2^{\bullet-}$）と容易に反応しパーオキシナイトライト（$ONOO^-$）を生成する。

NO の生理作用としては、ノーベル賞の対象となった血管拡張作用（血圧降下作用）のほか、抗血小板凝集作用、血管平滑筋増殖抑制作用、神経伝達作用、殺菌作用が知られている。発見当時は生体内の NO は NOS によって生成されると考えられていた。NOS には eNOS、nNOS、そして iNOS の三つが知られ、それぞれ図 2.2 のような特徴を持つ。

いずれの NOS も、L-Arg を基質とし、酸素分子と NADPH を用い、中間代謝物として N^G-ヒドロキシ-L-アルギニン（NOHLA）を経て NO と L-Cit（シトルリン）を生成する。

$$\text{L-Arg} + \text{NADPH} + \text{H}^+ + \text{O}_2 \rightarrow \text{NOHLA} + \text{NADP}^+ + \text{H}_2\text{O} \qquad (1)$$

$$\text{NOHLA} + 1/2\,\text{NADPH} + 1/2\,\text{H}^+ + \text{O}_2$$
$$\rightarrow \text{L-Cit} + 1/2\,\text{NADP}^+ + \text{NO} + \text{H}_2\text{O} \qquad (2)$$

L-Cit は体内で L-Arg に変換され再び NO の基質となること、また L-Arg は経口摂取すると肝臓で大部分が代謝されるのに対し L-Cit は代謝されないことから、L-Cit が新たな NO 源として着目されつつある（林，2014）。

さて、細胞内で NOS によって生成された NO は可溶性グアニル酸シクラーゼを活性化してサイクリック GMP（cGMP）を生成することによって細胞内 Ca 低下による血管平滑筋の弛緩をもたらすほか（Palmer, et al., 1987）、転写、cAMP の調節、タンパク質変性（ニトロ化、NO-金属錯体生成）を引き起こす（Villanueva and Giulivi, 2010）。そして役目を終えた NO は体内で酸素分

NO合成酵素 ┌ cNOS ┌ eNOS：血管内皮細胞に主に発現し、血管拡張症作用を発揮
　　　　　　　│　　　└ nNOS：神経組織に主に発現し、細胞間情報伝達に関与
　　　　　　　└ iNOS：免疫系に主に発現し、病原体に対する生体防御に関わる

【図2.2】　3種類のNOS の特徴

子によって亜硝酸イオンから硝酸イオンへと速やかに酸化を受けるほか（式 3 〜 6）、赤血球中のオキシヘモグロビンによって硝酸イオンへと迅速に酸化される（式 10、12。Kosaka and Shiga, 1996）。

$$2NO + O_2 \rightarrow 2NO_2 \leftrightarrows N_2O_4 \tag{3}$$

$$NO + NO_2 \leftrightarrows N_2O_3 \tag{4}$$

$$N_2O_3 + H_2O \rightarrow 2NO_2^- + 2H^+ \tag{5}$$

$$N_2O_4 + H_2O \rightarrow NO_2^- + NO_3^- + 2H^+ \tag{6}$$

$$HbO_2 \leftrightarrows Hb + O_2 \tag{7}$$

$$Hb + NO \leftrightarrows HbNO \tag{8}$$

$$2Hb + NO_2^- + 2H^+ \rightarrow HbNO + metHb + H_2O \tag{9}$$

$$HbO_2 + NO \rightarrow metHb + NO_3^- \tag{10}$$

$$HbNO + O_2 \rightarrow metHb + NO_3^- \tag{11}$$

$$4HbO_2 + 4NO_2^- + 4H^+ \rightarrow 4metHb + 4NO_3^- + O_2 + 2H_2O \tag{12}$$

したがって血液中には NO はほとんど検出されず、また血液中には HbO_2 が豊富に存在することから亜硝酸イオンも速やかに硝酸イオンに代謝され（式 12）、血液中には専ら硝酸イオンが高濃度で存在することになる（Zeballos, et al., 1995）。硝酸イオンは腎臓で濾過され、尿として体外に排泄される。

ところで、体内の硝酸イオン、亜硝酸イオンがすべて NOS によって生成された NO 由来とすると、NOS をノックアウトした動物では血中の硝酸イオン、亜硝酸イオンがほぼ 0 になるはずであるが、実際にはわずかの NO_x が血中・尿中に出現することが報告されており（Morishita, et al., 2005）、NOS 以外の NO 生成系が体内に存在すると考えられた。

2.2　経口摂取された硝酸塩、亜硝酸塩

我々は日常的に様々な食材を摂取しているが、なかでも野菜は硝酸塩を多く含むことが知られており、特にハクサイ（11642 μmol/100 g）、セロリ（13226 μmol/100 g）、ダイコン（4396 μmol/100 g）、ゴボウ（4228 μmol/100 g）

には特に高濃度の硝酸塩が含まれている（姫野，2001）。

これら生体に摂取された硝酸イオンは胃を通過し小腸でほぼすべて血中に吸収され、75％は尿から排泄されるが、25％は唾液腺に集まり、再び口腔内に唾液とともに分泌される（Lundberg, et al., 2008；Spiegelhalder, et al., 1976；Mowat and McColl, 2001）。2012年には、唾液腺における硝酸イオンのトランスポーターの一つが明らかにされている（Qin, et al., 2012）。一部の硝酸イオンは、口腔内に存在する硝酸還元能を持った細菌によって亜硝酸イオンへと還元され、嚥下によって胃内に入る。Doelらは、ヒト口腔内で硝酸を還元する細菌として *Veillonella atypica*（34％）、*Veillonella dispar*（24％）、*Actinomyces odontolyticus*（21％）、*Actinomyces naeslundii*（2％）、*Rothia mucilaginosa*（10％）、*Rothia dentocariosa*（3％）、*Staphylococcus epidermidis*（5％）｛（　　）内は存在比｝を報告し（Doel, et al., 2005）、Hydeらはこれらのほかに舌表面から *Neisseria flavescens*、*Haemophilus parainfluenzae*、*Neisseria mucosa*、*Prevotella melaninogenica* 等を同定している（Hyde, et al., 2014）。ヒトが1日当たりに摂取する亜硝酸イオンの93％は、この唾液中の硝酸イオンが還元されることによって得られている（Archer, 2002；Bryan, et al., 2012）。

亜硝酸イオンは強酸性下の胃内でさらなる化学変化を受ける（Feelisch and Stamuler, 1996；McKnight, et al., 1997）。

$$NO_2^- + H^+ \leftrightarrows HNO_2 \ (pKa = 3.2 \sim 3.4) \tag{13}$$

$$HNO_2^+ H^+ \leftrightarrows H_2NO_2^+ \leftrightarrows NO^+ + H_2O \tag{14}$$

$$H_2NO_2^+ + NO_2^- \leftrightarrows N_2O_3 + H_2O \tag{15}$$

$$N_2O_3 \leftrightarrows NO + NO_2 \tag{16}$$

式（13）のpKaが3.3程度であることから、この反応はpHの低下した胃内で起きやすいことが分かり（Lundberg, et al., 1994）、McKnightらは硝酸カリウムを飲用した後に胃内で有意なNOが生成することを観察している（McKnight, et al., 1997）。

さらに、胃液中に酸とともに分泌されているアスコルビン酸がNO$^+$（式14）、NO$_2$（式16）やN$_2$O$_3$（式16）を還元してNOを生成すること（Mowat and McColl，2001)、また食餌性ポリフェノールも同様に NO 生成を促進することが報告されている（Pereira, et al.，2013）。

　胃内で亜硝酸イオンから NO を生成することの生理的意義については、胃内の微生物に対する静菌作用、NO による胃壁の血管拡張と、それに引き続く胃粘液分泌促進作用が考えられている。また、腎臓・尿路感染の患者では細菌性硝酸還元酵素活性の結果、尿中に高濃度の亜硝酸イオンがみられることから尿中細菌検出用亜硝酸試験として診断に用いられているが（尾関ら，1997)、尿の酸性化、およびビタミン C を加えると細菌数が大きく減少することから、NO による静菌・殺菌作用が示唆されている（Lundberg, et al.，1997）。

2.3　生体内 NO の測定法の開発

　以上のように、亜硝酸イオンが胃内で NO を生成することは 1990 年代後半から 2000 年にかけて明らかにされたが、胃内で生成した NO が、胃という局所だけに作用するのか、もしくは全身循環に移行して血管拡張作用等の作用を有するかという点についてはほとんど解明されていなかった。胃以外の臓器で亜硝酸が NO 源になることは、1995 年に Zweier らによって報告されたが（Zweier, et al.，1995)、in vivo でこの反応が起きていることは明らかでなかった。当時は triple-NOS ノックアウト動物はまだ開発されておらず、NOS による内因性の NO と硝酸 - 亜硝酸由来の外因性の NO を区別できなかったからである。そこで筆者らは電子スピン共鳴（electron paramagnetic resonance: EPR）法と窒素の安定同位体である ^{15}N を使って、内因性の NO と食餌性の亜硝酸由来の NO を区別して血中の NO を測定する方法を開発した（Kirima, et al.，2003）ので紹介したい。

　体内における NOS 由来の NO は、式（1 〜 2）で示したように L-Arg の窒素原子に由来しており、天然の窒素原子は 99.6% が ^{14}N であることから、NOS 由来の NO はほぼすべてが ^{14}NO と考えられる。血液中に出現した NO の一部はデオキシヘモグロビン（Hb^{2+}）と結合し、ニトロシルヘモグロビン（HbNO）

と S-ニトロソヘモグロビン（SNOHb）として存在する（Gow, et al., 1999）。このうち、HbNO は酸素分子（O_2）と反応してメトヘモグロビン（metHb）と硝酸イオンへと代謝されるため NO 代謝における中間体と考えられている（Kosaka and Shiga, 1996）。

$$Hb + NO \leftrightarrows HbNO \tag{17}$$
$$HbNO + O_2 \rightarrow metHb + NO_3^- \tag{18}$$

この HbNO のうち、72％は Hb（Fe^{3+}）NO で、残りの28％が Hb（Fe^{2+}）NO として存在しているが（Nagababu, et al., 2003）、Hb（Fe^{2+}）NO は EPR 法によって特異的に検出が可能である。さらに、Hb は赤血球中に豊富に存在し個体間のばらつきも小さいことから、天然の NO 捕捉剤として利用できると考え、筆者らは全血の EPR 測定による簡便な血中 HbNO 測定を通じ、生体内での NO 生成を確認する方法を開発した（図2.3。Kirima, et al., 2003）。

一方、窒素原子の安定同位体である ^{15}N からなる ^{15}NO が Hb と結合すると同様に Hb^{15}NO が生成するが、Hb^{14}NO と、Hb^{15}NO を EPR で測定すると、図2.4 に示すように異なる EPR スペクトルが得られ、N 源の違いによる NO 生成を区別することが可能となった（Okamoto, et al., 2005）。以下にこの手法を用いた研究結果を紹介する。

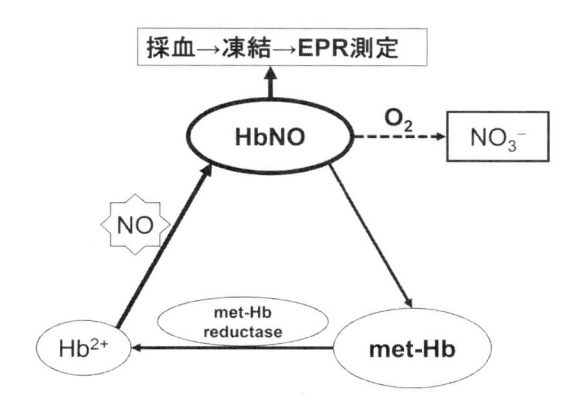

【図2.3】　EPR法による血中NO測定の原理
（出典）Kirima, et al.（2003）

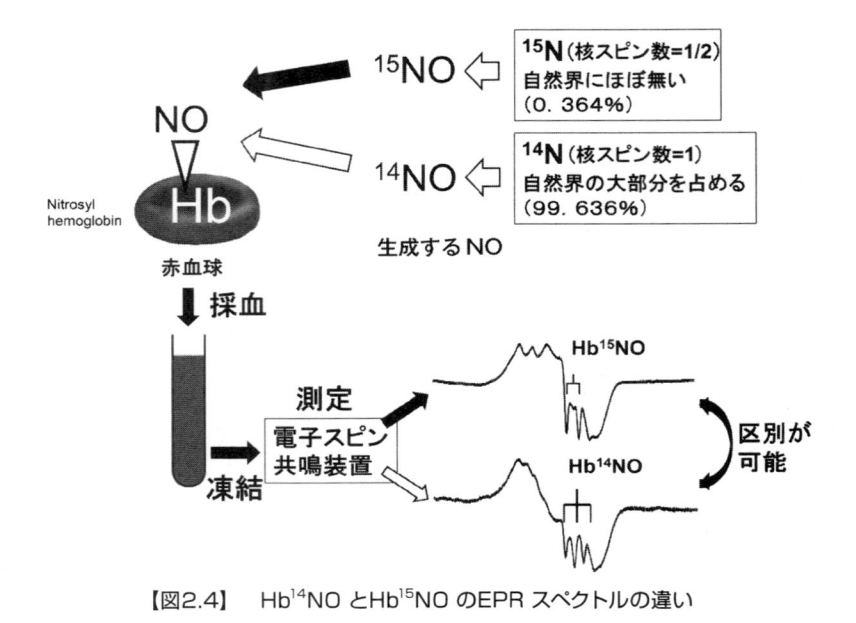

【図2.4】　Hb^{14}NO とHb^{15}NO のEPR スペクトルの違い

2.4　EPR 法を用いた亜硝酸塩による生理作用の検討

（1）亜硝酸塩からの NO 生成と、血圧降下作用（Tsuchiya, et al., 2005）

　亜硝酸塩を実験動物に投与すると血圧が低下することは知られていたが（Vleeming, et al., 1997）、当時その機序に関してはよく分かっていなかった。そこで我々は亜硝酸塩による血圧低下は亜硝酸イオンから生成した NO に起因するのではないかと仮定し、内因性の NO と区別するために ^{15}N からなる亜硝酸ナトリウム（Na^{15}NO$_2$）をラットに経口摂取させたときの血中 HbNO 生成を EPR で測定することにより検討を行った。まず、ラットに 1 mg/kg の割合で Na^{15}NO$_2$ を経口投与して 15 分後に採血を行い EPR で測定したところ、血液中に ^{15}N からなる Hb^{15}NO 由来の EPR スペクトルを観察したことから、経口投与した亜硝酸塩は血中に NO の形で出現することを証明した。さらに、HbNO

の血中消失半減期を計算し、0.7 h^{-1} であることを明らかにした。

　NOS 阻害剤である N$^{\omega}$-nitro-L-arginine methyl ester（L-NAME）を飲水に混ぜて実験的に高血圧としたラットでは、正常ラットと比較して血中 HbNO が有意に低下していた。このラットに対し亜硝酸ナトリウム（100 mg/L - 1000 mg/L 飲水）を経口投与すると、低下していた HbNO が亜硝酸の用量依存的に回復するとともに、血圧の上昇が有意に抑制されることを見出した。Pinheiro らの報告によると、プロトンポンプ阻害剤で胃酸の分泌を抑制した動物に亜硝酸塩を投与したところ血中の硝酸イオン・亜硝酸イオンの和には変化がないにも関わらずプロトンポンプ阻害剤投与群で有意に血圧低下が抑制されたことから（Pinheiro, et al., 2012）、EPR の結果で得られたように胃内で亜硝酸イオンから NO が生成し、それが血中に移行して血圧降下作用を発揮することが強く示唆された。

（２）低用量亜硝酸投与による、L-NAME 惹起高血圧発症ラットに対する効果の検討（Kanematsu, et al., 2008）

　次に、低用量の亜硝酸塩でも同様の作用が観察できるかどうか検討を行った。ラットに蒸留水、L-NAME（1g/L）、L-NAME+ 亜硝酸ナトリウム（0.1、1.0、10、100 mg NaNO$_2$/L）を溶解させた飲水を 8 週間にわたり投与し、隔週に血圧、8 週目に採血し血中 HbNO、腎糸球体の形態変化を HE 染色で検討した。まず血圧は、L-NAME の投与によって 8 週目には収縮期血圧が 163 ± 7 mmHg まで上昇し、100 mg/L の亜硝酸ナトリウム投与群では 137 ± 5 mmHg と有意に降圧作用を示したが、それより低い亜硝酸ナトリウム投与群では低下傾向を示したものの有意ではなかった。次に 8 週目の血中 HbNO を EPR 法で確認したところ、L-NAME の投与で有意な低下が観察されたが、亜硝酸ナトリウムの投与が 1 mg/L 以上の群で有意な HbNO の回復がみられた。

　また、8 週目における尿中のタンパク質を測定したところ、L-NAME の投与によってタンパク尿が出現したが、亜硝酸ナトリウムの投与が 1 mg/L 以上で有意な改善を示すとともに、糸球体の形態変化も抑制することが明らかになった。

　硝酸塩の 1 日摂取量は報告によってばらつきが大きいが（57 〜 322 mg/day。IARC, 2010）、これらの硝酸塩の 25% が唾液腺に移行し、さらにそのうちの 20% が亜硝酸に変換される（Mowat and McColl, 2001）と仮定すると、本実験の 1.0 mg /L の飲水中の亜硝酸量がほぼこれに相当する。ヒトと実験動物の違いはあるが、上記のように 1.0 mg /L 以上の亜硝酸 Na によって尿タンパク、血中 HbNO、腎糸球体の保護作用がみられたことは興味深い。

2.5　虚血臓器中での、亜硝酸から NO への生成機構について (Okamoto, et al., 2005)

　虚血時には組織内 pH が低下し、NOS 非依存的に亜硝酸塩からの酸分解由来で NO が生成することが、1995 年に Zweier らによってラット摘出心臓で報告された（Zweier, et al., 1995）。そこで我々は、in vivo の系で腎虚血モデルを作製し、亜硝酸塩から NO が生成するか否かについて検討した。ラットに予め $Na^{15}NO_2$ を 3 μ mol/kg の割合で静脈内投与し、その後直ちに腎臓の動静脈を結紮して 40 分後に腎組織を EPR 法で測定すると、腎組織内で明らかな $Hb^{15}NO$ のスペクトルが観察され、結紮を解き再灌流を行うと腎臓中の $Hb^{15}NO$ が減少するとともに全身の血液中に $Hb^{15}NO$ が出現した。また、この亜硝酸塩からの NO 生成は NOS 阻害剤である L-NAME では阻害されず、xanthine oxidase の阻害剤である allopurinol によって阻害された。虚血の腎臓では組織内 pH の低下は心臓と比べ軽度であり（〜 pH 6.5。Sola, et al., 2003）、酸分解による亜硝酸からの NO 生成は考えにくいため、xanthine oxidase によって酵素的に亜硝酸イオンが NO に還元されていると思われる。Patel らは、心臓と肝臓で虚血再灌流障害時に亜硝酸塩が臓器保護作用を示すことを報告している（Duranski, et al., 2005；Patel, et al., 2014）。

2.6　亜硝酸イオンのシグナル分子としての働きについて
（Miyamoto, et al.,　2017）

亜硝酸イオンからの NO 生成には、pH の低下（式 13。Tsuchiya, et al., 2000）、強烈な虚血（低酸素）条件下における酵素的還元系（Duranski, et al., 2005；Patel, et al.,　2014）、そしてデオキシヘモグロビンによる化学的還元系（Nagababu, et al.,　2003）が考えられてきた。しかし、生体内で恒常的に亜硝酸イオンから NO が生成する箇所は、消化に伴い pH の低下が起きる胃内であり、生体内で酸素分圧が恒常的に 0 に近い組織は考えにくい。一方で硝酸塩の経口投与が耐糖能を改善することが Carlstrom らによって報告され（Carlstrom, et al.,　2010）、硝酸塩・亜硝酸塩は臓器保護作用のほかに糖代謝にも影響を与えることが示唆された。この、糖代謝に関係する分子として、筆者らの研究室では 5′ AMP-activated protein kinase（AMPK）に着目し研究を進めていたことから、亜硝酸塩と AMPK の関与について検討を行った。

AMPK は触媒作用を持つ α （α1、α2）サブユニットと、調節作用を持つ β、γ サブユニットから構成される Ser/Thr kinase であり、AMP/ATP 比の上昇に応じて活性化（リン酸化）し、同化を抑制、異化を亢進することから、代謝の鍵分子といわれている（図 2.5）。

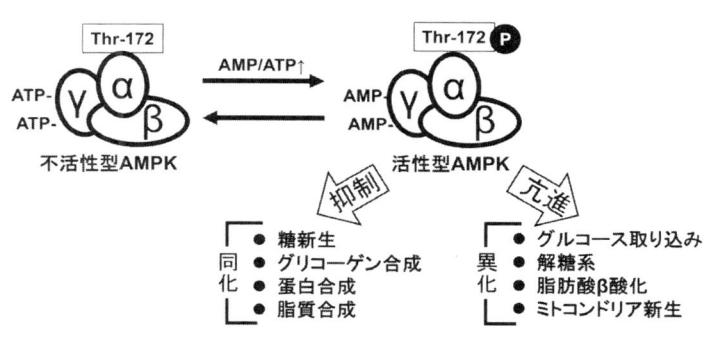

【図2.5】　AMPK と、その活性化に伴う糖脂質代謝の変化

　また、AMPK は代謝だけでなく eNOS も活性化することで血管拡張を起こすことから（Chen, et al., 1999）、ヒト腎血管内皮細胞（human glomerular endothelial cells: HGEC）に対する亜硝酸塩の効果を検討し、亜硝酸塩による腎保護効果について、虚血時の酵素的 NO 生成だけでなく、eNOS を介した保護作用の可能性も検討した。その結果、亜硝酸塩は HGEC の eNOS のリン酸化を濃度依存的に促進し、さらに eNOS を活性化することが知られている AMPK と、その下流に位置し AMPK の基質となる ACC も、亜硝酸塩によって濃度依存的にリン酸化が抗進した。亜硝酸塩の代わりに硝酸塩を用いて同様の実験を行ったが、eNOS、AMPK、ACC のリン酸化は観察されず、これらの現象は亜硝酸塩に特有の作用である。一方で、NO 自身が AMPK の活性化を起こすことから、NO 消去剤である carboxy-PTIO 存在下で同様の実験を行ったところ、亜硝酸塩による AMPK のリン酸化は影響を受けなかった。すなわち亜硝酸塩が直接 AMPK のリン酸化抗進に関わることが明らかとなった。

　さらに、AMPK の阻害剤である BML275 共存下で亜硝酸塩による刺激を行ったところ eNOS のリン酸化は抑制されたことから、亜硝酸塩が NO に変化して生理作用を示すのではなく、情報伝達分子として AMPK の活性化に関与することを見出し、亜硝酸塩自体が細胞内でシグナル分子としての働きを持つことを明らかにした。この AMPK の活性化は、亜硝酸塩で HGEC を処置することで細胞内 ATP 量が減少することによると考えている。

　以上の結果から、図 2.6 に示すように、体内の微生物の働きによって硝酸塩から生成した亜硝酸塩には、胃内や虚血臓器（組織）で NO に変化することで生理活性を発揮する硝酸塩 - 亜硝酸塩 -NO 経路と、今回検討した HGEC 細胞のように亜硝酸塩がシグナル分子となる亜硝酸塩 -AMPK-eNOS 経路を介した作用が存在することを解明した。この亜硝酸塩による AMPK 活性化は HGEC だけでなく心筋細胞でも報告されており（Pride, et al., 2014）、野菜に多く含まれる硝酸塩の作用として、AMPK および eNOS を介した様々な効果が期待できる（図 2.6）。

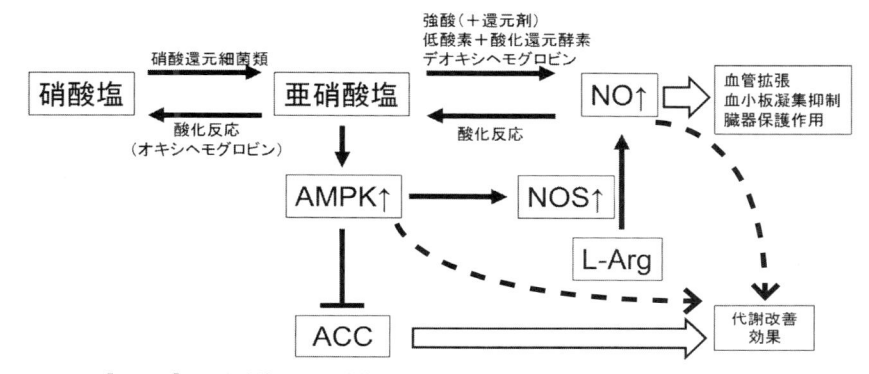

【図2.6】　硝酸塩 - 亜硝酸塩 - NO 経路と、亜硝酸 - AMPK - eNOS 経路

2.7　硝酸塩・亜硝酸塩の健康リスクについて

　ここまで、筆者らの研究をもとに亜硝酸塩を中心とした生理作用について説明してきたが、一般的には硝酸塩・亜硝酸塩の過剰摂取は、それら物質の影響を受けやすい人々への健康リスクがあるとされている。U.S. Department of Health and Human Services 発行の資料をもとに、それらの中から代表的リスクの根拠を考えつつ紹介したい（Registry AfTSaD, 2015）。

（1）4カ月未満の乳児
＜提言＞

・生後 4 カ月未満の乳児は、硝酸塩および亜硝酸塩の過剰摂取（硝酸塩で汚染された水で溶いたミルクの摂取）による健康リスクが最も高いとされている。水の硝酸態窒素濃度は約 10 ppm 以下にすべき（Greer and Shannon, 2005）

・野菜（ホウレンソウ、ビート、緑豆、スカッシュ 、ニンジン等の硝酸塩が多い食材）は、乳児が 3 カ月以上になるまで避けるべき（Greer and Shannon, 2005）

・高濃度の硝酸塩を含む水を飲んでいる母親が授乳する場合でも、硝酸塩は母乳に移行しにくいので 100 ppm までの硝酸態窒素を摂取する母親からの硝酸塩中毒の危険性はない（Greer and Shannon, 2005）。また、母乳を飲ん

でいる乳児では硝酸還元能を持たない微生物（乳酸桿菌）が主に増えている（Phillips, 1971）

・嘔吐および下痢を伴う胃腸炎は乳児の体内で亜硝酸塩を増やす可能性があり、また、大腸からの亜硝酸の吸収が促進されるため、硝酸塩・亜硝酸塩の摂取に関わりなくメトヘモグロビン血症の独立した危険因子となる（Lebby, et al., 1993）

・敗血症によって大量の NO が生成するとメトヘモグロビン血症を惹起し、アシドーシスになるとメトヘモグロビン還元酵素の活性が低下する（Nwelson and Hosteler, 2003）

＜メトヘモグロビン血症発症の理由＞（Nwelson and Hosteler, 2003）

・6 カ月未満の乳児は、赤血球中のメトヘモグロビン還元酵素（NADH- シトクロム b5 還元酵素）が十分でなく、メトヘモグロビン血症が顕在化しやすいため

・乳児の胃の pH が高いために硝酸還元細菌が生息しやすく、食物中の硝酸塩を亜硝酸塩に還元できる状態にある

・胎児ヘモグロビンは亜硝酸イオンによってメトヘモグロビンに酸化されやすいため、特に未熟児ではその傾向が強い

（2）妊　婦

＜提言＞

妊娠 30 ～ 34 週にかけて血漿量の増加が赤血球の増加を上回るために生理的貧血状態になり、硝酸塩・亜硝酸塩に対する感受性が高まる（Gitto, et al., 2002）

＜理由＞

亜硝酸塩による酸化ストレスの増加と抗酸化物質の減少により、メトヘモグロビン血症に罹患しやすくなる

（3）グルコース -6- リン酸脱水素酵素欠損症患者

＜提言＞

メトヘモグロビン血症が起こりやすくなる（Coleman and Coleman, 1996）

＜理由＞

メトヘモグロビンを還元する NADPH の産生能が低いため

（4）メトヘモグロビン血症の発症リスクを高める病態

貧血症

循環器疾患

呼吸器疾患

敗血症

酵素疾患（ピルビン酸キナーゼ、メトヘモグロビン還元酵素）

異常ヘモグロビン

2.8　ま　と　め

　これまで硝酸塩や亜硝酸塩の摂取によって胃内でニトロソアミンが生成し、発がんに関与するといわれてきたが（Tenovuo, 1986）、最近の報告では発がんについて根拠が不十分と結論づけられている（Bryan, et al., 2012；Sindelar and Milkowski, 2012）。Kobayashi は最近の研究をまとめた報告の中で、食事由来の硝酸塩による発がんリスクは同時に摂取する食物中の抗酸化成分と充分な胃酸の分泌によって軽減されること、また下部消化管では過度の肉食がニトロソ化合物の生成を促進する可能性を述べている（Kobayashi, 2017）。また、硝酸塩の 1 日許容摂取量（ADI）が定められた当初から FAO/WHO 合同食品添加物専門家会議（JECFA）は野菜から摂取する硝酸塩の量を直接 ADI と比較することは適当でないと付記しており、ADI の再考を勧告している（Joint FAO/WHO Expert Committee on Food Additives, 2002）。なお、平成 29 年度改訂の農林水産省「農業技術の基本指針」からは野菜の硝酸塩対策の項目が削除された。

　前段で硝酸塩・亜硝酸塩の健康リスクについて、影響を受けやすい集団があることを紹介したが、他方で最近では硝酸塩・亜硝酸塩によって血管老化を防止する作用があることも報告されており、いくつかの臨床試験が進行中である

（Sindler, et al., 2014）。さらに硝酸・亜硝酸塩が健康リスクと考えられてきた循環器疾患の治療に、硝酸・亜硝酸塩が有用であるという報告も出てきている（Omar, et al., 2016 ）。亜硝酸塩または硝酸塩の有効性を確立するためには、さらなる研究が必要と考えている。　　　　　　　　　　　　　　　　（土屋浩一郎）

■文献

Archer, D.L., 2002, Evidence that ingested nitrate and nitrite are beneficial to health. *J. Food Prot.*, 65 （5）: 872-875.

Bryan, N.S., Alexander, D.D., Coughlin, J.R., Milkowski, A.L. and Boffetta, P., 2012, Ingested nitrate and nitrite and stomach cancer risk: an updated review. *Food Chem. Toxicol.*, 50 (10): 3646-3665.

Carlstrom, M., Larsen, F.J., Nystrom, T., et al., 2010, Dietary inorganic nitrate reverses features of metabolic syndrome in endothelial nitric oxide synthase-deficient mice. *P. Natl. Acad. Sci. USA.*, 107 （41）: 17716-17720.

Chen, Z.P., Mitchelhill, K.I., Michell, B.J., et al., 1999, AMP-activated protein kinase phosphorylation of endothelial NO synthase. *FEBS lett.*, 443 （3）: 285-289.

Coleman, M.D. and Coleman, N.A., 1996, Drug-induced methaemoglobinaemia. Treatment issues. *Drug Saf.*, 14 （6）: 394-405.

Doel, J.J., Benjamin, N., Hector, M.P., Rogers, M. and Allaker, R.P., 2005, Evaluation of bacterial nitrate reduction in the human oral cavity. *Eur. J. Oral Sci.*, 113 （1）: 14-19.

Duranski, M.R., Greer, J.J., Dejam, A., et al., 2005, Cytoprotective effects of nitrite during in vivo ischemia-reperfusion of the heart and liver. *J. Clin. Invest.*, 115 （5）: 1232-1240.

Feelisch, M. and Stamuler, J.S., 1996, Donors of nitrogen oxides. In: Feelisch, M., Stamuler, J.S., eds. Methods in nitric oxide research. John Wiley & Sons, 71-115.

Gitto, E., Reiter, R.J., Karbownik, M., et al., 2002, Causes of oxidative stress in the pre- and perinatal period. *Biol. Neonate.*, 81 （3）: 146-157.

Gow, A.J., Luchsinger, B.P., Pawloski, J.R., Singel, D.J. and Stamler, J.S., 1999, The oxyhemoglobin reaction of nitric oxide. *P. Natl. Acad. Sci. USA*, 96 （16）: 9027-9032.

Greer, F.R. and Shannon, M., 2005, American Academy of Pediatrics Committee on N, American Academy of Pediatrics Committee on Environmental H. Infant methemoglobinemia: the role of dietary nitrate in food and water. *Pediatrics.*, 116 （3）: 784-786.

林登志雄, 2014, 動脈硬化症とアルギニン, シトルリン. 生化学, 86 （3）: 352-359.

姫野万里子, 2001, ヒト血中 NOx 動態に関する研究. 金沢医科大学雑誌, 26 （3）: 170-180.

Hyde, E.R., Andrade, F., Vaksman, Z., et al., 2014, Metagenomic analysis of nitrate-reducing bacteria in the oral cavity: implications for nitric oxide homeostasis. *PlOS ONE*, 9 （3）: e88645.

IARC （International Agency for Research on Cancer）, 2010, IARC Working Group on the Evaluation of Carcinogenic Risks to Humans. IARC monographs on the evaluation of carcinogenic risks to humans. Ingested Nitrate and Nitrite, and Cyanobacterial Peptide Toxins Lyon, France: IARC : Distributed for the International Agency for Research on Cancer by the Secretariat of the World Health Organization.

Joint FAO/WHO Expert Committee on Food Additives, 2002, Evaluation of certain food additives : fifty-ninth report of the Joint FAO/WHO Expert Committee on Food Additives. World Health Organization.

Kanematsu, Y., Yamaguchi, K., Ohnishi, H., et al., 2008, Dietary doses of nitrite restore circulating nitric oxide level and improve renal injury in L-NAME-induced hypertensive rats. *Am. J. Physiol. Renal.*, 295 (5) : F1457-1462.

Kirima, K., Tsuchiya, K., Sei, H., et al., 2003, Evaluation of systemic blood NO dynamics by EPR spectroscopy: HbNO as an endogenous index of NO. *Am. J. Physiol. Heart C.*, 285 (2) : H589-596.

Kobayashi, J., 2017, Effect of diet and gut environment on the gastrointestinal formation of N-nitroso compounds: A review. *Nitric Oxide Biol. Ch.*, 73:66-73.

Kosaka, H. and Shiga, T., 1996, Detection of nitric oxide by electron spin resonance using hemoglobin. In: Feelisch, M., and Stamler, J.S., eds. Methods in Nitric Oxide Research. 1st ed. John Wiley & Sons, 373-382.

Lebby, T., Roco, J.J. and Arcinue, E.L., 1993, Infantile methemoglobinemia associated with acute diarrheal illness. *Am. J. Emerg. Med.*, 11 (5) :471-472.

Lundberg, J.O., Weitzberg, E., Lundberg, J.M. and Alving, K.,1994, Intragastric nitric oxide production in humans: measurements in expelled air. *Gut.*, 35 (11) : 1543-1546.

Lundberg, J.O., Carlsson, S., Engstrand, L., Morcos, E., Wiklund, N.P. and Weitzberg, E., 1997, Urinary nitrite: more than a marker of infection. *Urology.*, 50 (2) : 189-191.

Lundberg, J.O., Weitzberg, E., Gladwin, M.T., 2008, The nitrate-nitrite-nitric oxide pathway in physiology and therapeutics. *Nat. Rev. Drug Discov.*, 7 (2) : 156-167.

McKnight, G.M., Smith, L.M., Drummond, R.S., Duncan, C.W., Golden, M. and Benjamin, N., 1997, Chemical synthesis of nitric oxide in the stomach from dietary nitrate in humans. *Gut.*, 40 (2) : 211-214.

Miyamoto, L., Yamane, M., Tomida, Y., et al., 2017, Nitrite activates 5'AMP-Activated Protein Kinase-endothelial nitric oxide synthase pathway in human glomerular endothelial cells. *Biol. Pharm. Bull.*, 40 (11) :1866-1872.

Morishita, T., Tsutsui, M., Shimokawa, H., et al., 2005, Nephrogenic diabetes insipidus in mice lacking all nitric oxide synthase isoforms. *P. Natl. Acad. Sci. USA*, 102 (30) : 10616-10621.

Mowat, C. and McColl, K.E., 2001, Alterations in intragastric nitrite and vitamin C levels during acid inhibitory therapy. *Best Pract. Res. Cl. Ga.*, 15 (3) : 523-537.

Nagababu, E., Ramasamy, S., Abernethy, D.R. and Rifkind, J.M., 2003, Active nitric oxide produced in the red cell under hypoxic conditions by deoxyhemoglobin-mediated nitrite reduction. *J. Biol. Chem.*, 278 (47) : 46349-46356.

Nwelson, K.A. and Hosteler, M.A., 2003, An infant with methemoglobinemia. *Hospital Physician.*, 31-38.

Okamoto, M., Tsuchiya, K., Kanematsu, Y., et al., 2005, Nitrite-derived nitric oxide formation following ischemia-reperfusion injury in kidney. *Am. J. Physiol. Renal*, 288 (1) : F182-187.

Omar S.A., Webb A.J., Lundberg J.O. and Weitzberg E., 2016, Therapeutic effects of inorganic nitrate and nitrite in cardiovascular and metabolic diseases. *J.Intern.Med.*, 279, 315-336.

尾関茂彦, 河 毅, 西 好則, 石 哲, 坂 義人, 河 幸道, 1997, 細菌尿診断における亜硝酸試験の検討. 泌尿紀要, 43: 861-865.

Palmer, R.M., Ferrige, A.G. and Moncada, S., 1987, Nitric oxide release accounts for the biological activity of endothelium-derived relaxing factor. *Nature*, 327 (6122) : 524-526.

Patel, R.P., Lang, J.D., Smith, A.B. and Crawford, J.H.,2014, Redox therapeutics in hepatic ischemia reperfusion injury. *World J. Hepatol.*, 6 (1) : 1-8.

Pereira, C., Ferreira, N.R., Rocha, B.S., Barbosa, R.M. and Laranjinha, J.,2013, The redox interplay between nitrite and nitric oxide: From the gut to the brain. *Redox Biol.,* 1: 276-284.

Phillips, W.E., 1971, Naturally occurring nitrate and nitrite in foods in relation to infant methaemoglobinaemia. *Food Cosmet. Toxicol.,* 9 (2) : 219-228.

Pinheiro, L.C., Montenegro, M.F., Amaral, J.H., Ferreira, G.C., Oliveira, A.M. and Tanus-Santos, J.E., 2012, Increase in gastric pH reduces hypotensive effect of oral sodium nitrite in rats. *Free Radical Bio. Med.,* 53 (4) : 701-709.

Pride, K.C., Mo, L., Quesnelle, K., et al., 2014, Nitrite activates protein kinase A in normoxia to mediate mitochondrial fusion and tolerance to ischaemia/reperfusion. *Cardiovasc. Res.,* 101 (1) : 57-68.

Qin, L., Liu, X., Sun, Q., et al., 2012, Sialin (SLC17A5) functions as a nitrate transporter in the plasma membrane. *P. Natl. Acad. Sci. USA,* 109 (33) : 13434-13439.

Registry AfTSaD. Nitrate/Nitrite Toxicity, 2015 (https://www.atsdr.cdc.gov/csem/nitrate_2013/docs/nitrite.pdf).

Sindelar, J.J. and Milkowski, A.L., 2012, Human safety controversies surrounding nitrate and nitrite in the diet. *Nitric Oxide Biol. Ch.,* 26 (4) : 259-266.

Sindler, A.L., Devan, A.E., Fleenor, B.S. and Seals, D.R., 2014, Inorganic nitrite supplementation for healthy arterial aging. *J. Appl. Physiol.* (Bethesda, Md : 1985) ,116 (5) : 463-477.

Sola, A., Palacios, L., Lopez-Marti, J., et al., 2003, Multiparametric monitoring of ischemia-reperfusion in rat kidney: effect of ischemic preconditioning. *Transplantation,* 75 (6) : 744-749.

Spiegelhalder, B., Eisenbrand, G. and Preussmann, R., 1976, Influence of dietary nitrate on nitrite content of human saliva: possible relevance to in vivo formation of N-nitroso compounds. *Food Cosmet. Toxicol.,* 14 (6) : 545-548.

Tenovuo, J., 1986, The biochemistry of nitrates, nitrites, nitrosamines and other potential carcinogens in human saliva. *J. Oral Pathol.,* 15 (6) : 303-307.

Tsuchiya, K., Yoshizumi, M., Houchi, H. and Mason, R.P., 2000, Nitric oxide-forming reaction between the iron-N-methyl-D-glucamine dithiocarbamate complex and nitrite. *J. Biol. Chem.,* 275 (3) : 1551-1556.

Tsuchiya, K., Kanematsu, Y., Yoshizumi, M., et al., 2005, Nitrite is an alternative source of NO in vivo. *Am. J. Physiol. Heart C.,* 288 (5) : H2163-2170.

Villanueva, C. and Giulivi, C., 2010, Subcellular and cellular locations of nitric oxide synthase isoforms as determinants of health and disease. *Free Radical Bio. Med.,* 49 (3) : 307-316.

Vleeming, W., van de Kuil, A., te Biesebeek, J.D., Meulenbelt, J. and Boink, A.B., 1997, Effect of nitrite on blood pressure in anaesthetized and free-moving rats. *Food Chem. Toxicol.,* 35 (6) : 615-619.

Webb, A.J., Patel, N., Loukogeorgakis, S., et al., 2008, Acute blood pressure lowering, vasoprotective, and antiplatelet properties of dietary nitrate via bioconversion to nitrite. *Hypertension,* 51 (3) : 784-790.

White, J.W., Jr., 1975, Relative significance of dietary sources of nitrate and nitrite. *J. Agr. Food Chem.,* 23 (5) : 886-891.

Zeballos, G.A., Bernstein, R.D., Thompson, C.I., et al., 1995, Pharmacodynamics of plasma nitrate/nitrite as an indication of nitric oxide formation in conscious dogs. *Circulation,* 91(12): 2982-2988.

Zweier, J.L., Wang, P., Samouilov, A. and Kuppusamy, P., 1995, Enzyme-independent formation of nitric oxide in biological tissues. *Nat. Med.,* 1 (8) : 804-809.

マグネシウム（Mg）は元素番号 12、原子量 24.3 のアルカリ土類金属で、生体内に存在する 20 の必須元素のうちの一つである（太田 , 2008; 鈴木・和田 , 1994; 千葉 , 1999）。豆腐を作るときに凝固剤として使う「にがり」は塩化 Mg を主成分としている。医療現場では、「カマ」と称する酸化 Mg が下剤に、水酸化 Mg が制酸剤として薬用されている。また、Mg 合金はアルミニウム合金より軽く、モバイル PC や自動車のボディーなどにも使われている。このように Mg は生活に身近な元素だが、生体における機能や重要性についてはあまり知られていない。同じ必須ミネラルのカルシウム（Ca）とは対照的な存在だ。ここでは、生体内の Mg の働きと、実験的に作製したがんに対する Mg の影響について述べてみたい。

3.1　生体内のMgについて

（1）分　布

　ヒトの体内には約 25 g の Mg が存在している。その約半量が骨に、残りの約半量が筋肉や他の組織に存在し、その他、母乳や腸液、髄液などの体液中にも微量ながら存在する（糸川・齊藤 , 1995）。一方、Ca は体内に約 1 kg 存在し、そのほとんど（99%）が骨に、約 10 g（1%）が他組織にある。つまり、骨を除くと Mg と Ca はほぼ同じ量が体内に存在していることになる。

（2）Mg の役割

　Mg の生体内での役割として最も重要なものは、生命維持に重要なリン酸

基の転移反応における触媒としての働きである（Itokawa and Durlach, 1989; Nishizawa, et al., 2007）。代表的なものとして、アデノシン三リン酸（ATP）の生成と消費がある。アデノシン二リン酸（ADP）がリン酸化されて ATP となり、エネルギーが蓄えられるとき、逆に ATP が ADP に代謝されて、エネルギーが取り出されて消費されるときの双方の反応に Mg が必須となっている。その他にも、筋の収縮・弛緩、神経興奮伝達、グルコースの小腸での吸収、核酸合成、遺伝子発現など Mg を必要とする重要な生体反応がある（Itokawa and Durlach, 1989; Nishizawa, et al., 2007）。

（3）Mg の代謝調節

　Mg の代謝調節機構については十分な解明がなされていない。Mg には、その血中濃度を一定範囲に保つ恒常性維持機構が存在している（Itokawa and Durlach, 1989; Nishizawa, et al., 2007）。消化管からの Mg 吸収と腎臓から尿中への排泄により、Mg の体内量が決まるのだが、体内保有量を調節する機構は、今のところ明らかではない。最近、transient receptor potential（TRP）チャネルファミリーのうち、Mg に特異的なチャネル TRP melastin（TRPM）6/7 が発見され、Mg 欠乏時に大腸粘膜で増加することが報告された（de Baaij, et al., 2015; 沼田ら , 2009）。しかし、その詳細については今後の研究成果を待たなければならない。

（4）Mg 不足と症状、疾患

　Mg は生命維持に必要な種々の生体反応に関与するが、Mg 欠乏に陥ると易疲労感、筋肉の痙攣、記憶障害、抑鬱症など、多彩な症状が現れる（Itokawa and Durlach, 1989; Nishizawa, et al., 2007）。さらに、Mg の慢性的摂取不足が関係する疾患として、高血圧、II 型糖尿病、虚血性心疾患、脳卒中、メタボリック症候群（インスリン抵抗性）、糖尿病などが挙げられる（Itokawa and Durlach, 1989; Nishizawa, et al., 2007; 田中 , 2010）。このような Mg と疾患との関連は小林　純　氏（岡山大学名誉教授）が 1952 年に日本各地の河川の水の酸度とアルカリ度とその地域の脳卒中死亡率との間に相関があることを疫学的研究で示した（Kobayashi, 1957）ことに端を発し、世界がこれに注目して、

Mg の臨床的、疫学的研究が始まった。日本では、糸川嘉則氏（京都大学名誉教授）が 1981 年に設立したマグネシウム研究会（現 日本マグネシウム学会）に、同様の研究が引き継がれている。

（5）Mg 摂取

Mg は Ca と並んで食事摂取基準（2015 年版）を満たしていない主要ミネラルの一つで、Mg は我々現代人では明らかに不足している状態にある。30 ～ 49 歳の推奨量が 1 日当たり男性で 370 mg、女性で 290 mg であるのに対し、2016 年の 30 ～ 39 歳の実際の摂取量は 220 mg/ 日（推奨量の 59 ～ 76%）と低い（渡辺 , 2006）。過剰な脂肪摂取は Mg と鹸化反応を起こし、過剰な塩分摂取は尿中 Mg 排泄を促すため、いわゆる "食の欧米化" は Mg 不足に拍車をかけていることになる。

3.2　Mgと大腸がん

がんと Mg の関係は古くからいわれてきたが、がんと Ca との関係ほどではなかった。それでも、米国国立医学図書館内の国立生物・科学情報センター作成のデータベース PubMed を利用し、総説で "magnesium" "cancer" "review" を検索すると、1974 年から 237 件、原著論文で "magnesium" "cancer" を検索すると、1934 年から 2033 件の論文がヒットする。がんと Mg の関係を追及する本格的な研究が開始されたのは、Durlach（1986）の総説が掲載された後と思われる。動物実験では、「Mg 欠乏食を与えたラットでは胸腺の腫瘍（リンパ腫や胸腺腫）が増加する」「Mg を水に溶かして飲ますと、皮膚がんや乳がんを抑制する」といった報告があった（田中 , 2010）。筆者らは、1885 ～ 1959 年の調査結果「塩田で働く浜男にがんになった人はいない」を赤穂市にあるタテホ化学工業の関係者から聞き、Mg とがんの関係に興味を持つようになった。それを検証するために、1987 年に動物実験を開始した。ラットを使った実験で、MAM acetate により大腸がんを実験的に誘発するモデルに水酸化 Mg を混ぜた餌を与えたところ、0 ppm 水酸化 Mg の餌では 44%、500 ppm

水酸化 Mg の餌では 10%、1000 ppm 水酸化 Mg の餌では 23% のラットに大腸がんが発生した。500 ppm の水酸化 Mg を混ぜると、大腸がんの発生が約 1/4 に統計学的に有意（$p<0.003$）に減少した。別の実験でも、水酸化 Mg は MAM acetate で誘発した大腸がん細胞の増殖活性を抑制し（Mori, et al., 1992）、さらにがん遺伝子 c-MYC を発現するヒトの大腸がん細胞が増殖するのを抑制する効果が確認されている（Wang, et al., 1993）。筆者らによる動物実験の成果は 1989 年に雑誌 *Carcinogenesis* に報告した（Tanaka, et al., 1989）。

　その 24 年後の 2013 年になって、水酸化 Mg の大腸がんに対する効果とそのメカニズムを検証するために、マウスを使った実験を開始した。2003 年に我々が作出した新規の炎症関連マウス大腸がんモデル（Tanaka, et al., 2003）を使い、水溶性の Mg 化合物 "有機 Mg" が大腸がんに作用するか否かを検討しようと思ったのである*。炎症が存在している組織では、遺伝子不安定性が

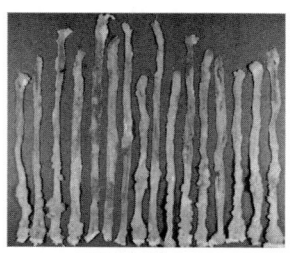

AOM/DSS群

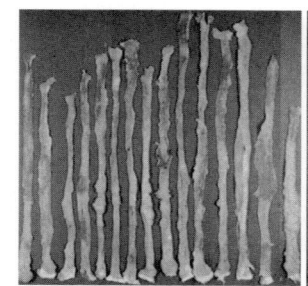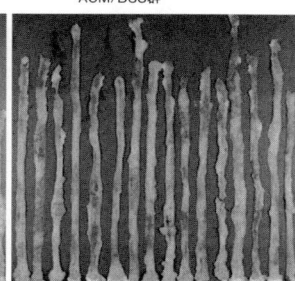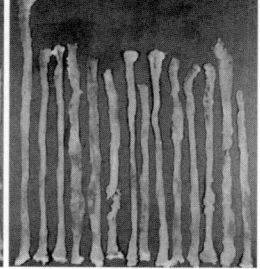

AOM/DSS/7 ppm有機Mg群　　　AOM/DSS/35 ppm有機Mg群　　　AOM/DSS/175 ppm有機Mg群

【図3.1】　　各処置群での大腸腫瘍の発生状況

＊：この有機 Mg は、タテホ化学工業株式会社製造のクエン酸マグネシウムである。

生じ、活性酸素や活性窒素、フリーラジカルなどが発生してがんが発生しやすくなる。発がん物質アゾキシメタン（AOM、10 mg/kg 体重）を 1 回腹腔内投与した 1 週間後に、重篤な大腸炎を引き起す化合物デキストラン硫酸ナトリウム（DSS）1.5% を水に溶かして 1 週間飲ませると、ほぼすべてのマウスに大腸がんが多発する。DSS を飲ませた 1 週間後から、有機 Mg を 7 ppm、35 ppm、175 ppm の 3 濃度で飲み水に混ぜてマウスに投与した。その結果、図 3.1 に示すように、有機 Mg の投与濃度が 0 ppm では大腸がん（図 3.2a）の発生が 88% だったのに対し、7 ppm では 73%、35 ppm で 81%、175 ppm で 47% と濃度が高くなるにつれて大腸がんの発生が低くなった（図 3.2b）。特に、175 ppm の濃度では大腸腺がんの発生頻度が 0 ppm に比べ約 1/2 となり、統計学的に有意（$p<0.01$）に減少した。個体当たりの腺がんの数はすべての濃度の有機 Mg の投与で有意（$p<0.01 \sim p<0.001$）に少なくなった（図 3.2c）。同時に、有機 Mg は DSS 投与で惹起される重篤な大腸炎をも軽減し、大腸粘膜における炎症性サイトカイン（iNOS、IL-1 β、IL-6、INF- γ）という炎症メディエーター

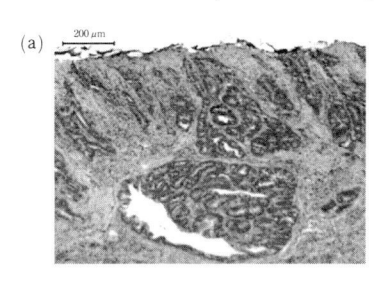

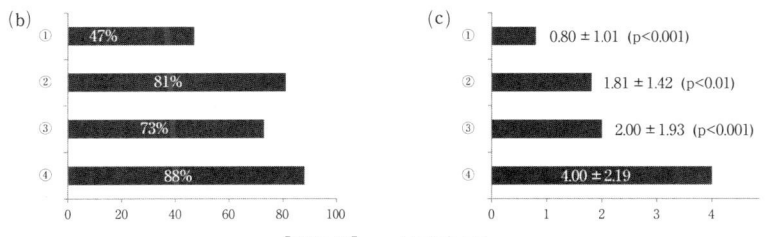

【図3.2】　大腸腺がん
(a)顕微鏡組織像、(b)発生頻度（%）、(c)発生個数/大腸。
①AOM/DSS/175ppm 有機Mg、②AOM/DSS/35ppm有機Mg、
③AOM/DSS/7ppm有機Mg、④AOM/DSS。

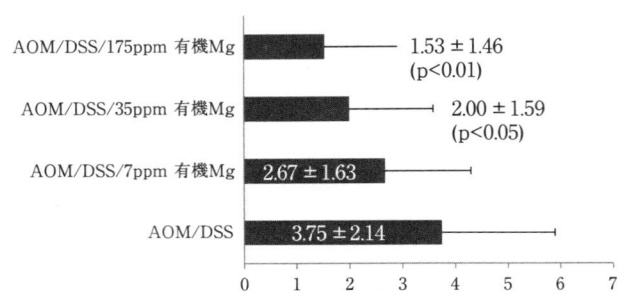

【図3.3】　各処置群での異型陰窩の発生個数/大腸

の発現も減少した。この実験で観察された最も興味深い所見は以下の二つである。一つは、有機 Mg の投与により大腸の前がん性病変である異型陰窩の発生個数を 35 ppm で 47%、175 ppm で 60% 減少させたこと（図3.3）。もう一つは、大腸がん細胞の遺伝子不安定性の指標（核分裂時の架橋）に対する有機 Mg の効果で、有機 Mg を投与すると、この架橋の形成が減少した。このことは、有機 Mg が発がんに深く係る遺伝子不安定性（Tanaka, 2009）を軽減する可能性があることを示唆している。この成果は 2013 年に *Carcinogenesis* に発表した（Kuno, et al., 2013）。

　この発表の前後に、男性ないし女性の大腸がん発症と Mg 摂取量は逆相関するという疫学研究がいくつか報告された（Trapani, et al., 2015）。さらにはマグネシウムチャネル TRPM7 の発現がいくつかの臓器（乳腺、脳、鼻咽頭、卵巣、膵臓）のがん組織で高くなっているという報告が相次いでいる（Gautier, et al., 2016; Trapani, et al., 2013; Wolf and Trapani, 2012）。このように、大腸がんをはじめとするがんと重要なミネラル Mg の関係を明らかにする本格的な研究が進行している。近い将来に、Mg のがんに対する効果のメカニズムが解明されることを期待している。　　　　　　　　　　　　　　　　（田中卓二）

■文献

千葉百子, 1999、健康と元素. 臨床環境医学, 8：1-6.
de Baaij, J.H., Hoenderop, J.G. and Bindels, R.J., 2015, Magnesium in man: implications for

health and disease. *Physiol. Rev.*,95:1-46.

Durlach, J., Bara, M., Guiet-Bara, A. and Collery, P., 1986, Relationship between magnesium, cancer and carcinogenic or anticancer metals. *Anticancer Res.*, 6: 1353-1361.

Gautier, M., Perrière, M., Monet, M., Vanlaeys, A., Korichneva, I., Dhennin-Duthille, I. and Ouadid-Ahidouch, H., 2016, Recent advances in oncogenic roles of the TRPM7 chanzyme. *Curr. Med. Chem.*, 23:4092-4107.

Itokawa, Y. and Durlach, J. (ed), 1989, Magnesium in Nutrition and Disease. John Libbey & Company.

糸川嘉則, 齊藤 昇 編著, 1995, マグネシウム, 光生館.

Kobayashi, J., 1957, On geographical relationship between the chemical nature of river water and death rate from apoplexy. *Ber Ohara Inst. Landwirtsch Biol. Okayama Univ.*, 11:12-21.

Kuno, T., Hatano, Y., Tomita, H., Hara, A., Hirose, Y., Hirata, A., Mori, H., Terasaki, M., Masuda, S. and Tanaka, T., 2013, Organoselenium suppresses inflammation-associated colon carcinogenesis in male Crj: CD-1 mice. *Carcinogenesis*, 34:361-369.

Mori, H., Morishita, Y., Mori, Y., Yoshimi, N., Sugie, S. and Tanaka, T., 1992, Effect of magnesium hydroxide on methylazoxymethanol acetate-induced epithelial proliferation in the large bowels of rats. *Cancer Lett.*, 62:43-48.

Nishizawa, Y., Morii, H., and Durlach, J. (ed) ,2007, New Perspectives in Magnesium Research: Nutrition and Health, p. 1-411. Springer-Verlag London.

沼田朋大, 香西大輔, 高橋重成, 加藤賢太, 瓜生幸嗣, 山本伸一郎, 金子 雄, 眞本達生, 森 泰生, 2009, TRP チャネルの構造と多様な機能. 生化学, 81:962-983.

太田篤胤, 2008, マグネシウムの栄養生理学的重要性. 化学と生物, 46:725-731.

鈴木継美, 和田 攻 編, 1994, ミネラル・微量元素の栄養学, 第一出版.

Tanaka, T., 2009, Colorectal carcinogenesis: Review of human and experimental animal studies. *J. Carcinog.*, 8: 5.

田中卓二, 2010, マグネシウムは細胞調節に深く関与している～がん, メタボ, 肥満, 糖尿病を抑制する機能を持つ可能性が高い～. マグネシア・ミュー, 7月号: 4-8.

Tanaka, T., Shinoda, T., Yoshimi, N., Niwa, K., Iwata, H. and Mori, H., 1989, Inhibitory effect of magnesium hydroxide on methylazoxymethanol acetate-induced large bowel carcinogenesis in male F344 rats. *Carcinogenesis*, 10:613-616.

Tanaka, T., Kohno, H., Suzuki, R., Yamada, Y., Sugie, S. and Mori, H., 2003, A novel inflammation-related mouse colon carcinogenesis model induced by azoxymethane and dextran sodium sulfate. *Cancer Sci.*, 94:965-973.

Trapani, V., Arduini, D., Cittadini, A. and Wolf, F.I., 2013, From magnesium to magnesium transporters in cancer: TRPM7, a novel signature in tumour development. *Magnes. Res.*, 26:149-155.

Trapani, V., Wolf, F.I. and Scaldaferri, F., 2015, Dietary magnesium: The magic mineral that protects from colon cancer? *Magnes. Res.*, 28:108-111.

Wang, A., Yoshimi, N., Tanaka, T. and Mori, H., 1993, Inhibitory effects of magnesium hydroxide on c-myc expression and cell proliferation induced by methylazoxymethanol acetate in rat colon. *Cancer Lett.*, 75:73-78.

渡辺和彦, 2006, 日本人はマグネシウム不足＝人の健康から肥料を考える. 季刊肥料, 105:101-109.

Wolf, F.I. and Trapani, V., 2012, Magnesium and its transporters in cancer: a novel paradigm in tumour development. *Clin. Sci.*, 123:417-427.

第4章　ホウ素の人への健康作用

　ホウ素は植物の必須微量元素であるが、動物においても必須性もしくは有用性を示す知見が蓄積している。ホウ素は水溶液中では主にホウ酸（$B(OH)_3$）とホウ酸アニオン（$B(OH)_4{}^-$）として存在する。これらの平衡の pKa は 9.2 であり、中性の環境では弱いルイス酸であるホウ酸が主となる。ホウ酸アニオンはシスジオールを持つ化合物とエステル結合する性質を持ち、これにより生理機能を発揮、もしくは機能阻害を引き起こす。

　多くの教科書ではホウ素はソラマメのホウ素欠如実験（Warington, 1923）によって植物の必須元素とされたと記述されている。しかしながらそれは厳密には誤りである。1996 年に小林・間藤らは、ホウ酸は細胞壁ペクチンのラムノガラクツロナン II 領域とエステル結合することでペクチンを架橋することを報告した（Kobayashi, et al., 1996）。必須元素の定義には、代謝に直接関与する、あるいは構成成分となることが含まれるため、厳密にはこの発見をもってホウ素は必須元素の条件を満たしたとすべきである。

　筆者らは、ホウ素の輸送機構を明らかにしてきた。ホウ酸は電荷を持たない小分子であり、拡散により生体膜を比較的自由に透過する。しかしながら、ホウ酸濃度が低いときには拡散だけで植物の需要をまかなうことができず、膜に埋め込まれた輸送タンパク質を必要とする。一つのタイプはホウ酸チャネルであり、ホウ酸を細胞の中に吸収する。もう一つのタイプはホウ酸アニオントランスポーターであり、細胞内で生成されたホウ酸アニオンを細胞外に排出する（図 4.1）。これらが表皮細胞や内皮細胞などで偏って反対側の細胞膜に配置されることで、ホウ酸は土壌から根に吸収され、根の中心方向へ送られる（図

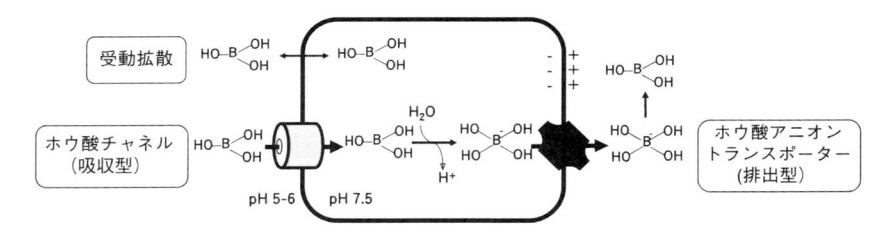

$$B(OH)_3 + H_2O \leftrightarrows B(OH)_4^- + H^+ \text{ (pKa =9.25)}$$

【図4.1】　ホウ素の形態と細胞膜への吸収と排出の様子
（出典）Yoshinari and Takano（2017）

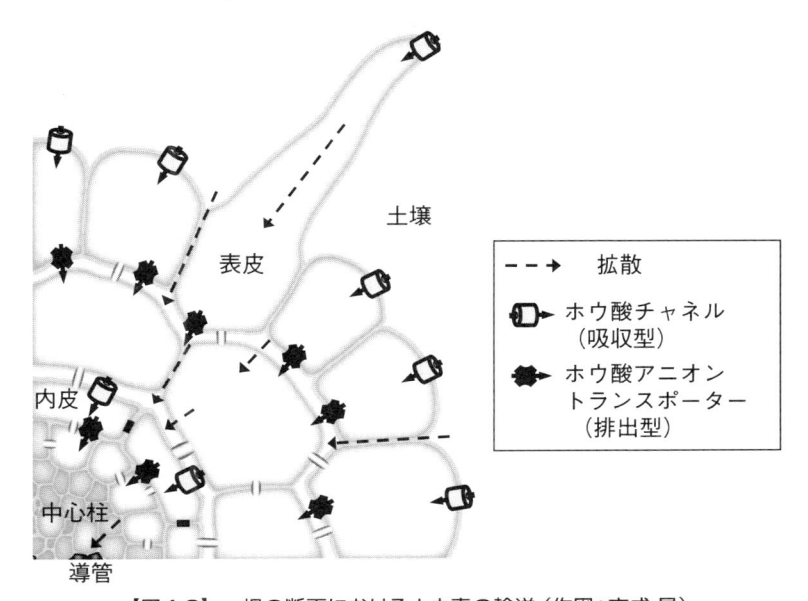

【図4.2】　根の断面におけるホウ素の輸送（作図：吉成 晃）
ホウ酸チャネルが細胞内にホウ酸を吸収し、ホウ酸トランスポーターが排出する。これが表皮細胞と内皮細胞で繰り返されることで、導管にホウ酸が積み込まれ、茎葉部に送られる。

4.2）。ホウ酸は根の各細胞の細胞壁でも使われるが、使われなかった分は中心柱にある導管を通って茎葉へ運ばれる。植物はホウ素栄養条件に応じてこれら輸送タンパク質の量を調節し、ホウ素欠乏や過剰害が生じないようにしている（Yoshinari and Takano, 2017）。

　動物ではどうだろうか？　魚やカエルにおいては、ホウ素の欠如による発生異常が報告されている（Rowe and Eckhert, 1999; Fort, et al., 2002）。哺乳類においてはライフサイクルを中断するほどの影響はみられていないが、低ホウ素食を与えたラットの雌親において、受精卵の着床率が低下するなどの異常が報告されている（Lanoue, et al., 1998）。ヒトの細胞レベルでは、筆者らが植物において同定したホウ酸アニオントランスポーター BOR1（Takano, et al., 2002）に相同性を持つ輸送タンパク質 NaBC1 が、細胞内外の Na^+ 濃度勾配に依存してホウ酸アニオンを輸送すること、ホウ素欠乏が培養細胞の増殖を阻害すること、NaBC1 の発現抑制が細胞増殖を阻害しホウ酸添加（0.5 mM）がそれを回復させることが報告されている（Park, et al., 2004）。しかし他グループによる検証ではホウ酸アニオン輸送活性も細胞増殖への効果も再現されておらず（Ogando, et al., 2013; Zhang, et al., 2015）、NaBC1 を構成するアミノ酸配列もその他の SLC4 family のメンバー（重炭酸イオン HCO_3^- を運ぶ）と比較して特に BOR1 によく似ていることはない。したがって現時点では動物におけるホウ素の機能も輸送機構も明らかにはされていない。それでも、前述した魚やカエルにおけるホウ素欠如実験の結果や次に述べるヒトへの健康作用から、ホウ素は実質的には必須元素であると考えてよいだろう。

　直接関与するのかどうかはまだ分からないが、ヒトでは、ホウ素の様々な健康作用が知られている（表 4.1）。骨の成長や維持、創傷治癒の促進、中枢神経系機能への寄与、関節炎の緩和、ホルモンの効果促進などであり、臨床補助栄養として使われている。さらには、前立腺がん、乳がん、子宮頸がん、肺がん

【表4.1】　臨床補助栄養としてホウ素が使われる例

・ 関節炎
・ 骨関節炎
・ 骨粗しょう症
・ がん（特に前立腺がん、乳がん）
・ 循環器疾患

（出典）Dinca and Scorei（2013）

などのがんの調査において発症率とホウ素摂取量に負の相関が見出されている（Dinca and Scorei, 2013; Nielsen, 2014; Pizzorno, 2015）。少しややこしいが、がんに対してはホウ酸の細胞毒性が効果を発揮するようである（Scorei and Popa, 2013）。培養細胞を用いた実験で、正常な前立腺の培養細胞は高濃度のホウ酸（> 500 μM）添加により増殖が抑制されるが、がんの培養細胞はより低い濃度（> 100 μM）で影響を受けることが報告されている（Barranco and Eckhert, 2004。第15章参照）。図4.3に示すようにフランス北部の水道水のホウ素濃度が高い地域で出生率が高く長寿であるという興味深い調査結果もある（Yazbeck, et al., 2005）。

表4.2に示すように成人のホウ素摂取量としては、1日1.0 mg以下では健康作用が得られないとされる（Nielsen, 2014）。世界各国における調査から1日1.0 mg以下は珍しい値ではなく（Dinca and Scorei, 2013）、多くの人でホウ素の摂取量を増やすことが望まれる。表4.3に示すように、ホウ素は肉や魚には少

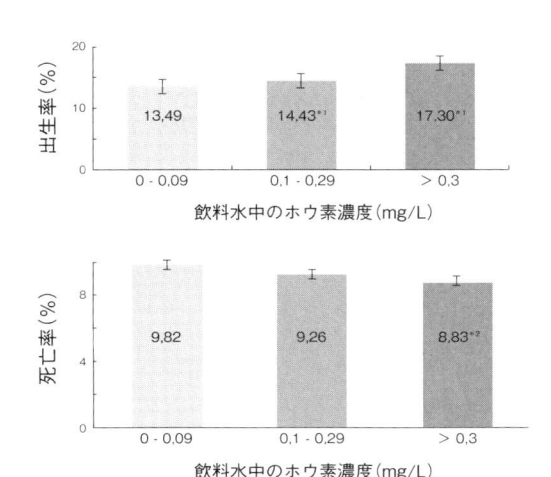

【図4.3】　フランス北部での調査結果
水道水が0.3ppm以上の市町村の人々は、出生率が高く長寿である。
フランス全体と比較すると、＊1:P<10^{-4}、＊2:P<10^{-3}で有意差あり。
（出典）Yazbeck, et al.（2005）、渡辺（2014）

【表4.2】　EUのホウ素推奨摂取量 (a) と各国の実際のホウ素摂取量 (b)

(a)

年齢（歳）	B（mg/日）
成　人	10
1〜3	3
4〜6	4
7〜10	5
11〜14	7
15〜17	9

(b)

国	B（mg/日）
米　国	0.8〜1.9
Ｅ　Ｕ	1.7〜7.0
韓　国	〜0.93
オーストラリア	2.16〜2.28
メキシコ	1.75〜2.12
ケニア	1.80〜1.95

（出典）Dinca and Scorei (2013)

【表4.3】　各種食品のホウ素含有率

食　品		可食部100g当たり 水分 (g)	B（μg）	食　品		可食部100g当たり 水分 (g)	B（μg）
穀物	精白米	11.6	34	肉類	和牛、肩	56.0	0
	精麦、七分つき	12.4	36		若鶏、手羽	62.3	0
	大麦、玄裸麦	11.6	120		ブタロース	53.0	0
	玄米	16.4	140		ウシ、肝臓（レバー）	67.1	37
お茶	麦茶	4.0	75	野菜	トマト	94.5	61
	ほうじ茶	1.9	920		イチゴ	87.6	78
	ウーロン茶	7.1	1000		ハクサイ	96.8	86
	玉露	2.4	1300		ダイコン	94.7	110
海草	生ワカメ	92.2	200		温室メロン	89.5	130
	マコンブ	11.7	6300		ホーレンソウ	92.7	160
	ほしヒジキ	11.8	11000		ブロッコリー	90.0	390
カイ	アサリ	81.0	23	果物	温州ミカン	87.1	92
	サザエ	76.1	61		リンゴ	86.1	160
	ハマグリ	85.2	140		バナナ	75.1	180
	ホタテガイ	77.3	500		アボカド	73.0	250
マメ	エンドウ	12.3	590		イチジク	86.0	290
	ラッカセイ	4.7	780		日本ナシ	86.4	550
	アーモンド	5.2	920	アルコール飲料	清酒（1級）	79.1	3
	ダイズ	12.1	1500		ビール（淡色）	91.2	3
卵	鶏卵	75.9	57		ビール（黒）	90.7	6
魚	サバ	74.4	0		梅酒	72.1	11
	キハダマグロ	74.3	0		ぶどう酒（赤）	87.4	140
	カタクチイワシ	72.8	31		ぶどう酒（白）	86.6	200

（注）灰色の部分は水分17%以下。
　　　ホウ素は肉類、魚には少ない。野菜、果物、海藻から摂取するのがよい。
（出典）鈴木（1993）、渡辺（2014）

ないが、海藻や野菜、果物に多く、これらから無理なく摂取できる量である（渡辺, 2014）。土壌・施肥由来のホウ素が人の健康を支えるのである。

（高野順平）

■文献

Barranco, W.T. and Eckhert, C.D., 2004, Boric acid inhibits human prostate cancer cell proliferation. *Cancer Lett.*, 216:21–29.

Dinca, L. and Scorei, R., 2013, Boron in human nutrition and its regulations use. *J. Nutr. Ther.*, 2:22–29.

Fort, D.J., Rogers, R.L., McLaughlin, D.W., Sellers, C.M. and Schlekat, C.L., 2002, Impact of boron deficiency on Xenopus laevis. *Biol. Trace Elem. Res.*, 90:117–142.

Kobayashi M., Matoh T. and Azuma J., 1996, Two chains of rhamnogalaturonan II are cross-linked by borate-diol ester bonds in higher plant cell walls. *Plant Physiol.*, 110:1017–20.

Lanoue, L., Taubeneck, M.W., Muniz, J., Hanna, L.A., Strong, P.L., Murray, F.J., Nielsen, F.H., Hunt, C.D. and Keen, C.L., 1998, Assessing the effects of low boron diets on embryonic and fetal development in rodents using in vitro and in vivo model systems. *Biol. Trace Elem. Res.*, 66:271–298.

Nielsen, F.H., 2014, Update on human health effects of boron. *J. Trace Elem. Med. Biol.*, 28:383–387.

Ogando, D.G., Jalimarada, S.S., Zhang, W., Vithana, E.N. and Bonanno, J.A., 2013, SLC4A11 is an EIPA-sensitive Na^+ permeable pHi regulator. *AJP Cell Physiol.*, 305: C716–C727.

Park, M., Li, Q., Shcheynikov, N., Zeng, W. and Muallem, S., 2004, NaBC1 is a ubiquitous electrogenic Na^+ -coupled borate transporter essential for cellular boron homeostasis and cell growth and proliferation. *Mol. Cell*, 16:331–41.

Pizzorno, L., 2015, Nothing boring about boron. *Integr. Med.* (Encinitas), 14:35–48.

Rowe, R. and Eckhert, C., 1999, Boron is required for zebrafish embryogenesis. *J. Exp. Biol.*, 202: 1649–1654.

Scorei, R.I. and Popa, R., 2013, Sugar-borate esters - potential chemical agents in prostate cancer chemoprevention. *Anticancer Agents Med. Chem.*, 13: 901–909.

鈴木泰夫 編 , 1993, 食品の微量元素含量表 , 第一出版 .

Takano, J., Noguchi, K., Yasumori, M., Kobayashi, M., Gajdos, Z., Miwa, K., Hayashi, H., Yoneyama, T. and Fujiwara, T., 2002, Arabidopsis boron transporter for xylem loading. *Nature*, 420:337–40.

Warington, K., 1923, The effect of boric acid and borax on the broad bean and certain other plants. *Ann. Bot.* (Lond.) , 37:457–466.

渡辺和彦 , 2014, 〈肥料の夜明け〉長寿・がん抑制・脳の活性化・関節炎にもホウ素 . 化学経済 , 61: 100-109.

Yazbeck, C., Kloppmann, W., Cottier, R., Sahuquillo, J. and Debotte, G., 2005, Health impact evaluation of boron in drinking water : a geographical risk assessment in Northern France. *Env. Geochem. Health*, 27:419–427

Yoshinari, A. and Takano, J., 2017, Insights into the mechanisms underlying boron homeostasis in plants. *Frontiers in Plant Science.*

Zhang, W., Ogando, D.G., Bonanno, J.A. and Obukhov, A.G., 2015, Human SLC4A11 is a novel NH^3/H^+ co-transporter. *J. Biol. Chem.*, 290:16894–16905.

5.1 多彩な亜鉛欠乏症の存在
(亜鉛欠乏症のホームページ；倉澤ら,2006)

　2002 年秋。筆者は、「多くの医師が考えているよりも、はるかに多くの多彩な亜鉛欠乏症患者が存在する」ことに気が付いた。日常の診療で「飯がちっとも旨くねー」とか、「仕方がないから食べている」とか愚痴る患者が多いことが気になっていた。そんなときに、この精神発達遅延の症例１に出会った。若い頃より施設に入所していた方で、仙骨部褥瘡の治療で半年ほど入院の間に、食欲不振から経管栄養となり、さらに拒食となり胃瘻を造設され、2002 年 8 月、筆者等の施設に紹介・入所してきた方だ。入所時は、意識のある植物人間とでも表現できそうな、胃瘻栄養の全介助状態で、意思の疎通がほとんど不可能だった。仙骨部に三度の陳旧性褥瘡があり、あらゆる局所療法でも変化なく、また介護士の食事介助にも頑として口を開かない。何故？　拒食なのか？　フッと、味覚障害ではないかと考え、血清亜鉛値を測定したところ、42 μg/dl だった。エスアールエル社の基準値は 65 ～ 110 μg/dl だから、これは間違いなく"亜鉛欠乏による味覚障害である"と考えて、亜鉛含有の胃潰瘍薬ポラプレジンクによる亜鉛補充療法を開始したところ、あっと言う間に、まず難治だった褥瘡が治癒した。食事もどんどん食べられるようになり、11 月には胃瘻も不要となり抜去した。翌年には元気度も改善し、簡単な会話も可能となった。血清亜鉛値の変化は、42、54、45、50、56、67 μg/dl だった。　後から考えると、こ

の症例は亜鉛欠乏による味覚障害からの拒食ではなく、亜鉛欠乏による食欲不振からの拒食だったのだと思われる。食欲不振、褥瘡、元気さの低下、精神状態等などと、亜鉛欠乏との関係を示す衝撃的な症例だった。

　症例2は、症例1とほぼ同時期の症例だ。1999年8月より、繰り返し起こる食欲不振（後から振り返れば典型的な亜鉛欠乏症状である）、浮腫、認知症様症状、ADL（actibities of daily living：日常生活動作）の低下に、口内炎の発症等などで、しばしば、エンシュア・リキッドを投与されて、諸症状の軽快・増悪を繰り返していた方だ。2002年2月、左足関節外顆部に褥瘡が発症し、家族の丁重な介護や局所の治療でも、改善せずに悪化してしまった。同年8月、仙骨部や大転子部にも褥瘡が発症し、9月には、食べるのを嫌って、食事に顔を背けて食べない拒食状態となった。やはり "味覚障害か" と考え、血清亜鉛値を測定したところ、56 µg/dl だった。褥瘡はどんどん悪化して、皮下脂肪層に大きくえぐれて、トンネル状態となった。89歳で、半年以上も続いた褥瘡に新たな褥瘡も加わり、さらに悪化してのこの状態を受けて、9月30日の往診で、「もう寿命です。」と宣言した。しかし血清亜鉛値は56 µg/dl と低値で、亜鉛欠乏症はあるので、試みにポラプレジンクを投与してみた。約2週後の往診では、驚いたことに食欲が劇的に回復していた。3週後には元気度が改善し、褥瘡には肉芽が出て来て、2カ月後には食欲も良好となり、褥瘡はほとんど治癒状態となった。翌年3月には、ADL は向上して褥瘡もなく、筆者はこれで治療は完了と考えた。しかし6月には、元気で食欲も良好なものの仙骨部に褥瘡が再発。ポラプレジンクの再投与にて、褥瘡は簡単に治癒。この経過から、鉄欠乏症への鉄補充療法と同じく、"亜鉛にも飽和が必要" と気付かされた症例だった。その後はポラプレジンクのみ継続投与をして、2年後には91歳、普通食を食し、褥瘡なく、お元気だ。ここで褥瘡治癒経過の写真をみせることができればよいのだろうが、今にも死にそうなときで、しかも、"まさか褥瘡が治る" とは夢にも思っていなかったので、臨床医としては、とてもとても写真撮影は無理だった。ここでは寿命宣言2年後の写真（図5.1）、3年後の写真（図5.2）を示す。4年後もお元気で、その後は褥瘡の発症もなく家族も

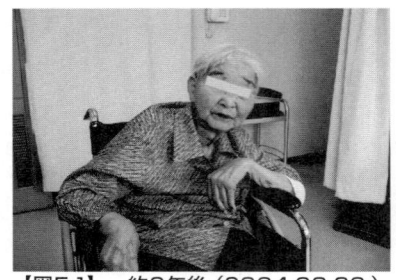
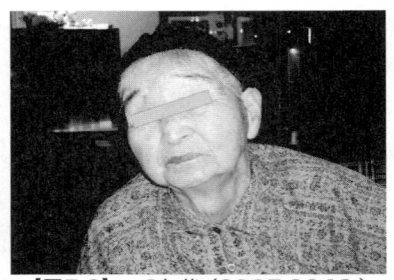

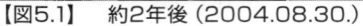

【図5.1】　約2年後（2004.08.30.）　　　【図5.2】　3年後（2005.09.12.）

驚いたが、治療をしている筆者が一番驚いた症例だった。

　“亜鉛欠乏症といえば味覚障害”という一般的な知識からスタートして患者をよく観察していると、芋づる式に次々と、実に多彩な亜鉛欠乏症状を知ることとなった。

5.2　亜鉛欠乏症の症状

　1961 年に Prasad がヒトにおける亜鉛欠乏症の存在を示唆する論文（Prasad, et al., 1961）を出してから半世紀余が過ぎた。この間に、文献的には実に多彩な亜鉛欠乏症の症状が報告されている。味覚障害については日本ではよく知られているが、筆者もそうだが日本の医師で、“これほどに多彩な欠乏症状がある”と実感を持って知っている医師はほとんどいないと言っても過言ではない。さらに、この飽食の時代に、よほど特殊な場合を除いて微量元素である亜鉛の欠乏症が存在するとは、常識的には考えられないというのが一般的だったし、今もそう考えるのが常識だ。それが証拠には、亜鉛欠乏症に対する治療の“保険収載薬が正式には存在しない”のが現状だ。

　表5.1、5.2 は、筆者らが実際に経験した亜鉛欠乏症の症状と疾患を示す。味覚障害はもちろんのこと、食欲不振（潜在的な軽度のものから拒食にも至る重度のものまで）や、いわゆる舌痛症を含む舌・口腔咽頭症状、褥瘡をはじめとする多彩な皮膚症状・皮膚疾患は、日常臨床の現場でしばしば遭遇するもので

【表5.1】 我々の経験した亜鉛欠乏症状（太字）

• 発育遅延。異常	• **食欲不振。減退**
• 性的発育遅延	• **食事拒否**
• 精子減少。無月経	• **味覚障害(味覚異常)**
• **貧血**	• **嗅覚障害**
• 免疫低下（反復する感染症）	• **舌炎様症状**
• 夜盲症（暗順応障害）	• 口腔咽頭症状
• **皮膚疾患。皮膚症状**	• **舌痛(舌痛症)**
• **下痢（反復性。持続性）**	• 元気度の減退
• **創傷治癒遅延**	• 精神状態の変化
• **褥瘡の発症。治癒遅延**	• 未知の症状

【表5.2】 亜鉛不足と多彩な皮膚症状

- 褥瘡(創) • 腸性肢端皮膚炎(未経験)
- 掻痒を伴う角化傾向の強い皮疹
- 慢性湿疹様の肥厚の強い皮疹
- 非細菌性の水疱や膿疱形成の皮疹、ビラン、亀裂等々
  - ・掌蹠膿疱症 ・類天疱瘡様皮膚疾患
  - ・膿疱性乾癬？ ・尋常性乾癬？ ・アトピー性皮膚炎
  - ・口角炎 ・アフタ性口内炎 ・口唇炎
- 掻痒(かゆみ) • 老人性皮膚掻痒症
- 高齢者の脆弱な皮膚

あるし、その他にも貧血、下痢や元気度の低下等など、実に多彩な症状・疾患がある。さらに、まだ確証はないが、草食系男子と呼ばれる男性が増加傾向にあることや、精子数の減少、男性不妊なども関係している可能性がありそうだし、誤嚥性肺炎発症の増加など免疫機能への関係なども確かにありそうだ。これらの知識は徐々に徐々に普及してきたが、「たった一種類の元素・亜鉛の欠乏で、そんな馬鹿なことが起こるはずがない。」と拒絶反応を示す者さえもいるのが現実だ。

　人体にたった2〜3g含まれるという亜鉛の不足で、なぜこれほど多彩な欠乏症状が生ずるのか？　大きくは、①タンパク質の構造維持因子として、②酵素の補因子として、③細胞内外でのシグナル因子としての生体機能等にまとめられ、特に300余もあるという多くの亜鉛酵素の活性に関与して、諸代謝に関係するとされているが、詳細は省略する。

5.3　亜鉛欠乏症と亜鉛補充療法

　多彩な症状を示すものの亜鉛欠乏症は欠乏症だから、その大多数は、簡単で安全、安価な亜鉛補充療法で比較的に容易に治癒せしめ得るが、その効果の発現は症状・疾患によって異なり、極々短期のものから長期を要するものまである。例えば亜鉛欠乏による食欲不振は、その多くは数日から 1 ～ 2 週程度の極短期で回復し、中には翌日に回復する症例もある。その効果の発現は劇的であり、摂食中枢への影響が考えられる。一方、中長期を要して回復・安定する食欲不振もあるが、これは消化管細胞の再生や消化酵素系への亜鉛の関与など、発症機序が異なるものだろう。味覚障害は、数週から 1 ～ 2 カ月で回復することもあるようだが、より長期間を要することが多く、難治の傾向もある。いわゆる舌痛症は、その発症原因について、歯科や口腔外科などの学会では諸説があるようで、中には心療内科的な気の問題とする者もいるが、大部分は典型的な亜鉛欠乏症（倉澤, 2013）だ。舌痛のみの単独での発症もあるが、その多くは口腔内違和感や味覚異常などの亜鉛欠乏症状を伴い発症する。補充療法で軽快・悪化を繰り返しながらも、その多くは 4 ～ 6 カ月程度で軽快する。しかし年余の長期を要する症例もあり、最近それらの多くが亜鉛とキレートを作りやすい薬剤などの服用例、特に多剤服用症例に多く、亜鉛補充のみならず、それぞれの薬剤の服用時期の変更やできるだけ不要な薬剤を中止するなど、論理的亜鉛補充療法が必要なことに気が付いた。精神的なものと片づけられては、気の毒だ。

　褥瘡をはじめとする多くの亜鉛欠乏症の皮膚症状・皮膚疾患の中で、極々ありふれた老人性皮膚掻痒症・高齢者の皮疹のない掻痒（かゆみ）の大部分はポラプレジンクによる亜鉛補充療法で、数週から 1 カ月前後で軽快・治癒するが、中にはより掻痒の増悪する症例が少しある。何が異なるのか？　皮膚科医による「亜鉛と掻痒の関係の研究」を、ぜひお願いしたい。ここでは省略するが、シンポジウムではアフタ性口内炎、口角炎、膿疱性乾癬やいわゆる慢性湿疹、類天疱瘡様や掌蹠膿疱症の水疱性皮疹症例、高齢者の脆弱な表皮・真皮や爪の

亜鉛欠乏による症状、アトピー性皮膚炎等などの劇的な軽快・治癒症例の経過写真を含めた数々の症例を提示した。これらの皮膚症状・皮膚疾患は、一次的か二次的かは別にして、表皮、真皮、皮下組織の皮膚三層の生成・維持に関わる亜鉛の生体内機能の活性化が関係するものと考えられる。皮膚科医の方々には追跡調査、および健常な皮膚の生成・維持の研究を、ぜひお願いしたい。

5.4 褥瘡は典型的な亜鉛欠乏症である

大部分の褥瘡の主要因は亜鉛欠乏によるもので、褥瘡は典型的な亜鉛欠乏症といってよい。早期の褥瘡は1〜数週で、大きく潰瘍の生じた重症の褥瘡は（極端な進行症例や終末期発症の症例を除き）3カ月前後で軽快・治癒する。亜鉛補充による全身療法と適切な（軽度の）局所療法で、比較的容易に治癒する。これまで日本褥瘡学会（亜鉛欠乏症の（第二）ホームページ）をはじめとして、褥瘡の発症・難治化の主要因は局所組織の圧迫による循環障害とされ、除圧と局所の創傷治癒阻害因子の除去に褥瘡治療の主力が注がれてきた。また、これまでは一般の全身的低栄養状態の指標である血清の総タンパク濃度やアルブミン値、ヘモグロビン値の改善による全身の低栄養状態の改善に力が注がれてきた。しかし、食事療法等による一般的な低栄養状態の改善は大切だが、現実にはそう容易なことではない。亜鉛補充により、諸酵素の活性化など諸代謝状態が改善されれば、低代謝状態の結果であった総タンパク濃度やアルブミン値、ヘモグロビン値の改善はなくとも、褥瘡は治っていく。これまでの褥瘡の局所療法は「非健常な皮膚をソッと、ソッと保護して」、皮膚の低下した自然治癒機能に期待するものであるのに対し、亜鉛補充療法は全身の低下した代謝を正常化して、「健常な皮膚の生成・維持に転換して」、皮膚の自然治癒機能が復活し、褥瘡が治り、再発が予防されるものだ（図5.3、図5.4）。亜鉛という一元素の欠乏が、一見関係なさそうな褥瘡やいわゆる舌痛症の原因であると主張すると、医師、特にそれぞれの専門医は「そんな馬鹿なことは…」と否定することが多かった。2008年に、亜鉛トランスポータZIP13のノックアウトマウスを作成

040621 Zn:59 Al- p:＊＊＊ Alb:3.2　　050209 Zn:77 Al- p:235 Alb:2.7

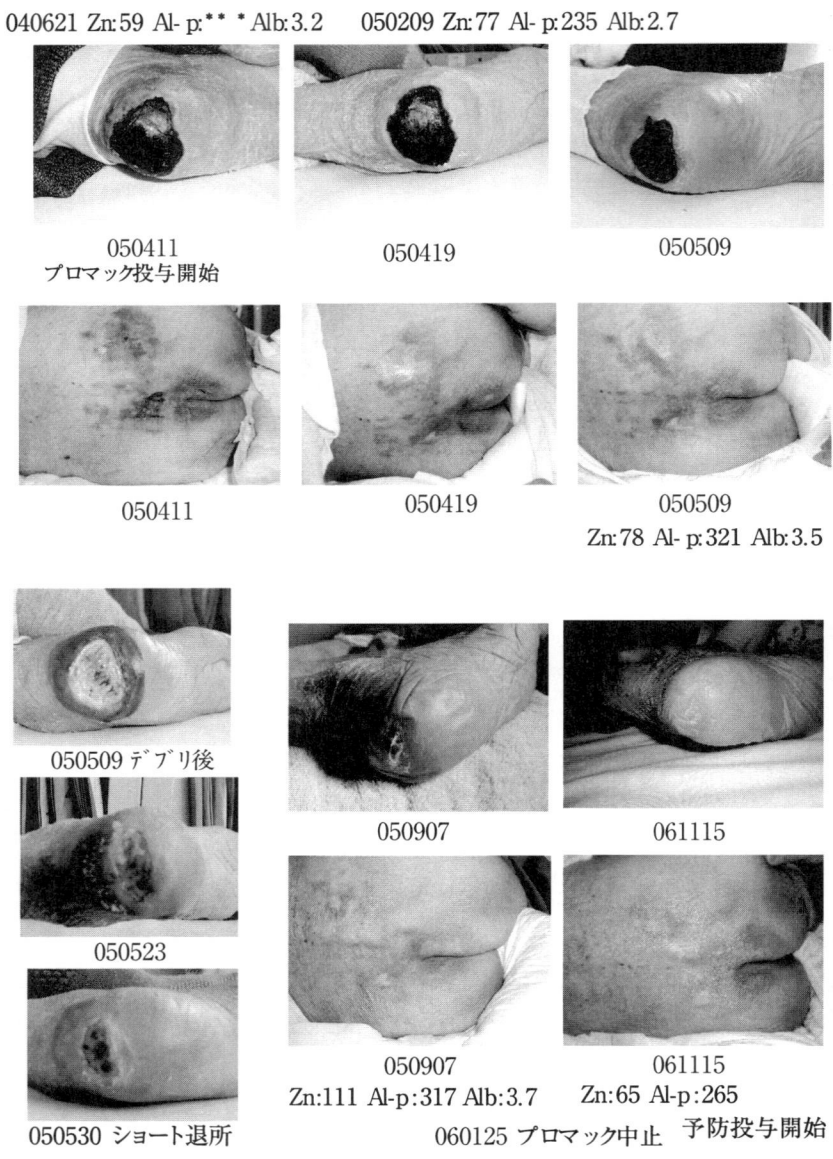

050411
プロマック投与開始

050419

050509

050411

050419

050509
Zn:78 Al- p:321 Alb:3.5

050509 デブリ後

050523

050530 ショート退所

050907

061115

050907
Zn:111 Al-p:317 Alb:3.7

061115
Zn:65 Al-p:265

060125 プロマック中止　予防投与開始

【図5.3】　褥瘡症例 I 治癒経過 (プロマック1.0gr+イソジンシュガーのみ)
在宅療養患者 (1910年生)。6月より受診せず。6月中旬治癒。

070531 Zn:47 Al-p:334 Tp:5.2 Alb:2.6 Hb:10.9　　070607 プロマック開始

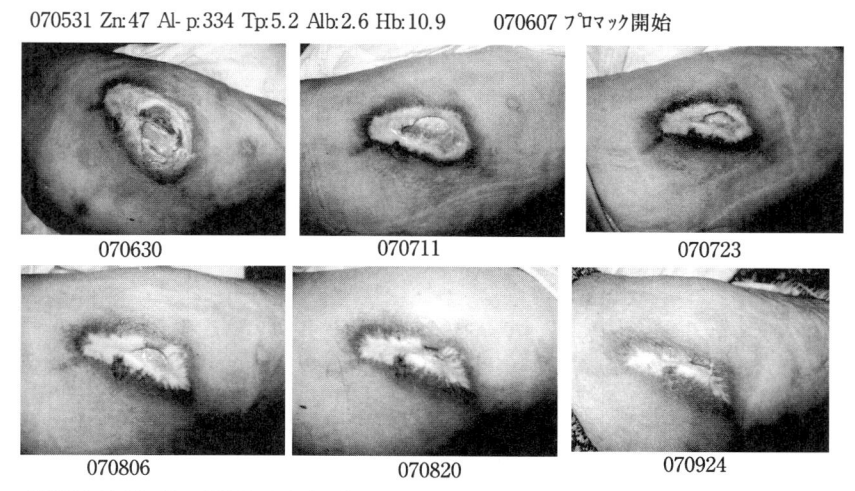

070802 Zn:72 Al-p:359 Tp:5.0 Alb:2.5 Hb:9.9　　070927 Zn:75 Al-p:450 Tp:5.1 Alb:2.6

【図5.4】　　低アルブミン値の褥瘡（左大転子部）
ほぼ寝たきりの在宅患者（1914年生）。

し、骨、歯、皮膚等の結合組織の発生・維持に関わる亜鉛の関与の一端を分子生物学的に示した理化学研究所の深田俊幸氏らの論文（Fukada, et al., 2008）が発表され、また亜鉛トランスポータの機能の解明が次々と進んでいる。2011年には、舌痛症の発症機序に関係すると示唆される野崎千尋氏の論文（Nozaki, et al., 2011）も発表されるなど、亜鉛生物学の基礎研究も着々と進んでいる。

5.5　亜鉛欠乏症の診断と治療

　実に多くの、多彩な亜鉛欠乏症が存在することが明らかになっている。亜鉛欠乏症の診断はまず疑ってみることだ。①食欲はあるか？　②美味しいか？　③掻痒はないか？　④褥瘡はじめ皮膚の症状の存在は？　⑤口腔咽頭症状の存在は？　というのが現在の主要なチェックポイントであると筆者は考えている。原因のない食欲不振は、まず亜鉛欠乏を頭に置くべきだ。入院患者に対して、食べないからと、安易に胃瘻を造設しないでほしい。内視鏡的胃瘻造設術

が簡単に実施できてしまうという現状は、大変に困ったことだ。喉の渇きのないときに飲め飲めと勧められるビール、食欲のないときに食え食えと勧められる食事は辛い。いわんや拒否もできずに無理矢理、食物を詰め込まれる辛さを我々は自分自身のこととして考えるべきだ。現在、病院で食欲がないからと簡単に造設された胃瘻の大部分は亜鉛欠乏によると言って過言ではない。臨床の現場でよく観察していると、かなりの麻痺のある人でも、最後まで残るのは食の自立だ。「人は食欲があれば食べる」のだ。

　さて、亜鉛欠乏症の診断ではまず、①臨床症状より疑い、②血清亜鉛値を測定して、③患者の状態やこれまでの臨床経過や血清亜鉛濃度の値などから、亜鉛欠乏症の可能性の程度を検討し、④可能性があれば亜鉛補充療法を試行する。そして、⑤症状の変化と血清亜鉛値の推移を含めて、診断の確定と治療の継続などを検討するが、詳細は専門的になるので省略する。ただし、臨床症状のみでも、血清亜鉛値の絶対値のみでも、亜鉛欠乏症の診断はできないということは記憶しておいてほしい。血清亜鉛濃度は個々人に至適な値があり（倉澤 , 2017）、「"基準値＝正常値" ではない」こと、「"群の基準値＝個の正常値" ではない」ことを、日本の多くの医師は失念してしまっている。亜鉛欠乏症に限らず、医療の世界では検査値の絶対値のみで考え診断するデジタル思考が蔓延しており、大変困ったことだ。その典型的な誤りであるメタボ検診が国家的事業としていまだに存続していることは、大変に恥ずかしいことだ。

5.6　KITAMIMAKI Study

　患者多発のもとに、地域住民に亜鉛不足の傾向が予測されたことから、2003年秋、北御牧村（現 長野県東御市）の 1437 名の血清亜鉛濃度の調査および、総計 4000 名余の長野県下での三疫学調査を実施した。図 5.5 に、その結果（KITAMIMAKI Study。倉澤ら , 2005）を示す。黒は午前の、白は午後の採血群で、黒丸と白丸の分布に差があることから血清亜鉛値に日内変動の存在が予測される。図 5.6 は、亜鉛不足傾向の存在を証明するために、午後採血の低

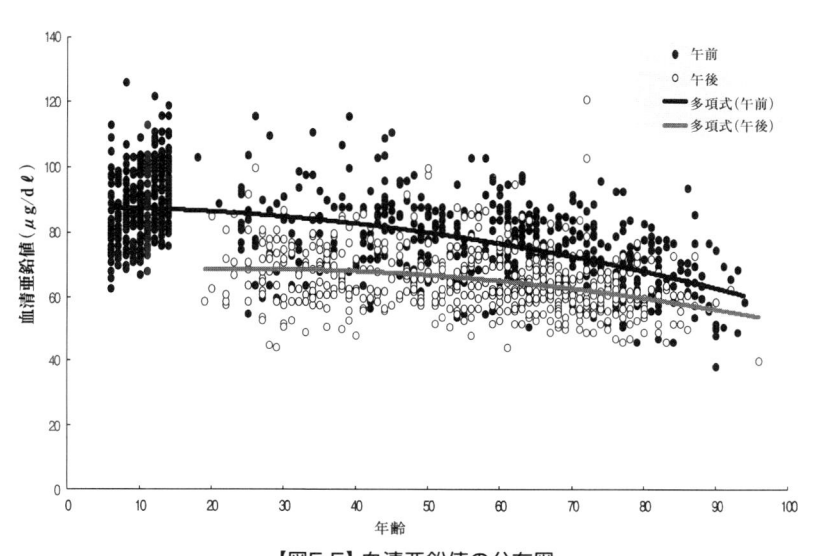

【図5.5】血清亜鉛値の分布図
日内変動（午前・午後）と回帰曲線。総件数1431名。

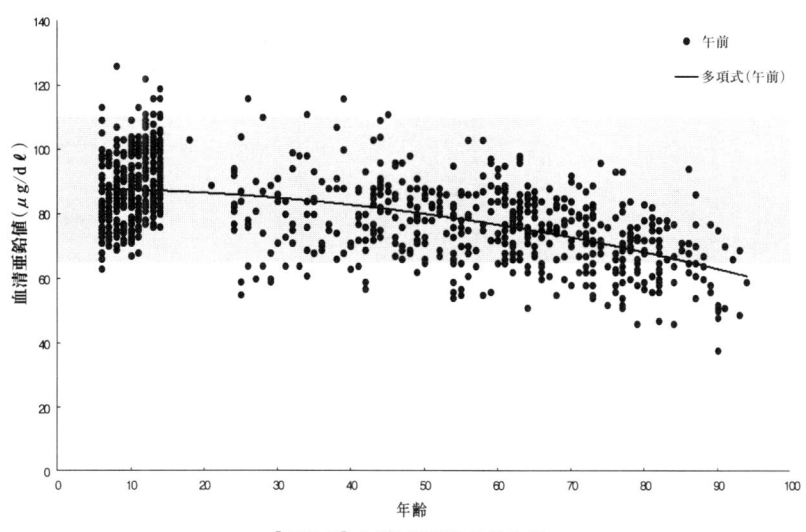

【図5.6】血清亜鉛値の分布図
回帰曲線（午前のみ）と基準値（65〜110）。小中学生＝347、成人（20〜69歳8：00〜11：00）＝341、全成人（午前）＝518。

値群を削除したもので、午前群の分布図と回帰曲線を示す。また 1980 年代初頭にエスアールエル社が原子吸光法で血清亜鉛値の測定を始めたとき、いわゆる健康成人 167 名より定めた血清亜鉛値の基準値 110 〜 65 μg/dl を灰色の帯で示してある。小中学校児童生徒はおよそ基準値内に分布しているが、成人の群は基準値の低値域に分布する傾向にあり、回帰曲線も右肩下がりだ。超高齢群（70 歳以上）はより低値域に分布する傾向があり、比較するためには、この群の削除も必要となる。また、若人層でも存在するが、基準値の最低値 65 μg/dl を下回る分布が加齢とともに増加し、一般成人の約 20％を占める。一般成人 341 名（平均年齢 54.8 歳）の血清亜鉛の平均値は 78.9 ± 11.6 μg/dl で、いわゆる基準値の平均値である 87.5 ± 11.2 μg/dl よりも約 10 μg/dl 低値だった。一般市民を対象とした血清亜鉛濃度の調査は米国で 1976 〜 1980 年にかけて行われた 1 万 4700 名の調査（NAHNES II。American Institute of Nutrition, 1985）があり、エスアールエル社の基準値はほぼこの NAHNES II に準拠するものともいえる。筆者らの調査は、その約 25 年後に行われたものであり、広く各年齢層にわたる一般地域住民を対象にした、世界で初めての調査だった。この 25 年間に "何が生じたのか？" 大変重大な問題であると筆者は考えている。詳細は省くが、エスアールエル社の基準値を仮に健康者（非亜鉛欠乏者）の値とみなすと、現在、一般成人の約 30％は亜鉛欠乏状態と考えられ、超高齢者ではその割合はより高いといえる。

5.7　なぜ亜鉛不足が生ずるのか？

　原因については、成書で種々のことがいわれている。しかし、筆者は 1970 年代から現在までに大きく変化し、かつ多くの国民に影響する原因は、まず食べ物だろうと考えている。特に、①農業畜産業の変化と、②食品加工・添加物が問題であると考えるが、いかがなものだろうか？　それに最近、難治の亜鉛欠乏症の中に亜鉛のキレート化などによる吸収障害や排泄促進、体内での不活性化に関係するだろう、③薬剤服用例、特に多剤服用症例が目立つことに気が付いた。

5.8　最　後　に

　小川鼎三著『医学の歴史』（小川，1964）を読むと、それぞれの時代時代に正しいと考えられ信じられていた医学・医療の多くが間違っていたことが分かる。現代は、医学・医療が急速に進歩・発展して、ウッカリほとんどのことが科学的・医学的に分かっているかのごとき「医療幻想の時代」に陥っているが、いかに進歩発展したとはいえ、現代の医療もホメオスターシスに支えられて成り立っていることを忘れてはならない。

　今、野菜はどんどん不味くなっている。美味しいステーキもなかなか食べられなくなった。農業・畜産業でも、科学的に分かっていない多くのことを、土壌が、自然が黙って支えてくれていたのでないかと思うが、いかがなものだろうか？

（倉澤隆平）

■文献

亜鉛欠乏症のホームページ（http://www.geocities.jp/ryu_kurasawa/）

亜鉛欠乏症の（第二）ホームページ（http://www.ryu_kurasawa.com）

American Institute of Nutrition, 1985, Assessment of the Zinc Nutritional Status of the U.S. Population Based on Data Collected in the Second National Health and Nutrition Examination Survey, 1976-1980.

Fukada, T., Civic, N., Furuichi, T., Shimoda, S., et al, 2008, The zinc transporter SLC39A13/ZIP13 is required for connective tissue development; its involvement in BMP/TGF-beta signaling pathways. *PLoS ONE*, 3: e3642.

倉澤隆平,2013,こんなにも多い亜鉛欠乏症〜食欲不振？　褥瘡？　そして舌痛症も？〜臨床症状の謎が最新の亜鉛研究で、徐々に明らかに〜.日本口腔外科学会誌,59:134.

倉澤隆平,2017,症状から診る多彩な亜鉛欠乏症の診断と治療.日本医事新報,4856: 37-44.

倉澤隆平,久堀周治郎,上岡洋晴,岡田真平,松村興広,2005,長野県北御牧村村民の血清亜鉛濃度の実態.*Biomed. Res. Trace Elements*, 16（1）：61-65.

倉澤隆平他,2006,亜鉛欠乏症について-亜鉛欠乏症の臨床および住民の微量元素亜鉛の不足傾向について-.亜鉛欠乏に関する研究会報告書,1-49.長野県国民保険連合会.

Nozaki, C., et al.,2011, Zinc alleviates pain through high-affinity binding to the NMDA receptor NR_2A subunit. *Nat. Neurosci.*, 14:1017-1022.

小川鼎三,1964,医学の歴史,中央公論社.

Prasad, A.S., Halsted, J.A. and Nadimi, M. 1961, Syndrome of iron deficiency anemia, hepatosplenomegaly, hypogonadism, dwarfism and geophagia. *Am. J. Med.*, 31:532-546.

第6章 ケイ素の人への健康作用についての考察

ケイ素（Si）は地殻中に最も豊富に存在するミネラルで、すべての生物に含まれている。しかし、あまりにも普遍的な存在であるため、植物や動物におけるケイ素の役割は長い間注目されてこなかった。現在、ケイ素は植物にとってまだ必須元素として認められていないが、植物の様々なストレスを軽減できることから、有用元素と位置づけられている（Ma and Yamaji, 2015）。特に典型的なケイ素集積植物であるイネの安定多収に不可欠であることから、日本では農業上の必須元素とされている。一方、動物にとっては必須元素であるということが1972年に認められており（Carlisle, 1970; Schwarz and Milne, 1972）、ニワトリやラットを用いた実験で、ケイ素が骨の形成に必要と報告された。しかし、その後、同じ実験結果を再現できないことも報告されている。最近では、ケイ素には骨粗しょう症や糖尿病の改善効果もあると報告されているが、詳細なメカニズムはまだ分からないのが現状である。

6.1 ケイ素の摂取量

表6.1にあるように、人が1日に摂取するケイ素の量は、国によって異なる（Sripanyakorn, et al., 2005）。男女別にみると、男性のほうが女性よりケイ素の摂取量が多い（図6.1。Jugdaohsingh, et al., 2002）。また年齢とともに摂取量が減少する傾向にある。ケイ素の摂取量の基準値は定められていないが、成人の場合、1日当たり10〜25 mg以上の摂取が奨励されている。

国による摂取量の違いは食事の種類と関係している。我々のケイ素の摂取源

【表6.1】 国別ケイ素の摂取量(mg/人/日)

国	摂取量
米国・ヨーロッパ	20-50
日　本	40
インド	143-204
中　国	139

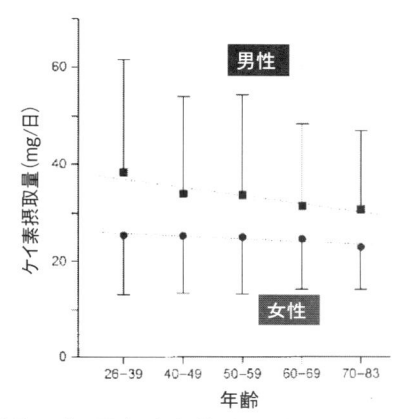

【図 6.1】 男女別、年齢別ケイ素摂取量 (mg/ 日)
Jugdaohsingh,et al.(2002) より。

は主に食事と飲み物である。ケイ素を多く含む穀類をたくさん食べるインドや中国では、ケイ素の摂取量が多くなる。飲み物の中ではビールのケイ素濃度が高く、ビールを飲む人にとっては大きな供給源となる。ビールのケイ素濃度は銘柄により 10 ～ 60 mg/L の幅がある。これは主にビールの中の麦芽の量に依存する。また水道水には大体 5 mg/L、井戸水には 10 mg/L 程度が含まれている。ミネラルウォーターのケイ素濃度は産地によるが、40 mg/L という高濃度のケイ素を含むものもある。

　摂取したケイ素のうち吸収・利用されるのは可溶性のケイ酸（silicic acid）のみである。例えばバナナはケイ素濃度が高いが、ほとんど不溶性の形態で存在しているため、利用率が低い（第 16 章の図 16.6 参照）。

6.2　動物におけるケイ素輸送体

　摂取されたケイ素は素早く吸収される。図 6.2 にあるように、血清中のケイ素濃度は摂取後 60 ～ 120 分の間に増加する。一方、尿中への排出も早く、摂取後 6 時間以内に約 4 割が尿に排出される（Jugdaohsingh, et al., 2002）。

　ケイ素が細胞の中に取り込まれるのには、輸送体が必要である。植物ではイ

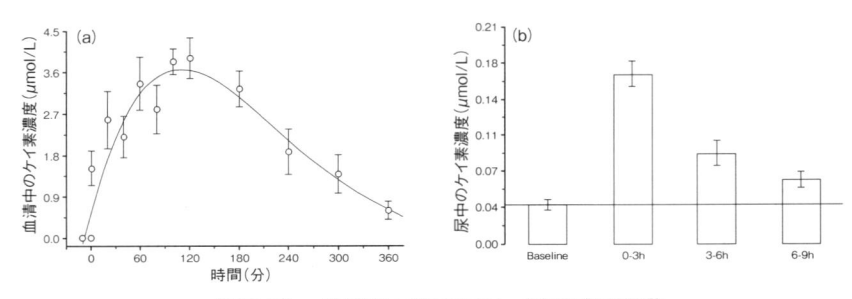

【図6.2】　血清および尿中のケイ素濃度の挙動
（a）ケイ素投入後の血清中のケイ素濃度の変化、（b）ケイ素投入後の
尿中のケイ素濃度の変化。Jugdaohsingh,et al.(2002)より。

ネから内向き（Lsi1）と外向き（Lsi2）のケイ酸輸送体が二つ同定されている（Ma, et al., 2006; 2007）。Lsi1 と Lsi2 はイネの根の外皮と内皮細胞に極性を持って偏在している。一方、動物では最近、水チャネルであるアクアポリンに属する AQP7、AQP9、AQP10 は培養細胞でケイ酸の輸送活性が確認されている（Garneau, et al., 2015）。またラットの腎臓細胞で発現する Slc34a2（NaPiIIb）はケイ酸の外向き輸送体として同定されている（Ratcliffe, et al., 2017）。元々 Na- リン酸輸送体として知られていた Slc34a2 は腎皮質の管状上皮細胞に局在し、その発現がケイ素欠乏によって誘導される。しかし、これらの輸送体の具体的な役割に関しては、まだ不明な点が多い。

6.3　ケイ素と骨の健康

　ケイ素は人体において亜鉛や鉄に次ぎ 3 番目に多い微量元素で、140 〜700 mg 存在する。主に結合組織、特に大動脈、気管、腱、骨、皮膚に沈積するが、そのうち骨に最も多く沈積し、骨の形成に重要だと考えられている。ケイ酸はグリコサミノグリカン（glycosaminoglycans）と結合し、コラーゲンの合成と安定化、マトリックスの石灰化などに働いているとされている。また結合組織に存在するグリコサミノグリカンの形成にも重要である。

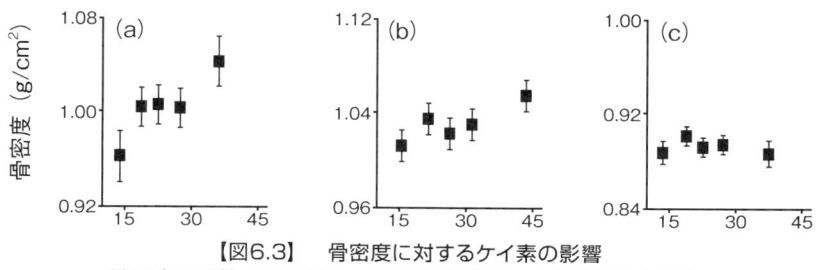

【図6.3】　骨密度に対するケイ素の影響
1251名の男性、1596名の女性に基づく調査。（a）閉経前の女性、
（b）男性、（c）閉経後女性。Jugdaohsingh, et al.(2004) より。

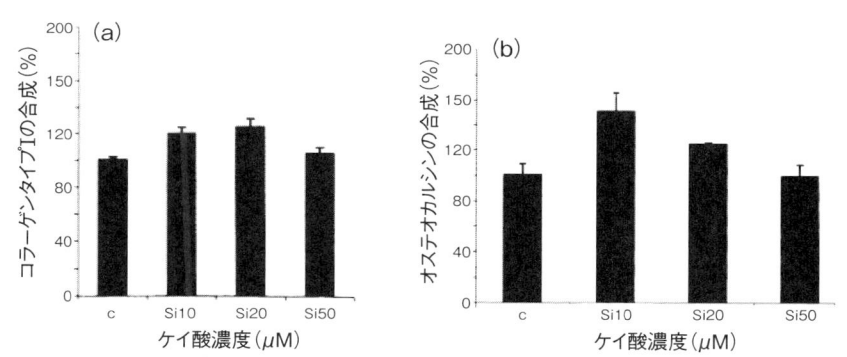

【図6.4】　コラーゲンタイプIとオステオカルシンの合成に対するケイ素の影響
（a）骨芽細胞様細胞のコラーゲンタイプ I の合成に対するケイ酸濃度の影響。
（b）MG-63 細胞のオステオカルシンの合成に対するケイ酸濃度の影響。
Reffitt, et al. (2003) より。

　男女合わせて3000人近くを対象とする大規模な調査では、男性と閉経
前の女性は摂取するケイ素の量の増加に伴い、骨密度も増加した（図6.3。
Jugdaohsingh, et al., 2004）。しかし閉経後の女性では、そのような効果がみら
れなかった。

　様々な動物細胞を用いた実験（Reffitt, et al., 2003）では、ケイ酸を与えると、
コラーゲンタイプ I の合成が高まった（図6.4a）。またオステオカルシンの合
成も促進したという報告がある（図6.4b）。最近では、ケイ素によるコラーゲ
ンタイプ I とオステオカルシンの合成促進に至るまでのシグナル伝達経路も分
かりつつある（Dong, et al., 2016）。　オステオカルシンは骨の非コラーゲン性

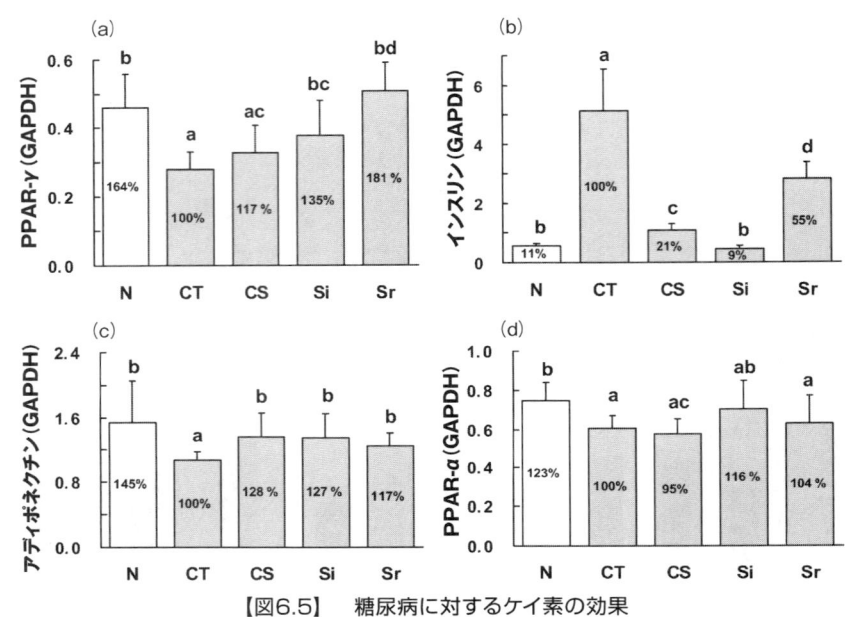

【図6.5】　糖尿病に対するケイ素の効果

（a）PPAR-γ、（b）インスリン、（c）アディポネクチン、（d）PPAR-αの発現に対するケイ素の効果を、糖尿病マウスの膵臓を用いて実験した。N：正常マウス、CT：炭酸カルシウム、CS：サンゴ砂、Si：ケイ素、Sr：ストロンチウム。Maehira,et al.(2011) より。

タンパク質として 25％を占めるタンパク質であり、骨芽細胞のみから分泌され、代謝調節および骨形成促進に働くものとされている。このように骨密度を改善する効果があることは、ケイ素が骨粗しょう症の予防に効くといわれる一因だろう。

6.4　ケイ素と糖尿病

　最近、ケイ素には抗糖尿病の効果もあることが報告された。また脂肪細胞に働くインスリン感受性を高めるタンパク質であるアディポネクチン（adiponectin）の分泌を促進するとの報告もある。マウスを使った実験で 50 ppm のケイ酸を与え続けると、膵臓や腎臓にある PPAR-γ やアディポネ

クチンの発現が上昇し、インスリンの発現が低下した（図6.5。Maehira, et al., 2011）。PPAR-γ はペルオキシソーム増殖因子活性化受容体として主に脂肪組織に分布して脂肪細胞分化などに関与するほか、マクロファージや血管内皮細胞などにも発現がみられ、インスリン抵抗性改善薬の標的分子とされている。一方、アディポネクチンは膵臓から分泌されるインスリンへの感受性を亢進させる作用を有し、血糖降下作用の発現に寄与するとされている。アディポネクチン遺伝子のプロモーター領域には PPRE という配列が存在し、脂肪細胞の分化に必要不可欠な分子である PPAR-γ が結合することでアディポネクチンの産生が促進される。またアディポネクチンは AMPK（AMP キナーゼ）を活性化させることにより骨芽細胞分化、石灰化を促進する。

　動物におけるケイ素の効果についての研究はまだ端緒についたばかりで、これからまだ検証する必要がある。　　　　　　　　　　　　　　　　（馬　建鋒）

■文献

Carlisle, E.M.,1970, Silicon: a possible factor in bone calcification. *Science*, 167: 279-280.

Dong, M., Jiao, G., Liu, H., Wu, W., Li, S., Wang, Q., Xu, D., Li, X., Liu, H. and Chen, Y., 2016, Biological silicon stimulates collagen type 1 and osteocalcin synthesis in human osteoblast-like cells through the BMP-2/Smad/RUNX2 signaling pathway. *Biol. Trace Elem. Res.,* 173:306-15.

Garneau, A.P., Carpentier, G.A., Marcoux, A-A, Frenette-Cotton, R., Simard, C.F., Rémus-Borel, W., et al., 2015, Aquaporins mediate silicon transport in humans. *PLoS ONE,* 10: e0136149.

Jugdaohsingh, R., Anderson, S.H.C., Tucher, K.L., Elliott, H., Kiel, D.P., Thompson, R.P.H. and Powell, J.J., 2002, Dietary silicon intake and absorption. *Am. J. Clin. Nutr.,* 75: 887-893.

Jugdaohsingh, R., Tucker, K.L., Qiao, N., Cupples, L.A., Kiel, D.P. and Powell, J.J., 2004, Dietary silicon intake is positively associated with bone mineral density in men and premenopausal women of the Framingham Offspring cohort. *J. Bone Miner. Res. ,* 19:297-307.

Ma, J.F. and Yamaji, N., 2015, A cooperative system of silicon transport in plants. *Trends Plant Sci.,* 20:435-442.

Ma, J.F., Tamai, K., Yamaji, N., Mitani, N., Konishi, S., Katsuhara, M., Ishiguro, M., Murata, Y. and Yano, M., 2006, A silicon transporter in rice. *Nature*, 440: 688-691.

Ma, J.F., Yamaji, N., Mitani, N.,Tamai, K., Konishi, S., Fujiwara, T., Katsuhara, M. and Yano, M., 2007, An efflux transporter of silicon in rice. *Nature*, 448: 209-212.

Maehira, F., Ishimine, N., Miyagi, I., Eguchi, Y., Shimada, K., Kawaguchi, D. and Oshiro, Y. ,2011, Anti-diabetic effects including diabetic nephropathy of anti-osteoporotic trace minerals on diabetic mice. *Nutrition*, 27:488-495.

Ratcliffe, S., Jugdaohsingh, R., Vivancos, J., Marron, A., Deshmukh, R., Ma, J.F., Mitani-Ueno, N., Robertson, J., Wills, J., Boekschoten, M.V., Müller, M., Mawhinney, R.C., Kinrade, S.D., Isenring, P., Bélanger, R.R. and Powell, J.J.,2017, Identification of a mammalian silicon transporter. *Am. J. Physiol. Cell Physiol.*, 312: C550–C561.

Reffitt, D.M., Ogston, N., Jugdaohsingh, R., Cheung, H.F., Evans, B.A., Thompson, R.P., Powell, J.J. and Hampson, G.N., 2003, Orthosilicic acid stimulates collagen type 1 synthesis and osteoblastic differentiation in human osteoblast-like cells in vitro. *Bone*, 32:127-35.

Schwarz, K. and Milne, D.B., 1972, Growth-promoting effects of silicon in rats. *Nature*, 239: 333-334.

Sripanyakorn, S., Jugdaohsingh, R., Thompson, R.P.H. and Powell, J.J., 2005, Dietary silicon and bone health. *Nutr. Bull.*, 30: 222-230.

第7章 まとめ

シンポジウム当日は時間がなく、総合討論はできなかった。しかし、シンポジウムのテーマとして掲げた「肥料・ミネラルが人の健康に役立っている」ことは、参加した土壌肥料学会員、また本書をここまで読んできた読者にも知ってもらえたと思う。

7.1 人の必須元素について

馬 建鋒 氏が講演中に人間の必須元素の数について田中卓二氏に質問を投げかけたのだが、田中氏は 20 元素と答えた。そこにはホウ素もケイ素も入っていない。田中氏の引用文献をみると、日本人研究者の書いた図書を参考にしていることが分かる。日本の栄養学の立場からは、まだホウ素やケイ素は人の必須元素にはなっていない。田中氏は日本の栄養学の立場から答えたのである。

もちろん、日本の栄養学分野だけの話ではないと思われる。第 13 章でも触れるが、ハーバード大学（Qi, et al., 2005）の作物・野菜の栄養成分データベースにもケイ素、ホウ素はまだ入っていない。ただ学問的には世界保健機関（WHO, 1996）、米国学術研究会議（NRC, 1989）が示した人の必須元素（表 7.1。渡辺, 2015）が手元にあるのでそれを引用紹介する。ここではホウ素、ケイ素も必須元素に入っている。

【表7.1】　動物とヒトの必須微量元素とこれらの欠乏症状、機能など

元素	欠乏症状および機能	食事からの必要摂取量 ；豊富に含む食品
As (ヒ素)	生殖障害、周産期死亡率の増加、発育不良、メチオニンの代謝物への変換、生体分子のメチル化	約12μg/日；コムギおよび穀類製品
B (ホウ素)	骨のカルシウム吸収障害、ビタミンDが関与するくる病の重篤化の兆候、Ca、Mg、Pの吸収低下、45歳以上男女の金属機能障害、生体分子のシス-ヒドロキシル反応、細胞膜の保全	約0.5～1.0mg/日；非柑橘系の果物、葉物野菜、ナッツ、マメ類
Cr (クロム)	グルコース耐性低下、血清中のコレステロール、トリグリセリドの増加、大動脈プラークの発生増加、角膜病変、生殖障害と精子数の低下、インスリン反応増強	約33μg/日；加工肉、全粒穀類製品、マメ類、香辛料
Cu (銅)	低色素性貧血、好中球減少、髪や皮膚の色素沈着減少、骨の脆弱性や骨粗しょう症を伴う骨形成不良、血管異常、毛髪硬化、金属酵素の補因子(シトクロムオキシダーゼ、セルロプラスミン、スーパーオキシダーゼジスムターゼなど)	1.5～3.0mg/日；内臓肉、魚介類、ナッツ、種子
F (フッ素)	本論文で述べた必須微量元素として重要、歯科衛生に効果的な有益元素	1.5～4.0mg/日；茶、骨ごと食べる海洋魚
I (ヨウ素)	知的障害を伴う重篤なクレチン病を含む広範囲の疾患、甲状腺肥大(甲状腺腫)、甲状腺ホルモンの必須構成要素	150μg/日；魚介類、ヨウ素添加塩、牛乳；植物性食品中のヨウ素含量は地質学的環境、肥料、食品加工、摂食方法により大きく異なる
Fe (鉄)	鉄欠乏性赤血球生成による作業性の低下、ヘモグロビンおよび赤血球の収縮を伴う鉄欠乏性貧血、免疫機能の低下、無気力、集中力低下、学習能力低下、ヘモグロビン・ミオグロビン・酵素の構成要素	15mg/日；肉、卵、野菜、鉄強化穀物
Mn (マンガン)	生殖率低下、発育遅滞、先天性奇形、骨および軟骨形成異常、グルコース耐性低下、酵素反応の活性金属(デカルボキシラーゼ、ヒドロラーゼ、キナーゼ、トランスフェラーゼなど)、ミトコンドリアにおけるピルビン酸カルボキシラーゼおよびスーパーオキシドジスムターゼの構成要素	2.0～5.0mg/日；全粒穀類および穀類製品、果物、野菜、茶
Mo (モリブデン)	体重増加遅延、食料消費低下、生殖障害、平均寿命低下、神経機能障害、眼球転位、知的障害、亜硫酸オキシターゼおよびキサンチンデヒドロゲナーゼの補因子(モリブドプテリン)	75～250μg/日；牛乳、マメ、パン、穀類
Ni (ニッケル)	発育不良、生殖率低下、Ca、Fe、Zn、ビタミンB12等の栄養素の機能および体内分布の異常、アミノ酸およびプロピオン酸代謝経路で生成される奇数鎖脂肪酸に作用する酵素の補因子	<100μg/日；チョコレート、ナッツ、乾燥マメ、エンドウマメ
Se (セレン)	地域性心筋症(克山病)、白筋症、関節の肥大および変形を伴う地域性関節症(Kashin-Beck病)、肝細胞壊死、滲出性素因、膵臓萎縮、成長抑制、チロキシン(T4)からトリヨードチロニン(T3)を生成する脱ヨード酵素の活性抑制、ウイルス感染に対する免疫応答不全、抗がん作用、グルタチオンペルオキシダーゼおよびセレンタンパク質-Pの必須構成要素	55～70μg/日；魚介類、内臓肉、食肉、Seが豊富な土壌で栽培された穀物、ブラジルのナッツ；植物性食品のSe含量は土壌のSe含量によって大きく異なる
Si (ケイ素)	骨格形成異常を伴うコラーゲン含量の低下、長骨の異常、関節軟骨、水分、ヘキソサミンの減少、Ca欠乏条件における脛骨と頭蓋骨のCa、Mg、P含量の減少	約5～20μg/日；未精製穀物、穀類製品、根や塊茎作物
V (バナジウム)	てんかん発作による死、骨格奇形、甲状腺重量の増加、ハロゲン化物イオンの酸化および受容体タンパク質のリン酸化に関与	約<10μg/日；貝類、キノコ類、黒コショウ、ディルの種
Zn (亜鉛)	食欲不振、生育不良、皮膚の変化、免疫学的異常、難産、奇形発生、性腺機能低下症、小人症、創傷治癒の遅延、乳幼児の成長遅延・食欲不振・味覚障害、下痢、免疫機能不全、多くの酵素の構成要素、細胞膜の安定化	15mg/日；動物性食品、特に赤肉やチーズ、マメ科種子、マメ類

(注) 1日当たりの必要摂取量は成人男性が対象。一般的に必須と認められていない元素に関しては、文献から引用した推定値を示す。
(出典) WHO (1996)、NRC (1989)、Welch (2001)

7.2　講演会で取り上げた栄養素の共通項

　シンポジウムで取り上げたのは重要な栄養素ばかりだが、実は人への健康作用発現メカニズムに一つの大きな共通点がある。それは長寿で知られた日本人のきんさん（1892-2000 年）、ぎんさん（1892-2001 年）の血液中に多く含まれていた長寿ホルモンともいわれるアディポネクチンと関係している。

　このことは肥料の代表でもある硝酸塩についての記述（第 9 章）でも触れるが、硝酸塩が食餌中に含まれていなければラットの血液中の eNOS の発現量は低下し、PPAR-γ も、AMP キナーゼも、アディポネクチンも低下する。

　マグネシウムは前述の、アディポネクチンを上昇させる食物の疫学調査(ハーバード大学）で p < 0.003 の信頼性の高い物質として抽出されてきている（157ページ参照。Qi, et al., 2005）。

　ケイ素については、第 16 章の図 16.4 に琉球大学の真栄平房子氏の発見として、ケイ素供与ラットでは血液中のアディポネクチン、PPAR-γ、eNOS 含有率が増加することを示している（Maehira. et al., 2011）。

　なお、ホウ素も非常に多彩な作用をするのだが、ホウ素 - 炭水化物複合体はアディポネクチンを増やすとの特許がすでに提出されている（特許公告 , 2014）。

　理化学研究所・東京大学の 2015 年の報道発表資料によると、「AdipoR1/AdipoR2 の膜貫通部位では、7 本の α ヘリックスに取り囲まれた空間が細胞膜から細胞内へと続く空洞となり、その中に、一つの亜鉛イオンを結合していた。現在まで、受容体タンパク質で、膜貫通部位に亜鉛を結合したものは知られていない。またアディポネクチンの受容体は亜鉛を構成要素として保持している」そうだ。亜鉛の人体における多様な効果は、アディポネクチンの作用も無関係ではない。

7.3 最後に興味深いデータを示そう

アディポネクチンを増やすのには、もちろん運動が第1である。図7.1（Gregg, et al., 2003）は、適度な運動が脳梗塞にもがん予防にも効果があることを示している。図7.1 は、私には非常に興味深かった。というのは、血管を主とした心筋梗塞による死亡率と、一見無関係と思われるがんによる死亡率も、いずれも適度な運動によって低下しているからである。本研究は65歳以上の健康な女性を対象とした大規模なコホート研究結果であり、調査開始前後の運動習慣により計4群に分けて調査している。

すると、「今まで運動しなかったが新しく運動をした人」「過去にも運動をしていたが続けて運動している人」は、「従来のまま運動しなかった人」「過去は運動していたが運動しなくなった人」などと比べ、調査開始から約6年間の累積死亡率が低下している。

図7.2 は、2011年頃インターネット上で見つけたもので、運動と糖尿病などの関係が分かりやすいためここに示す。運動は筋肉組織中の ATP を多量に消費し、それを補うために糖・脂質代謝が促進され、ATP 生産性を高める。それに伴いアディポネクチン量が増え AMP キナーゼも活性化する。

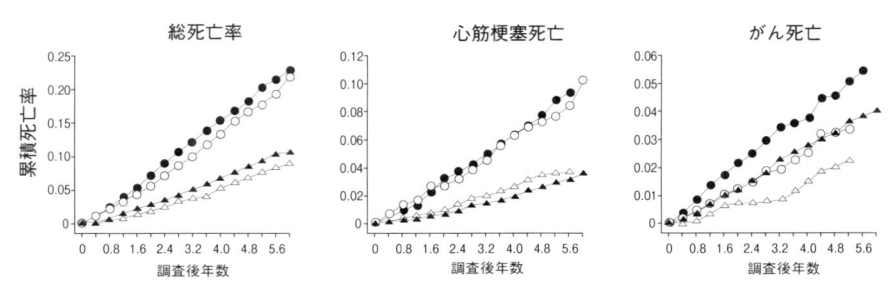

【図7.1】　65歳以上の健康な女性の運動開始有無と、その後の死亡率
●：以前から運動しないし、調査開始後も運動しない（2198人）、○：以前は運動していたが, 調査開始後運動しなくなった（1410人）、▲：以前も、調査開始後も運動している（3134人）、△：以前は運動しなかったが、調査開始後運動している（811人）。（出典）Gregg, et al. (2003)

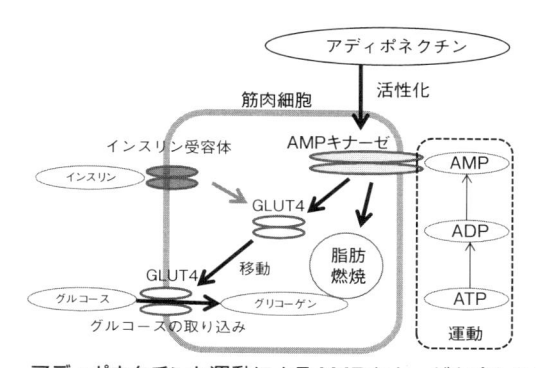

【図7.2】　アディポネクチンと運動によるAMPキナーゼを介した脂肪燃焼と
　　　　　　グルコースの取り込み
　　　　　GLUT4はグルコーストランスポーター。「食と健康の情報室」を
　　　　　参考に作図（原図は現在消去されている）。

　このように糖尿病の予防、進行防止に運動が効果的であることはよく知られ
ているが、がんに対しても適度な運動（今までよりも 1.6 km/ 日多く歩く程度）
は効果があり、その死亡率を 40 ～ 50％低くしている。図 7.1 は多くの研究者
が引用紹介しているため、内容は多くの方が知っていることだろう。最近がん
と診断された私の知人は、以前はほとんど運動しなかったが、近年は規則正し
く過度にならない程度の運動をしている。当該論文では過激な運動をする人々
も調査対象とされているが、死亡率低下割合は小さい。がんまでもが適度の運
動によってこれほどまで死亡率が低下するとは私個人は知らなかった。

　もう一点の重要なポイントは、がんと心筋梗塞、双方の死亡率を低下させる
ような共通の代謝経路が存在するであろうことを誰でもが予測できることであ
る。それが、東京大学の山内氏らが図 7.3 で示す長寿ホルモン「アディポネク
チン」である。山内氏らは先に紹介したようにアディポネクチンの受容体が 2
種あることを発見し、その受容体の分布からがんにもアディポネクチが作用す
ることを発見している。山内氏らの研究は特筆に値するほどすばらしいのだが、
亜硝酸塩も、マグネシウムも、ケイ素もホウ素も亜鉛もがどこかで大きくアディ
ポネクチンに関与していることが筆者にはうれしいのである。まさに五つの栄
養素すべてが長寿ホルモンに関係していたのである。　　　　　　（渡辺和彦）

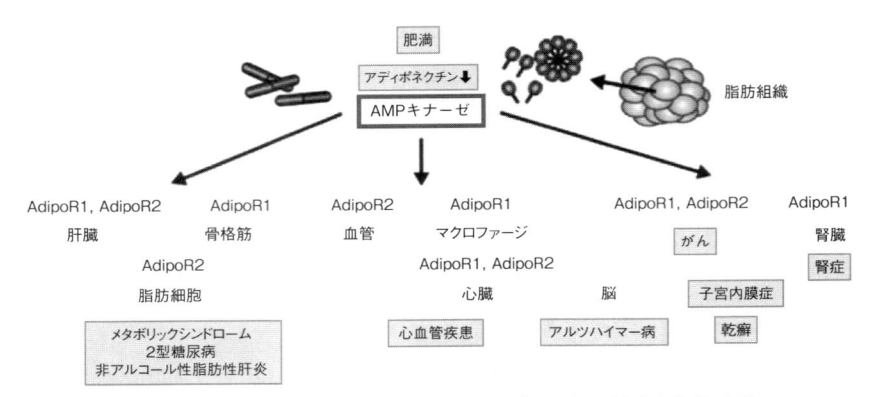

【図7.3】　アディポネクチン受容体のアゴニストの適応となる疾患
アゴニストとは、生体内の受容体分子に働いて神経伝達物質やホルモンなどと同様の
機能を示す作動薬のこと。この場合は東大グループがみつけたアディポネクチン受容体
を活性化する低分子化合物AdipoRonを指す。山内ら（2013）を参考に作図。

■文献

Gregg, E.W., Cauley, J.A., Stone, K., Thompson, T.J., Bauer, D.C., Cummings, S.R. and
Ensrud, K.E., 2003, Relationship of changes in physical activity and mortality among
older women. *JAMA*, 289:2379-2386.

Kang, J.H., Willett, W.C., Rosner, B.A., Buys, E., Wiggs, J.L. and Pasquale, L.R., 2016,
Association of dietary nitrate intake with primary open-angle glaucoma: A prospective
analysis from the nurses' health study and health professionals follow-up study. *JAMA
Ophthalmol.*, 134: 294-303.

Maehira, F., Motomura, K., Ishimine, N., Miyagi, I., Eguchi, Y. and Teruya, S., 2011, Soluble
silica and coral sand suppress high blood pressure and improve the related aortic gene
expressions in spontaneously hypertensive rats. *Nutr. Res.*, 31:147-156.

NRC（National Research Council）, 1989, Recommended Dietarry Allowances, National
Academy Press.

Pietrzkowski, Z.（発明者）, FutureCeuticals, V.D.F.（出願人）, 2014, Boron-containing
compositions and methods therefor, 公告番号 US20140274919 A1, PCT/US2012/038452,
公開日 2014 年 9 月 18 日, 出願日 2012 年 5 月 17 日。

Qi, L., Rimm, E., Liu, S., Rifai, N. and Hu, F.B., 2005, Dietary glycemic index, glycemic
load, cereal fiber, and plasma adiponectin concentration in diabetic men. Diabetes Care,
28:1022-1028.

理化学研究所・東京大学, 2015, 糖・脂質代謝に重要なアディポネクチン受容体の立体構造を
解明, 報道発表資料, 4 月 9 日（http://www.riken.jp/pr/press/2015/20150409_1/）

特許公告番号 US 20140274919 A1, 2014, Boron-containing compositions and methods therefor
公開タイプ 出願 出願番号 US 14/118,865 PCT 番号 PCT/US2012/038452 公開日 2014
年 9 月 18 日

渡辺和彦 監修, 2015, 人を健康にする施肥, 全国肥料商連合会。

Welch, R.M., 2001, Micronutirients, agriculture and nutrition; Linkages for improved health and well being. p.247-289. In Singh,K., Mori,S. and Welch, R.M. (eds.), Perspectives on the Micronutrient Nutrition of Crops, Scientific Publishers.

WHO (World Health Organization), 1996, Trace elements in human nutrition and health. World Health Organization.

山内敏正，岩部美紀，岩部真人，門脇 孝，2013，アディポネクチン受容体を活性化する低分子化合物 AdipoRon の取得，ライフサイエンス新着論文レビュー（http://first.lifesciencedb.jp/archives/8049）

第2編

肥料の夜明け

（渡辺和彦）

第**8**章 野菜に含まれる硝酸塩は
有害か？

8.1 まず野菜の硝酸塩について知ろう

　農業分野以外の読者のために硝酸塩（硝酸イオン、硝酸態窒素ともいう。こ
こでは硝酸態窒素という）のことを少し説明しておく。無機化学肥料の尿素や
アンモニア態窒素も、有機質肥料や家畜糞堆肥の有機態窒素も、土壌に施用さ
れると土壌微生物により速やかに硝酸態窒素の形態になって野菜に吸収され
る。畑状態の土壌ではアンモニア態窒素は通常 1 ～ 2 週間で硝酸態窒素に変換
される。野菜は主として硝酸態窒素の形態で窒素を根から吸収し、体内でアミ
ノ酸、タンパク質へと変換する。硝酸態窒素が土壌中にある場合は、窒素は生
体合成の基本物質であるため、野菜は今後の生育のために余分に硝酸態窒素を
吸収し、細胞内の小器官である液胞に貯蔵する。トウモロコシなど穀物の場合
は登熟後に収穫されるが、野菜はまだ花も咲いていない生育途中に食用として
収穫される。生育途中であるがゆえに、野菜、特に葉菜類では硝酸態窒素含有
率が高い。

　EU は 2011 年に少し緩和したものの、現在も野菜に含まれる硝酸態窒素につ
いての基準を残している（農林水産省, 2015。2012 年 11 月 4 日更新分からも引
用している）。表 8.1 に示すように、EU の野菜が特に硝酸態窒素を多く含むわ
けではない。日本国内の野菜に含まれる硝酸態窒素の事例を表 8.2 に示す。こ
こでは、EU の基準に、いかに無理があるかを説明する。窒素施肥量を多くす
るとホウレンソウやレタスの収量は高くなるが、可食部の硝酸態窒素が増えて

【表8.1】　食品中の硝酸態窒素の基準 (EU、2011年。単位：mg NO_3^-/kg)

品　目		基準値	
		現在	2011年改訂前
生鮮ホウレンソウ		3500	(10〜3月収穫) 3000 (4〜9月収穫) 2500
保存加工、冷凍ホウレンソウ		2000	2000
結球レタス	施設栽培	2500	2500
	露地栽培	2000	2000
その他レタス	10〜3月収穫、施設栽培	5000	4500
	10〜3月収穫、露地栽培	4000	4000
	4〜9月収穫、施設栽培	4000	3500
	4〜9月収穫、露地栽培	3000	2500
ルッコラ	10〜3月収穫	7000	–
	4〜9月収穫	6000	–
乳幼児向けベビーフード、シリアル加工食品		200	200

（出典）農林水産省 (2012)

しまう。これを避けるために、適正農業規範（GAP）に従って施肥量を低く抑えて栽培した場合でも、天候等の影響により基準値を超えることがある。農林水産省が公表している食品安全に関するリスクプロファイルシート（検討会用）は、海外の硝酸態窒素についての情報も掲載している（農林水産省，2012）。そこから引用すると、欧州食品安全機関（EFSA）のフードチェーンにおける汚染物質に関する科学委員会報告の概要（2008 年）は以下のとおりである。

　① 20 の加盟国およびノルウェーから提供のあった約 4 万 2000 のデータをもとに、硝酸塩の暴露評価を実施した。②硝酸塩濃度 392 mg/kg（今回得られたデータの中央値）の野菜を毎日 400 g 食べた場合、食事からの平均暴露量は157 mg/ 日と推定され、ADI（体重 60 kg で 222 mg）の範囲内にある。③一部の人々（2.5 %）は葉菜類だけ、または葉菜類をたくさん食べるため、ADIを超過する可能性がある。④硝酸塩濃度が中央値（4800 mg/kg）のルッコラを 47 g 以上食べた場合、その他の摂取源を考慮しなくても ADI を超過する。

　筆者がここで注目したいのは、③と④である。普通の野菜摂取でも ADI（後述）を超えることがある。ルッコラ 47 g は普通に食べられる量であり、それで ADI を超えてしまう。日本では表8.2 に示すようにコマツナがこの例に近い。③もデータの中央値の野菜で計算した結果をもとにした報告であり、消費者は

【表8.2】　市販の国産野菜中の硝酸態窒素含有濃度

品　目	サンプル数	硝酸イオン濃度 ($mg\ NO_3^-/kg$)		
		平均値	中央値	最大値
キャベツ	189	679	641	3150
ハクサイ	186	1320	1210	4850
結球レタス	174	1060	965	2780
コマツナ	197	4060	4070	9490
ホウレンソウ	208	3070	2990	9220
チンゲンサイ	20	2750	2690	4440
ノザワナ	20	2840	2840	3890
カブ(根)	20	1630	1750	3210
カブ(葉)	20	3540	4040	6060
シュンギク	20	2940	2830	5380
ニラ	20	1780	1860	2700
タカナ	20	3680	3670	6650
タアサイ	20	3340	3910	4830

(注) 2002～2004年度に、農林水産消費技術センター (当時) が、市販の国産野菜に含まれる硝酸態窒素の含有実態を調査。
(出所) 農林水産省 (2015) より

少し生育の劣った野菜を選んで食べないと ADI を超えてしまう。

8.2　ADIについて

　ADI（acceptable daily intake：1日許容摂取量）とは、食品に用いられたある特定の物質について、生涯にわたり毎日摂取し続けても影響が出ないと考えられる1日当たりの量を、体重1 kg当たりで示した値をいう。具体的な算出方法は、動物実験によって悪影響が見られなかった最大の量（無毒性量、NOAEL）を安全係数で割って求める。安全係数としては、一般にマウスやラットなど実験動物とヒトとの種の違いを考慮して10倍をとり、さらに個人差を考慮して10倍を乗じた100倍を用いる。

　1995年、国際連合食糧農業機関（FAO）と世界保健機関（WHO）の合同食品添加物専門家会合（JECFA）は、硝酸塩の ADI を体重1 kg当たり0～5 mg（硝酸ナトリウムとして。硝酸イオンとしては0～3.7 mg）と推定している。硝酸塩摂取後のヒトの体内でのニトロソ化合物生成のメカニズムについてはよく分かっていないことから、ADI の設定に当たっては、ラットに異なる濃度の硝酸ナトリウムを含む餌を2年間与え、成長が抑えられない濃度1%（硝酸

ナトリウムとして 500 mg/kg/ 体重 / 日）を換算した 370 mg/kg/ 体重 / 日（硝酸イオンとして。Lehman, 1958）を 100 で割った 3.7 mg/kg/ 体重 / 日が用いられている。なお、この実験で病理組織検査を行ったところ、がんの発生等の異常はなんら認められていない（農林水産省ウェブページより）。

　そして、何よりも重要なことは、JECFA が「ADI の推定に際して、野菜は硝酸塩の主要な摂取源だが、野菜の有用性はよく知られており、野菜中の硝酸塩がどの程度血液に取り込まれるかのデータが得られていないことから、野菜から摂取する硝酸塩の量を直接 ADI と比較することや、野菜中の硝酸塩について基準値を設定することは適当ではない」と報告している（FAO/WHO, 1996）ことである。

　筆者だけが野菜の硝酸塩基準は適当でないといっているのではない。農林水産省 消費・安全局 農産安全管理課の三浦 保 氏は「月報野菜情報——情報コーナー 2005 年 7 月」で、上記のような「ことから、厚生労働省でも、現段階において直ちに野菜中の硝酸基準値を設定する必要は低いとしています」と記載している。この記述は非常に重要なものであり、農林水産省も厚生労働省も同じ見解である。

　しかし多くの日本の野菜生産者は、硝酸塩は人体に悪いものであり、野菜の硝酸塩含有率は低いほうがよいと考えているようである。

8.3　ウシはヒトと異なる

　硝酸イオンの毒性説を議論する際、「現にウシが死んでいるではないか」と発言する技術者もいる。我が国では、反芻家畜で、飼料作物中の硝酸態窒素により 1965 〜 1971 年の間に 98 件、458 頭に中毒が発生（うち 128 頭が死亡）したほか、近年では 2007 年に、硝酸態窒素を含む輸入乾牧草を原因とするウシの中毒事例（8 頭死亡）が報告されている（農林水産省, 2012）。

　ウシとヒトは異なる。ヒトの胃は一つだがウシは四つの胃を持つ。ウシの第 1 胃である反芻胃中に大量の硝酸イオンがあれば、胃内微生物により還元され、

大量の亜硝酸イオンが生成される。一度に大量の亜硝酸イオンが生成されると、血液中のヘモグロビンの二価鉄が三価鉄に酸化され、ヘモグロビンの酸素結合力がなくなる。このヘモグロビンをメトヘモグロビンという。血液中のメトヘモグロビンが2%以上に増加した状態をメトヘモグロビン血症という。15 〜 20%以上に増加するとチアノーゼを生じ、40%以上では、呼吸困難、意識障害などの症状が出現する。メトヘモグロビン血症を生じた場合には、三価鉄を二価鉄に還元するメチレンブルーの静脈内投与や経口投与が有効である。メチレンブルーの投与により症状は1時間以内に改善することが多く後遺症はない。

なお、一般成人でもヘモグロビンの1 〜 2%はメトヘモグロビンである。3カ月未満の乳児以外は三価鉄を二価鉄に還元する能力を有している。

8.4　1998年のノーベル賞研究 「一酸化窒素のシグナル伝達作用」

野菜の硝酸イオンが体内で有益な作用をしていたという1994年の発見を説明しようと思うが、その前に、1998年度のノーベル賞研究で取り上げられた一酸化窒素（NO）について説明しておく必要があるだろう。

NOのシグナル機能は1986年にFurchgott氏らとIgnarro氏らの研究グループにより独立して発見され、NOの血管弛緩作用の作用機序にサイクリックGMP（cGMP）が関与していることを明らかにしたMurad氏を加えた3名に1998年のノーベル生理学・医学賞が授与されている。

哺乳類の細胞内では、図8.1（栄養機能化学研究会, 1996）に示すように、一酸化窒素合成酵素（NOS）の働きによってL-アルギニンと酸素からNOが生成する。生成したNOはグアニル酸シクラーゼを活性化し、cGMPレベルを増加させる。増加したcGMPはセカンドメッセンジャーとして、リン酸化酵素やイオンチャネル、ホスホジエステラーゼなどのタンパク質に結合し、血管機能や、神経伝達などの様々な生理反応を調節しており、血管内皮ではcGMPを介して血管が拡張し、血流量が増える。バイアグラや育毛剤リアップには

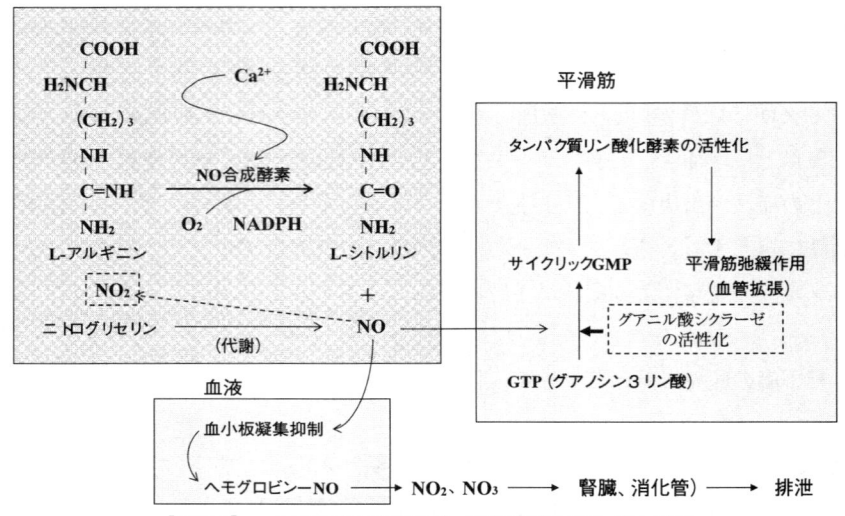

【図8.1】　人体におけるNO（一酸化窒素）の生成と代謝
栄養機能化学研究会（1996）をもとに作図。

cGMP分解酵素阻害剤（ジルデナフィル、ミノキシジル）が含まれており、cGMPが体内に永く存在するようになる。

　NO研究史の一端として、ニトログリセリンを有効成分とする粉末の混合物であるダイナマイトについてのエピソード（イグナロ，2007）を紹介しよう。ダイナマイト製造工場では、週明けの月曜日にはひどい頭痛がする。しかし、仕事でニトログリセリンに接近すると狭心症の痛みが軽くなり、工場から離れるとまた悪化するという従業員もいた。19世紀末ごろには、医師たちは「少量のニトログリセリンが胸痛の緩和に有効」との発見をしていたが、そのメカニズムは解明されていなかった。狭心症患者がニトログリセリンを飲むと血管の組織内でNOに変換され、NOはcGMPの生成を刺激し、このcGMPは血管が弛緩し拡大するよう血管に指示を与える役割を果たすため、心臓により多くの血液と酸素が運ばれるようになり、胸の痛みが軽くなり、血圧も低下する。この一連の仕組みは、Ignarro氏やMurad氏、Furchgott氏らの研究により明

【表8.3】　NO（一酸化窒素）研究の歴史

1977年	ニトログリセリンはNOを放出して血管弛緩を起こす（Murad）
1980年	EDRFの発見（Furchgott）
1986年	EDRFの本体がNOであることを提唱（Furchgott,Ignarro）
1987年	化学発光法（Moncada）およびグリース法（Ignarro）にてEDRFがNOであることを証明
1988年	I-NMMA（NOS阻害薬）を用いてNOがI-Argから生成されることを証明（Moncada）
1989〜1990年	内皮,神経,マクロファージより異なるNOSのアイソフォームの同定と精製
1991年	ラット脳からnNOSのクローニング（Snyder）
1992年	ウシ内皮からeNOSのクローニング（Michel,Alexander）マウスマクロファージからiNOSのクローニング（Nathan） Science誌　Molecule of the Year
1993年	nNOSのノックアウトマウスの樹立（Snyder）
1995年	iNOSのノックアウトマウスの樹立（Nathan,Moncada）eNOSのノックアウトマウスの樹立（Huang）
1998年	ノーベル生理学・医学賞（Murad,Furchgott,Ignarro）

（注）EDRF：endothelium-derived relaxing factor（内皮由来弛緩因子）
（出典）平田（1999）に一部加筆

らかにされた。NO は自動車の排気ガスやタバコの煙に含まれている環境汚染物質と考えられていたが、人体では非常に重要な働きをしていたのである。

　その後、英国の Moncada 氏は NO がアミノ酸である L- アルギニンから生成することを 1988 年に証明している。図 8.1、表 8.3 をみれば分かるとおり、Moncada 氏はこの反応過程の重要な部分を解明したにも関わらず、ノーベル賞受賞者として選ばれなかった。このことへの批判が英国の科学者から沸き上がっていた。これは 1 賞当たり 3 人の枠があるためだそうだが、Moncada 氏に対する同情は当然と思う（平田 , 1999）。

8.5　野菜の硝酸イオンは胃で NO に変換され、有益な作用をする

　一酸化窒素合成酵素（NOS）の研究は内容的にも衝撃が大きかったため、大

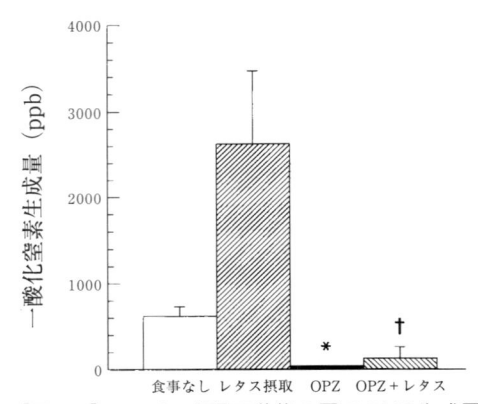

【図8.2】　レタス摂取5分後の胃でのNO生成量
OPZはオメプラゾール（omeprazole）の略称。プロトンポンプ阻害薬に属する
胃酸抑制薬の一つ。10時間の絶食後、50gのレタスを摂取5分後に胃内のNOを
測定。OPZは実験24時間前に摂取。（出典）Lundberg, et al.（1994）

部分の研究者は長い間（1994 年まで）、シグナル伝達に関与する NO は NOS
の作用によってのみ生成されると信じていた。

　野菜に含まれる硝酸や亜硝酸イオンに対する見解が大きく変化したのは、
1994 年に別々の研究者グループによる大きな発見があってからである。ス
ウェーデンの Lundberg らは、図 8.2 に示すように 10 時間の絶食後、平均硝
酸イオン 1300 ppm 濃度のレタスを 50 g 食べた人の 5 分後の胃内の空気中には、
呼気に含まれる 100 倍以上の NO が発生していたと報告している（Lundberg,
et al., 1994）。この実験は、被験者を体重 60 kg の人とすると硝酸イオン摂取
量は 65 mg になり、ADI の 30％量の実験である。胃酸過多の患者によく用い
られるプロトンポンプ阻害剤（プロトンは水素イオン H^+ のこと）でもあるオ
メプラゾール（OPZ）を実験開始 24 時間前に投与していると、同様にレタス
を摂取しても NO は少ししか検出されない。OPZ により胃酸の放出が抑制され、
胃の pH が少し高くなるためである。

　レタスに含まれていた硝酸イオンは唾液中微生物により亜硝酸イオンに変化
し、亜硝酸イオンは pH 2 以下の胃液中では非酵素的に NO を生成する。種々

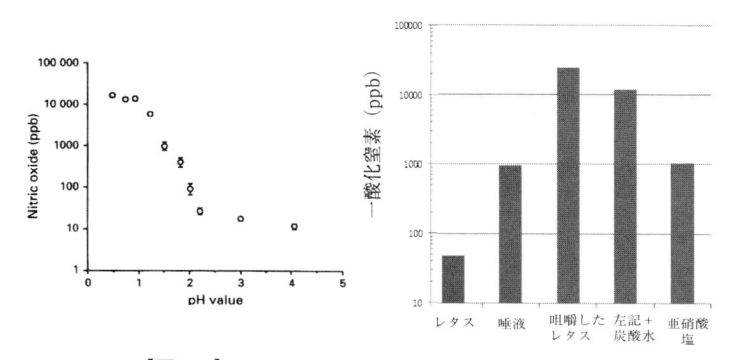

【図8.3】　NO発生には唾液と酸性条件が必要
左は咀嚼したレタスから発生するNO量へのpHの影響、右はpH1の塩酸液に唾液を
含むレタス、唾液や亜硝酸塩液を加えた際のNO発生量。in vitro実験。唾液6〜8g
を含む咀嚼したレタス50gをpHの異なる塩酸溶液50mlに浸漬。
（出典）Lundberg, et al.（1994）

のデータがあるが、それを証明した一例が図 8.3 である。図の右端に示すよう
に亜硝酸塩だけを pH 1 の塩酸溶液中に入れても NO が発生する。すなわち、
胃の中のような低 pH 下では非酵素的に亜硝酸塩から NO が発生することが
明らかとなった。この Lundberg らの 1994 年の論文は、無機の亜硝酸塩から
NO が NOS とは無関係に生成されることを示した最初の論文である。

　一方、Benjamin らは図 8.4 に示すように試験管実験で、大腸菌（*Escherichia
coli*）に対して塩酸だけでは殺菌力がなく、亜硝酸塩と塩酸が反応してできた
NO とピロリ菌や大腸菌が産生する酸化物（活性酸素）とが反応してできた過
酸化亜硝酸が微生物を殺すことを発見している（Benjamin, et al., 1994）。過酸
化亜硝酸はクエン酸回路にある酵素アコニターゼを不活性にするため殺菌力が
ある（Hausladen and Fridovich, 1994；Castro, et al., 1994）。これらは古典的
な NOS 系が関与しなくとも NO が亜硝酸塩から生じるという興味深い発見で
ある。

　野菜に含まれる硝酸イオンが胃潰瘍の進行を防ぐことを示すデータもある
（Jansson, et al., 2007）。ある種の非ステロイド性抗炎症剤（NSAID）は、副作
用として胃潰瘍を起こしやすい。ラットを 3 群に分け、そのうち二つの群には

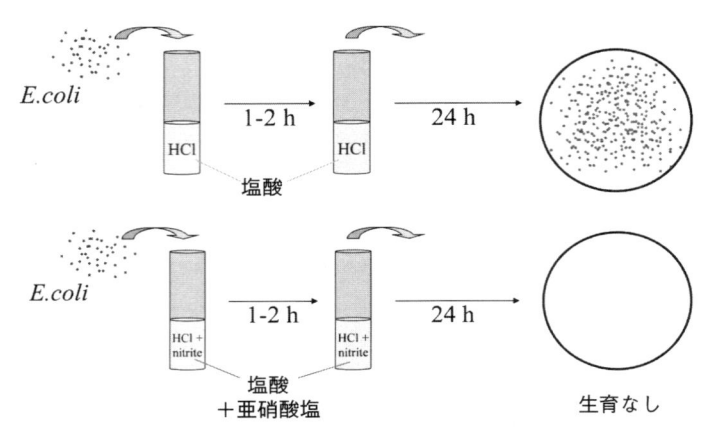

【図8.4】 亜硝酸塩の殺菌作用
下段は亜硝酸塩が添加されている。(出典) Benjamin, et al. (1994)

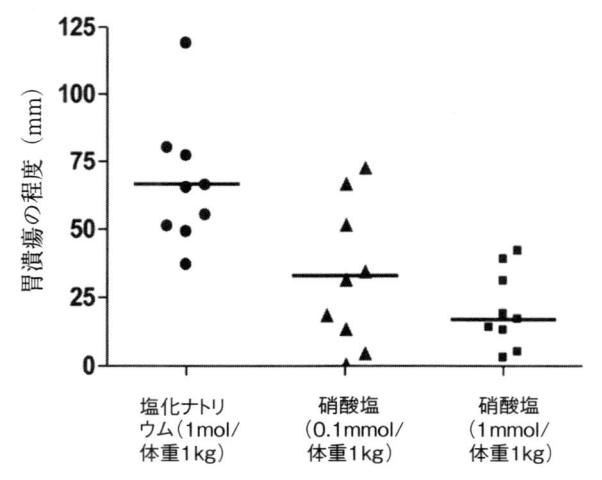

【図8.5】 ラットに非ステロイド性抗炎症薬を投与した胃潰瘍発症に対する硝酸塩の効果
(出典) Jansson, et al. (2007)

1 週間、通常の食餌以外に硝酸ナトリウムをそれぞれ体重 1 kg 当たりの 1 日摂取量が 0.1 mmol(ヒトの ADI の 1.68 倍)、1 mmol(同 16.8 倍)になるよう飲料水で与えた。もう一つの群(コントロール区)には塩化ナトリウムを 1 mmol 与えた。そして、NSAID 投与 4 時間後に胃潰瘍の程度を調査したのが図 8.5 で

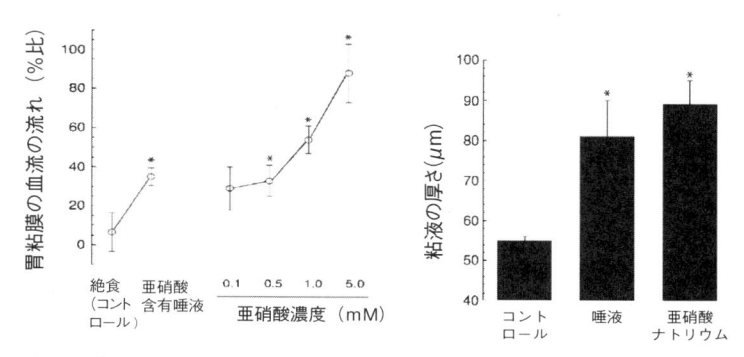

【図8.6】　唾液中の亜硝酸塩の血流（左）と胃粘液層の厚さ（右）への影響
（出典）Bjorne, et al.（2004）

ある。硝酸塩の摂取が胃潰瘍の症状を軽いものにしていることが分かる。

　硝酸塩摂取が胃潰瘍症状を軽減するメカニズムも分かっている（Bjorne, et al., 2004）。図8.6に示すように高濃度の亜硝酸塩が胃内に入ると、胃粘膜の血流がよくなり胃粘液の分泌も多くなる。図8.1に示したようにNOがcGMP合成を活発にすると、胃の血管内部の平滑筋が弛緩し血管が広がり、血流が流れやすくなる。血液が流れやすくなると多くの酸素が与えられ、胃の活動が活発化するのである。

8.6　亜硝酸のADIと発がん性について

　野菜の硝酸イオンについては、ある程度理解してもらえたと思うが、「亜硝酸イオンは害でしょう」という研究者もいる。もっともである。

　JECFAは、硝酸イオンのADIを0～3.7 mg/kg/体重/日としているのに対して、亜硝酸イオンのADIを0～0.06 mg/kg/体重/日としている。硝酸イオンの約62分の1の厳しい値である。

　しかし、2006年に国際がん研究機関により広範囲な調査が行われ、「実験動物における硝酸塩の発がん性のための証拠は不充分である」「食物中や飲料水中のヒトにおける発がん性の証拠も不十分である」と報告されている

（WHO, 2006）。げっ歯動物は前胃を持ち、ヒトとの生理的な差異が大きいこと、また高濃度のニトロソアミン前駆体が使用されていた点についても指摘されている（Weitzberg and Lundberg, 2013）。

　第 2 章（21 ページ）で土屋氏が、Kobayashi（2017）の総説を引用し、過度の肉食がニトロソ化合物の生成を促進する可能性を述べているが、ハーバード大学グループによってなされた信頼性の高い、ヒトでの疫学研究がある。Bilzer ら（1989）は、ラットにおいて、ニトロソアミンが脳腫瘍を発生させるとの報告をしている。そこで、Michaud ら（2009）は、24 年弱追跡してきた医師、看護師などの医療関係者を対象とした食事調査、定期的健康診断を中心とした三つの前向き研究集団、合計 28 万 9915 人の米国人対象のデータを整理し、肉と硝酸、亜硝酸摂取と、2 種のニトロソアミン（NDMA：N-ニトロソメチルアミンと NPYR：N-ニトロソピペリジン）と悪性脳腫瘍の発生リスクを明らかにしている。24 年弱の追跡の結果、335 例の悪性腫瘍が診断された。Cox 比例・ハザードモデルを用い、95% の信頼区間で腫瘍発生率（PR）を推定した。悪性脳腫瘍の発生は、肉類、硝酸、亜硝酸、ニトロソアミンの最も多い摂取群でも危険率の増加は認められていない。

8.7　NOの血管拡張作用は血圧にも反映する

　図 8.7 は硝酸塩を約 45 mmol/L（N：630 mg/L、NO3：2790 mg/L）含むビートジュース 500 ml を健康な被験者が飲用したあとの経過時間ごとの、血漿中の硝酸塩、亜硝酸塩の濃度変化を調べたものである[*]。図に示すように、a と b では飲用しない人（コントロール）の血漿中硝酸塩、亜硝酸塩の増加は認められない（Webb, et al., 2008）。しかしビートジュースを飲んだ人の血漿中硝酸塩、亜硝酸塩は増加している。

　ビートは赤カブの一種でジュースの色は赤い。ビートジュースは日本ではなじみが少ないが、ダイコンおろしの汁をイメージしてもらえればよいだろう。

---

[*]：体重 60kg の人と仮定した場合には、ADI の 6.28 倍量での実験。

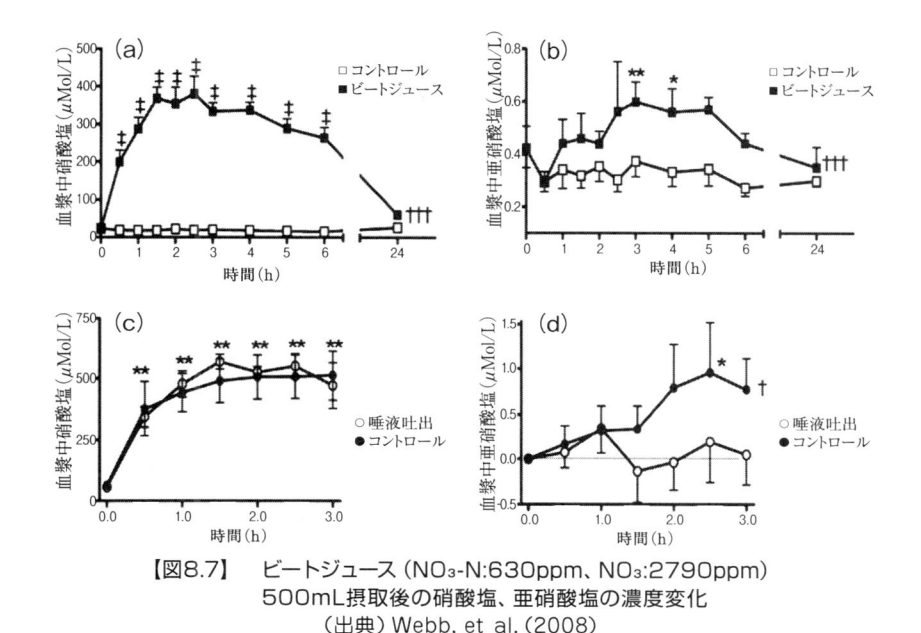

【図8.7】 ビートジュース（NO₃-N:630ppm、NO₃:2790ppm）
500mL摂取後の硝酸塩、亜硝酸塩の濃度変化
（出典）Webb, et al.（2008）

ホウレンソウ並みの硝酸塩含有率があるビート根には劣るが、ダイコンの硝酸塩含有率も意外と高い。

　図8.7のcとdは同じく血漿中の硝酸塩と亜硝酸塩の濃度であるが、ここでは唾液を吐き出したグループと唾液を飲み込んだグループ（コントロール）で比較している。唾液を飲み込んだグループでは、血漿中の硝酸塩濃度は変わらないが亜硝酸塩濃度は大きく異なっている。硝酸塩が唾液により亜硝酸塩に変化していることが、これでよく理解できる。

　図8.8のaとbは、ビートジュースを飲んだ人と飲まない人（コントロール）の比較だが、飲用3時間後には、ビートジュースを飲んだほうは最大血圧10.4 ± 3、最小血圧 8.1 ± 2.1 と低下している。ただここで、ビートジュースの血圧への効果は3時間後がピークで24時間も持続しないことにも注意したい。

　ここにはデータは示していないが、血小板凝集作用はビートジュース摂取2.5時間後の測定で20%減少していた。すなわち、NOは血小板凝集防止作用を持

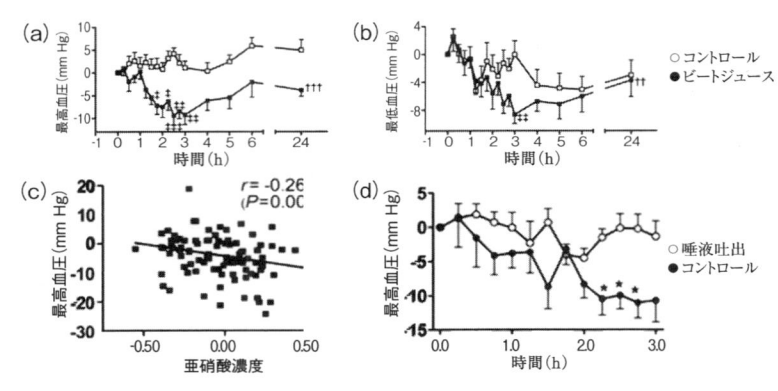

【図8.8】　ビートジュース（NO₃-N:630ppm、NO₃:2790ppm）
500mL摂取後の血圧の変化

（a）、（b）ビートジュースの血圧に対する影響、（c）亜硝酸濃度と最高血圧、
（d）唾液吐出と最高血圧の変化。（出典）Webb, et al.（2008）

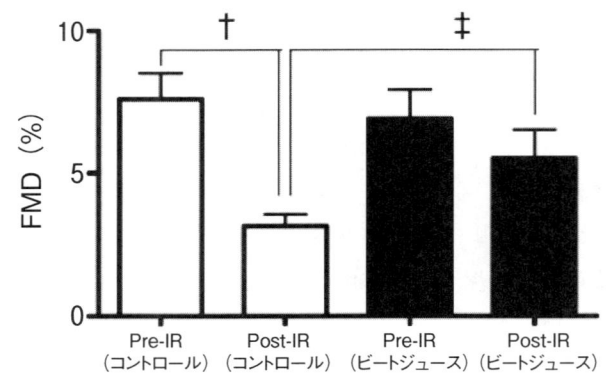

【図8.9】　虚血再灌流（IR）テスト前後の血管拡張へのビートジュースの影響
　FMDとは血流依存性血管拡張反応検査のことで、カフで腕を締めその後の血管拡張を
超音波でみる検査。内皮細胞は、カフを緩めた後に血管拡張物質であるNOを放出する。
このNOがどれだけ放出されたかは、どれだけ血管が拡張したかを見ることにより分かる。
血管拡張が少ない場合は、内皮機能が衰えていることになる。（出典）Webb, et al.（2008）

つことがこの実験でも確認されている。

　図8.8のdは、唾液の吐出有無の比較だが、亜硝酸塩を含む唾液を飲み込ん
だ人は明らかに最高血圧（収縮期血圧）も低下している。

　図 8.9 はカフで腕を絞めた後の血管拡張（虚血性内皮機能不全の改善度）を
みる検査結果であるが、対照群の被験者と比較して、急性虚血後の流量依存性
拡張力は約 30％増加していた。すなわちビートジュースの飲用後は、血管拡
張能力が明らかに高くなっていたのである。

8.8　野菜・果物、特に緑葉野菜の摂取が　　冠状動脈疾患発生率を下げる

　野菜や果物の摂取が健康によいとの疫学調査は多い。特に西欧諸国における
主な死因である心血管系のリスクを低下させることが示唆されている。ハー
バード大学グループが行った疫学調査の結果（図 8.10。Joshipura, et al., 2001）
から、野菜・果物の摂取量が多くなるほど冠状動脈疾患の発生リスクが低下し
ていることが分かる。表 8.4 に示すように野菜・果物を分類し直し、それぞれ
同じ量（1 サービング＝野菜の場合は約 70 g）を摂取した場合、発生リスク

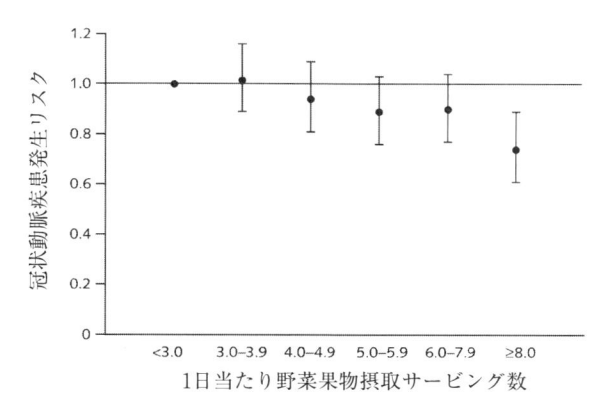

【図8.10】　　野菜・果物摂取量と冠状動脈疾患発生リスク
調査対象は34〜59歳の女性8万4251名、40〜75歳の男性4万2148名。調査スタート
時点で心臓血管病、がん、糖尿病と診断された人は除いている。非致死性の心筋梗塞
と致命的な冠状動脈疾患の発生率を8年間追跡調査したところ、期間中に女性1127名、
男性1063名が発症した。食事についてはアンケートによる。なおサービング量1単位は、
野菜・イモ等は約70g、果物は約100g。（出典）Joshipura, et al.（2001）

【表8.4】　野菜・果物摂取量（5分位段階別1〜5）と
冠状動脈疾患発生リスクの関係

統計対象品目	摂取量					1サービング増加効果*	摂取サービング中央値	
	1	2	3	4	5		女性	男性
すべての野菜・果物	1	0.95	0.92	0.86	0.80	0.96	5.82	5.07
すべての果物	1	0.87	0.94	0.81	0.80	0.94	2.33	2.09
すべての野菜	1	0.92	0.96	0.86	0.82	0.95	3.34	2.83
カンキツ類	1	0.93	0.95	0.94	0.88	0.94	0.85	0.86
カンキツ類ジュース	1	0.99	1.09	0.90	1.06	1.01	0.43	0.43
アブラナ科野菜	1	0.89	0.89	0.84	0.86	0.86	0.42	0.40
緑葉野菜	1	0.90	0.91	0.81	0.72	0.77	0.73	0.59
ビタミンCの豊富な野菜・果物	1	1.04	0.91	0.87	0.91	0.94	1.53	1.42
マメ類	1	1.04	0.98	1.03	1.06	1.14	0.16	0.22
ジャガイモ	1	1.19	0.98	1.03	1.15	1.06	0.43	0.51

＊中央値の人がさらに1サービング増加した場合の冠状動脈疾患発生リスク。
（出典）Joshipura,et al.（2001）

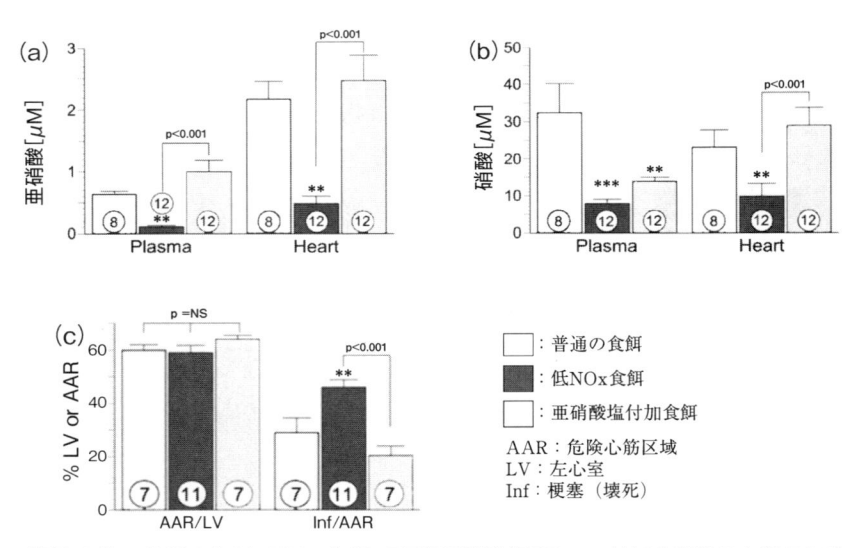

【図8.11】　普通の食餌、低No$_x$食餌、7日間亜硝酸塩50ppm付加食餌後の血漿および
心臓中の（a）亜硝酸塩、(b)硝酸塩含有率、(c) 大動脈壊死面積
丸数字はラット数を表す。（出典）Bryan, et al.（2007）

の低下率が最も大きいのは緑葉野菜である。緑葉野菜は硝酸塩の含有率が高い。
こうした疫学調査においても、硝酸塩摂取量を考慮に入れて考察する時代がい
ずれくると思う。

　そこで、ここではこうした疫学調査結果と関連した実験結果を紹介する。

Bryanら（2007）は、亜硝酸塩や硝酸塩含有量の少ない食餌（すなわちNOₓの不足）を与えるラット、標準の食餌を与えるラットと、亜硝酸塩50 ppmの飲料水を与えるラットの3群に分けて7日間飼育し、血漿や心臓での亜硝酸塩、硝酸塩濃度、大動脈壊死面積を比較した（図8.11）。NOₓ欠乏ラットでは血漿中も心臓中も含有する亜硝酸塩、硝酸塩は少ない。そして、大動脈壊死面積割合（Inf／AAR＝壊死／危険心筋区域）は標準食餌、あるいは亜硝酸塩溶液を摂取していたラットより明らかに多く、NOₓ欠乏ラットは標準食餌のラットに比較して、59％増加している（図8.11c）。データはここには示していないが、心筋梗塞後の死亡率も13％増加していた。すなわち、亜硝酸塩を含む食餌は心筋梗塞のリスク低下に効果があることを示している。

8.9　NOSと硝酸・亜硝酸・NOの系は補完し合っている

　前述したように現在、野菜に含まれる硝酸塩は亜硝酸を経て一酸化窒素（NO）となり、感染を予防し、胃潰瘍を治癒し、各種がんの発生を抑制したり、高血圧、脳卒中、そのほかの心臓血管病を予防したりするなど多くの役割を果たしていることが明らかになっている（Lundberg, et al., 2008；Machha and Schechter, 2012）。

　体内には二つのNO生成系がある。NOSの作用によるNO生成はL-アルギニンと酸素によっている。すなわち、酸素正常状態である酸化条件下で活躍す

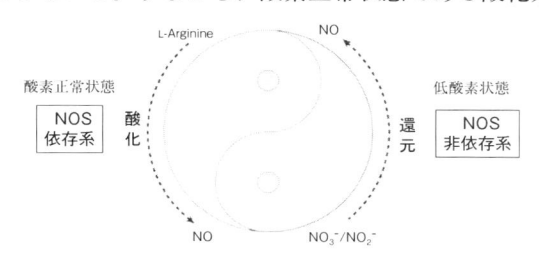

【図8.12】　動物体内における二つのNO生成系

左は一酸化窒素合成酵素（NOS）による系、右はNOSと無関係に硝酸塩から亜硝酸を経てNOができる系で、両者は相互補完している。NOSは低酸素状態では働かないし、低pH下でも働かない。硝酸の系は逆の条件下で働く。（出典）Lundberg, et al.（2008）

る（図 8.12）。一方、硝酸からの NO 生成は低酸素状態すなわち還元条件下で作用する。生体は両者を酸素環境条件で上手に使い分けしている。

　野菜の硝酸イオンは亜硝酸から NO に変わりニトログリセリンのように血管を弛緩し、血流をよくしていたのである。特に酸素の少ない条件で血流をよくしてくれることは身体機能を維持するうえでありがたい。酸素が運ばれてくれば NOS も働いてくれる。両者は相互に補完し合い働くことができる。

　補完作用といえば硝酸イオンは、野菜や果物に多いビタミン C などの坑酸化物質とも協働していたのである。pH が強酸性でない亜硝酸塩から NO への還元に際しては、還元型ヘモグロビンや、還元型ミオグロビン、キサンチン酸化還元酵素、水素イオン、ビタミン C、ポリフェノールが働いていると考えられている（Machha and Schechter, 2012）。in vitro 実験だが、一例を図 8.13 に示す。亜硝酸塩 20 μM とアスコルビン酸 250 μM を pH 7.4 条件下で混合し、低酸素下で pH を 6.5 まで徐々に低下させると、100 nM の NO が発生している。

　野菜の硝酸塩とアスコルビン酸がこのように協力して人体に有用な NO を生成している可能性は高い。生重 100 g 当たりに硝酸塩を 250 mg 以上含む野菜

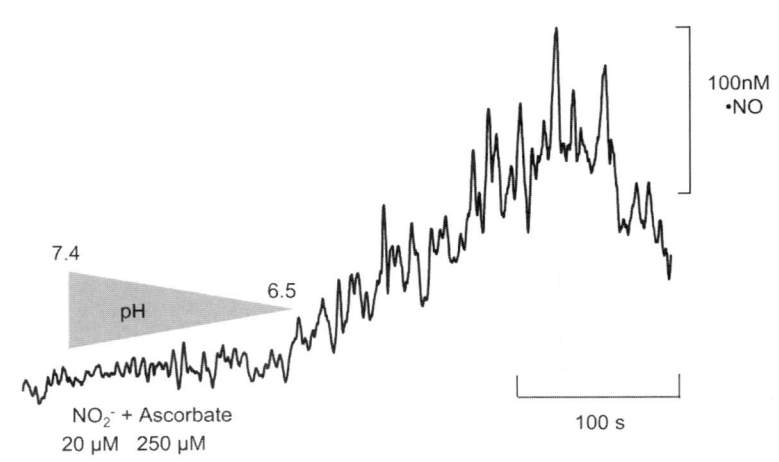

【図8.13】　亜硝酸塩からのNO発生実験（in vitro実験）
亜硝酸塩（NO_2^-）とアスコルビン酸を混合し、低酸素下でpHを6.5にすると
NOが発生する。（出典）Pereira, et al.（2013）

として、セロリ、クレソン、レタス、ダイコン、レッドビートの根、ルッコラ、ホウレンソウ、フダンソウなどが例示されている（Machha and Schechter, 2012）。これらの野菜を NO の作用も考えながら、おいしくいただきましょう！

（渡辺和彦）

■文献

Benjamin, N., O'Driscoll, F., Dougall, H., Duncan, C., Smith, L., Golden, M. and Mc Kenzie, H., 1994, Stomach NO synthesis. *Nature*, 368:02.

Bilzer, T., Reifenberger, G. and Wechsler, W., 1989, Chemical induction of brain tumors in rats by nitrosoureas: molecular biology and neuropathology. *Neurotoxicol. Teratol.*, 11:551-566.

Bjorne, H.H., Petersson, J., Phillipson, M., Weitzberg, E., Holm, L. and Lundberg, J.O., 2004, Nitrite in saliva increases gastric mucosal blood flow and mucus thickness. *J. Clin. Invest.*, 113: 106-114.

Bryan, N.S., Calvert, J.W., Elrod, J.W., et al., 2007, Dietary nitrite supplementation protects against myocardial ischemia-reperfusion injury. *P. Natl. Acad. Sci. USA.*, 104:19144-19149.

Castro, L., Rodriguez, M. and Radif, R., 1994, Aconitase is readily inactivated by peroxynitrite, but not by its precursor, nitric oxide. *J. Biol. Chem.*, 269:29409-29415.

栄養機能化学研究会 編 ,1996, 栄養機能化学第 2 版 , 朝倉書店.

Hausladen, A. and Fridovich, I., 1994, Superoxide and peroxynitrite inactivate aconitases, but nitric oxide does not. *J. Biol. Chem.*, 269: 29405-29408.

平田結喜緒 , 1999, 1998 年ノーベル医学・生理学賞解説 , NO 発見と生命科学へのインパクト , 週刊医学界新聞 , 2325 号（1999 年 2 月 8 日）.

イグナロ , ルイス・J. 2007, NO でアンチエイジング , 日経 BP 企画.

Jansson, E., Petersson, J., Reinders, C., Sobko, T., Bjrne, H., Phillipson, M., Weitzberg, E., Holm and Lundberg, J.O., 2007, Protection from nonsteroidal anti-inflammatory drug (NSAID) -induced gastric ulcers by dietary nitrate. *Free Radic. Biol. Med.*, 42:510-518.

Joshipura, K.J., Hu, F.B., Manson, J.E., et al., 2001, The effect of fruit and vege table intake on risk for coronary heart disease. *Ann. Intern. Med.*, 134:1106-1114.

Kobayashi, J., 2017, Effect of diet and gut environment on the gastrointestinal formation of N-nitroso compounds: A review. *Nitric Oxide, Biol.*, 73:66-73.

Lundberg, J.O., Weitzberg, E., Lundberg, J.M. and Alvin, K., 1994, Intragastric nitric oxide production in humans: measurements in expelled air. *Gut*, 35:1543-1546.

Lundberg, J.O., Weitzberg, E. and Gladwin, M.T., 2008, The nitrate-nitrite-nitric oxide pathway in physiology and therapeutics. *Nat. Rev. Drug Discov.*, 7:156-167.

Machha, A. and Schechter, AN., 2012, Inorganic nitrate: a major player in the cardiovascular health benefits of vegetables？ *Nutr. Rev.*, 70:367-372.

Michaud, D.S., Holick, C.N., Batchelor, T.T., Giovannucci, E. and Hunte, D.J., 2009, Prospective study of meat intake and dietary nitrates, nitrites, and nitrosamines and risk of adult glioma. *Am. J. Clin. Nutr.*, 90:570-577.

三浦 保 , 2005, 野菜中の硝酸塩に関する情報について . 月報野菜情報——情報コーナー . 7 月 （http://vegetable.alic.go.jp/yasaijoho/joho/0507/joho01.html）

農林水産省 , 2012/2015, 食品安全に関するリスクプロファイルシート , 2015 年 12 月 2 日更新

（http://www.maff.go.jp/j/syouan/seisaku/risk_analysis/priority/pdf/151202_nitrate.pdf）
（2012 については、現在ウェブから削除されてしまっている）

農林水産省ウェブページ．硝酸塩の 1 日許容摂取量（ADI）（http://www.maff.go.jp/j/sy ouan/seisaku/risk_analysis/priority/syosanen/adi/）

Pereira, C., Ferreira, N.R., Rocha, B.S., Barbosa, R.M. and Jinha, J.L., 2013, The redox interplay　between nitrite and nitric oxide : From the gut to the brain. *Redox Biol.*, 1:276-284.

Webb, A.J., Patel, N., Loukogeorgakis, S., Okorie, M., Aboud, Z., Misra, S., Rashid, R., Miall, P., Deanfield, J., Benjamin, N., MacAllister, R., Hobbs, A.J. and Ahluwalia, A., 2008, Acute blood　pressure lowering, vasoprotective, and antiplatelet properties of dietary nitrate via　bioconversion to nitrite. *Hypertension*, 51:784-790.

Weitzberg, E. and Lundberg, J.O., 2013, Novel aspects of dietary nitrate and human health. *Annu. Rev. Nutr.*, 33, :129-159.

WHO, 2006, IARC monographs on the evaluation of carcinogenic risks to humans. Vol. 94, International Agency for Research on Cancer.

WHO, 2011, Guidelines for drinking-water quality, Fourth Edition.

第9章 硝酸塩の生体内での多様な作用

9.1 ミトコンドリアのATP生産効率の上昇

　2011年2月に発行された雑誌 *Cell Metabolism* の表紙はポパイの絵で飾られた。ホウレンソウなどに多く含まれる硝酸塩が骨格筋のミトコンドリアを活性化しATP生産量が増加することを発見したLarsen ら（2011）の論文が掲載されたことにちなむものである。実験では11人（うち男性9人）の喫煙しない若者（平均25歳、平均体重70 kg）に、試験期間中は硝酸塩を含む食事を避け、硝酸ナトリウム 0.1 mmol（硝酸イオン 6.2 mg、ADI の 1.67倍）/kg/ 日を毎日3回に分けて（プラセボは食塩水）

Cell Metabolism
（2011年2月）

摂取し、3日後、試験実施の 90 分前に最後の服用をして、自転車エルゴメーターによる運動試験を実施し、採血等も行った。その結果を図 9.1 に示す。硝酸イオン摂取グループは、血液中の硝酸塩も亜硝酸塩も増えた。そして、運動中の呼吸量も増えたが、酸素1原子当たりで作られる ATP の数（P/O 比）が有意に増加し、総 ATP 数も増えた。すなわち硝酸塩は、ミトコンドリアの ATP 生産量、ATP 生産効率を増加させていた。

　スポーツ医学に関与している種々の研究機関でも確認研究が始められ、運動を始める2時間ほど前にビートジュースを飲むと、競技中の血圧が低く推移し、

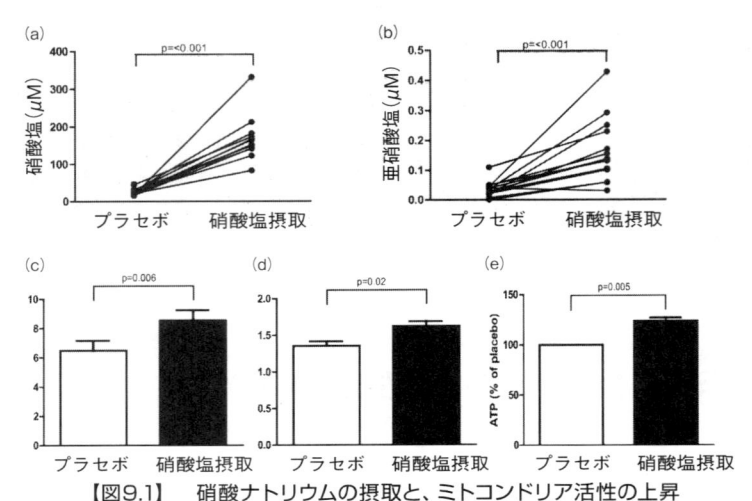

【図9.1】　硝酸ナトリウムの摂取と、ミトコンドリア活性の上昇
（a）血清中硝酸塩、（b）血清中亜硝酸塩、（c）呼吸量比、（d）P/O比、（e）総ATP生産比。
P/O比は還元される酸素1原子当たりで作られるATPの数。プラセボは同量の塩化ナトリウム
を服用。（出典）Larsen, et al.（2011）

耐久力が増加するなどの効果も確認された（Lansley, et al, 2011）。アンチ・ドーピング研究所も試験をして、その効果を確認している。競技大会に出場するような一流のアスリートでは効果が認められないことが判明しているが（AIS, 2015；Boorsma, et al., 2014）、普通の素人では運動能力の向上が認められており、硝酸塩を多く含むビートジュースを飲むことが、素人のアスリート達に評判となり英国でブームとなっている。

　一方、米国国立衛生研究所は、平均年齢 75 歳の高齢者 16 人を対象とする実験を行い、ビートジュース 500 mL（硝酸 8.5 mmol：硝酸イオン 530 mg：体重 70 kg とすると、ADI の 2 倍）を飲むと高齢者の脳（前頭葉）の血流が促進され、認知機能の改善効果も期待できることを報告している（Presley, et al., 2011）。また、Borlaug ら（2015）は心不全患者 28 名を二つに分け、1 グループ（プラセボ）は 10 μg/kg/ 分、2 グループは硝酸ナトリウム 50 μg/kg/ 分を 5 分間、静脈内に注入し血行動態を調べた。高投与区は運動時に、酸素消費量に対して心拍出量が正常に増加した。肺動脈圧 − 流量関係も改善し、低投与

区に比べて心室の1回分の仕事量が増加し、低血圧などの有害事象はまったく生じなかった。メトヘモグロビン濃度は0.5%と上昇したが5%以上で生じるメトヘモグロビン血症は発生しなかった。毒と恐れられていた亜硝酸塩が、今や病人への治療薬として使用可能であることが示されたのである。

9.2 亜硝酸塩の多様な作用機構

亜硝酸の多様な働きは第8章で示したcGMPの経路だけではなかった。図9.2に示すように、タンパク質をニトロ化・ニトロシル化（ニトロソ化ともいう）する二つの経路があり、これらは酵素やトランスポーターを活性化したり

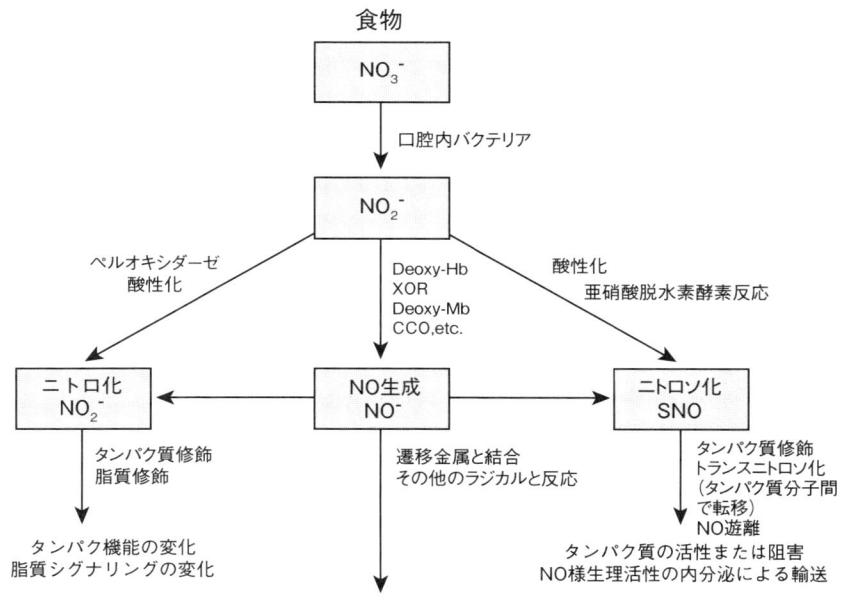

【図9.2】　食事中の無機硝酸塩からのシグナリング経路
CCO：チトクロームcオキシダーゼ、XOR：キサンチン酸化還元酵素、Hb：ヘモグロビン、Mb：ミオグロビン。（出典）Weitzberg and Lundberg（2013）

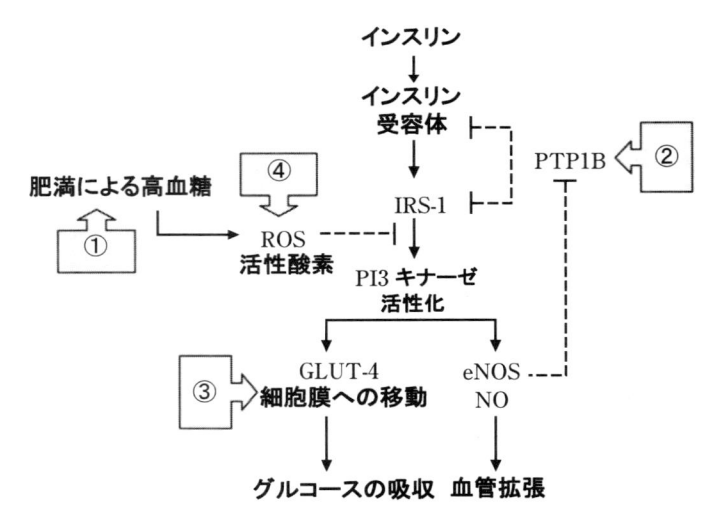

【図9.3】　　インスリンの情報伝達系へのNO関与
①：NOはTLR4による炎症と活性酸素発生を抑制。②：NOはPTP1Bのリン酸化活性を、S-ニトロシル化によって阻害しインスリン効果を高める。③：NOはグルコーストランスポータ4をニトロシル化して活性を高める。④：NOはミトコンドリアの呼吸鎖をS-ニトロシル化して活性酸素の発生を抑制。（出典）Kobayashi, et al.（2015）

不活性化したりする。硝酸塩はインスリン抵抗性の改善に効果があることがよく知られているが、活性化の具体例を図9.3に示す。図中の①〜④と多岐にわたるが、例えば③に記載されているようにグルコーストランスポーター4をニトロシル化して糖吸収能力を高める。活性化するばかりではなく、④ではニトロシル化で活性酸素生成を阻害している。もっと分かりやすい例を図9.4に示す。ニトログリセリンは狭心症によく効くが、長く使いすぎるとだんだん効きが悪くなるニトロ耐性が知られている。自分の出したNOによるニトロシル化でALDH2の活性が低下するのである。ラットを用いた動物実験だが、ニトログリセリンを持続投与すると心筋梗塞のサイズが2倍以上にも増大したというショッキングな論文もある（Sun, et al., 2011）。ニトログリセリンのような高力価硝酸薬は、ミトコンドリアに局在するアルデヒド脱水素酵素のアイソファーム2（ALDH2）の作用により、NOを放出する（図9.4左）。一方、硝

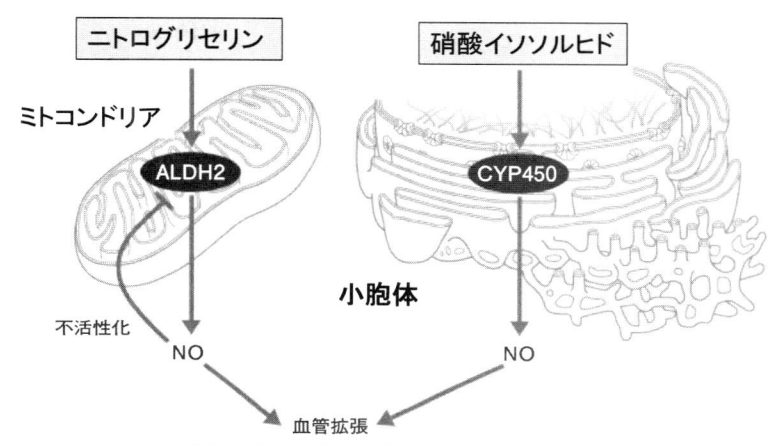

【図9.4】　ニトロ耐性の問題とニトロシル化
ALDH2：アルデヒド脱水素酵素、CYP450：チトクロームP450。
（出典）Sun, et al.（2011）, 古川（2012）

酸イソソルヒドなどの低力価硝酸薬は、小胞体に存在するチトクローム P450
により NO を放出する（図 9.4 右）。ニトログリセリンより放出された NO は
ALDH2 の活性中心にシステイン残基を有しているが、このシステインのチ
オール基（-SH）が NO によりニトロシル化（-S-NO）されると、酵素活性が
消失する。一方、硝酸イソソルヒドは ALDH2 から離れた小胞体で NO を産生
するので、ALDH2 をニトロシル化することなく、抵抗性が起こりにくいよう
だ（Koyuncu, et al., 2008）。

　なお余談になるが ALDH2 は、アルコールから生成する悪酔いのもとである
アセトアルデヒドを酢酸に分解してくれる酵素でもある。お酒を飲み過ぎると
NO が発生しにくくなるのは、ALDH2 がアルデヒド分解に使われてしまうた
めと推測できる。

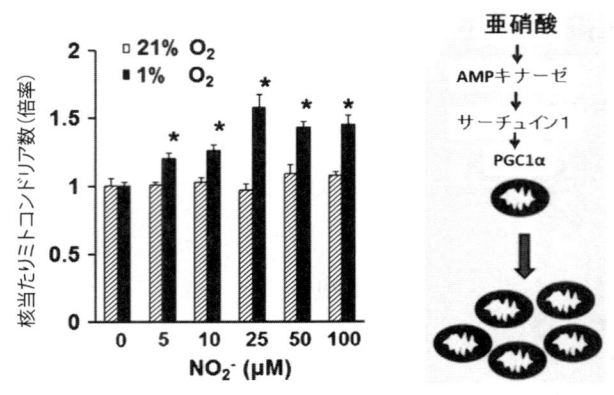

【図9.5】　低酸素下における亜硝酸塩のミトコンドリア合成能
（出典）左はMo,et al.（2012）、右はShiva（2013）

9.3　亜硝酸がAMPキナーゼを活性化し、ミトコンドリアを増殖させる

　2012年に、すごい発見がMoら（2012）によって発表された。亜硝酸塩は低酸素（1% O_2）下で、NOとは異なるメカニズムすなわち亜硝酸イオンの直接作用、あるいはニトロシル化、ニトロ化を介して、ミトコンドリアの生合成を刺激する。亜硝酸塩がアデニル酸キナーゼの活性を増強することにより、AMPキナーゼリン酸化、サーチュイン-1の下流活性化、ミトコンドリア生合成の主要制御因子であるPGC1 αの脱アセチル化をもたらし、核当たり（細胞内）のミトコンドリア数を飛躍的に増加することを実験で示したのである（図9.5参照）。

　NOと異なり、亜硝酸塩によって介在された生合成は溶解性グアニル酸シクラーゼの活性化を必要とせず、機能上より効率的なミトコンドリアの合成をもたらす。さらにMoらは、頸動脈損傷のラットモデルにおいて、損傷後2週間の連続経口亜硝酸塩療法は、平滑筋細胞の過剰増殖反応を防御することも示している。この防御は、PGC1 αの亜硝酸塩に依存する上向き調節および損傷動脈におけるミトコンドリア数の増加を伴うものである（図9.6）。

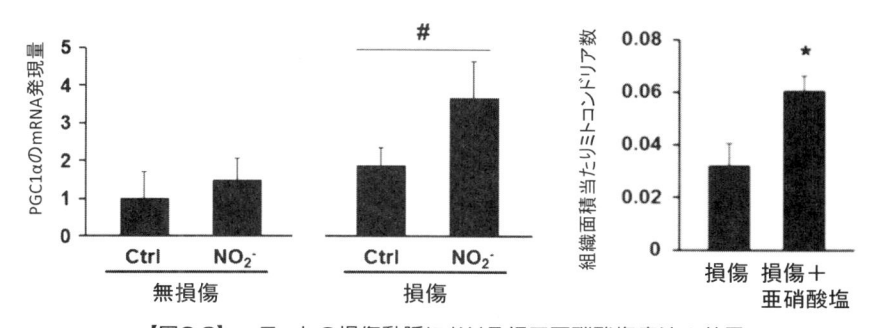

【図9.6】 ラットの損傷動脈における経口亜硝酸塩療法の効果
（出典）Mo, et al.（2012）

　これらのデータは、亜硝酸塩がNOとは異なるシグナル伝達を媒介することを初めて示したものである。すなわち、亜硝酸塩がミトコンドリアの機能および数の多目的レギュレーターであり、亜硝酸塩を媒介とする生合成における脈管損傷を保護する作用を果たしていることを示している。

9.4 亜硝酸を頂点とした臓器調節と各種臓器保護作用

　図9.7について説明する。亜硝酸が還元される経路は上から2段目、3段目に示すように多岐にわたる。そして生成される化合物も4段目に示すように種々の形態がある。5段目は血管拡張から脈管形成、ミトコンドリアの調節、糖代謝の調節、菌耐性、炎症抑制などの生理学的影響を示し、最下段は治療薬としての亜硝酸塩の働きを示している。非常に多岐にわたるが、これらは亜硝酸塩が、NOとして働くだけでなく、亜硝酸イオンとして直接、あるいはニトロ化、ニトロシル化などによりシグナル伝達物質としても働いているためである。最後の治療薬（予防薬）の欄は現在すでに確認済みのものだけを示しており、今後増加する可能性は高い。例えば、次項で紹介する緑内障も追加されるべき一つである。

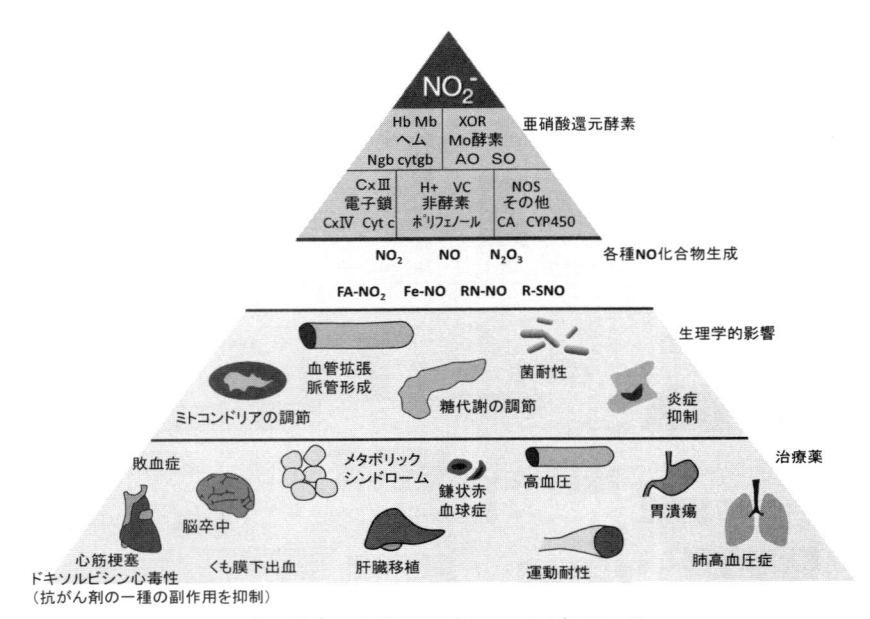

【図9.7】　亜硝酸を頂点としたピラミッド
Hb:ヘモグロビン、Mb:ミオグロビン、XOR:キサンチンオキシダーゼ、Ngb：ニューログロブリン、Cytgb:細胞グロブリン、AO:アルデハイドオキシダーゼ、SO:サルファイト・オキシダーゼ、CxⅢ：複合体Ⅲ、CxⅣ：複合体Ⅳ、Cytc:シトクロムcオキシダーゼ、NOS：一酸化窒素合成酵素、CA:炭酸脱水素酵素、CYP450:チトクロムP450、FA‐NO_2：nitrated fatty acids、Fe‐NO: iron nitrosyl、RN‐NO：nitrosamines、R‐SNO: S‐nitrosothiols。
（出典）Shiva（2013）

9.5　野菜の硝酸塩は緑内障発生を予防する

　緑内障は、進行性の非可逆的な神経変性疾患であり、視神経の障害部位に対応した視野障害を生じる。「緑内障は、厚生労働省研究班の調査によると、我が国における失明原因の第1位を占めており、日本の社会において大きな問題として考えられている。しかも最近、日本緑内障学会が2000年9月〜2001年10月に行った大規模な調査（多治見スタディ）によると、40歳以上の日本人における緑内障有病率は、5.0％であることが分かった。つまり40歳以上の日

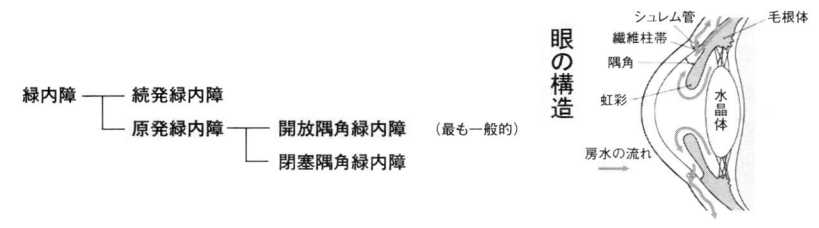

【図9.8】 緑内障の種類と眼の構造
房水（眼内循環液）の流出減少により、眼圧が上昇し、視神経が圧迫され障害されやすい。
房水は通常、主流出経路である繊維柱帯–シュレム管を経由し流出。副流出路（ぶどう膜
強膜流出路）からの房水排出もある。（出典）www.ryokunaishou.com

本人には、20 人に 1 人の割合で緑内障の患者がいるということになる。また緑内障の有病率は、年齢とともに増加していくことが知られており、日本の少子高齢化に伴って、今後ますます患者の数は増えていくことが予想される」（日本眼科学会ウェブページより）。

　ハーバード大学が、看護士（女性 6 万 3893 人、1984 〜 2012 年）と医療従事者（男性 4 万 1094 人、1986 〜 2012 年）を対象とした二つの疫学研究（米国人計 10 万 4000 人以上）のうち、調査中に発生した 1483 名（男性 483 人、女性 1000 人）の緑内障発症者（種々の発症原因等があるため、調査は原発開放隅角緑内障（POAG）に限定（図 9.8 参照）、以下これを緑内障という）を対象に硝酸塩の摂取量と緑内障の諸症状との関連を調査した。その結果が表 9.1 である（Kang, et al., 2016）。

　緑内障全体では p 値は＜ 0.01 で、1 ％水準で有意だった。すなわち硝酸塩の摂取量が多いと緑内障の発生リスクが約 33％ 低下するといえる。緑内障には眼圧が高くなるタイプとそうでないタイプがあるが、それらは硝酸塩摂取量とは無関係だった（p 値が 0.11、0.12 と有意ではない）。また、緑内障には視野が周辺部から欠けてくるタイプと、中心部の視野が欠けるタイプがある。中心部から視野が欠損するタイプの緑内障では p 値が＜ 0.001 という、誤差が 0.1％ 以下の水準での高い信頼係数で有意だった。すなわち硝酸塩の摂取量が多いと、中心部から視野が欠ける緑内障の発生リスクは、44％ 低くなるといえる。

【表9.1】　硝酸塩摂取量と緑内障発生型との統計解析結果

	グループ					P 値	P 値 (メタア ナリシス)
	1	2	3	4	5		
硝酸塩摂取量 (中央値mg/d)	女80、 男81	女114、 男117	女142、 男148	女175、 男185	女238、 男254		
男女合算して緑内障 発生率と比較	1	0.78	0.82	0.81	0.67	0.01	
緑内障眼圧 ≧22 mm Hg (n=998)	1	0.85	0.93	0.9	0.82	0.11	0.75
緑内障眼圧 <22 mm Hg (n=487)	1	0.73	0.79	0.86	0.71	0.12	
周辺部視野欠損型 緑内障 (n=836)	1	0.82	0.98	1	0.85	0.5	0.01
中心部視野欠損型 緑内障 (n=433)	1	0.89	0.77	0.77	0.56	<.001	

（注）p 値の "p" は確率（probability）の p である。相関係数（ r ）が出る確率を表している。P ＞0.05 は偶然そうなる危険率が 5 ％以上で、相関はないと判断する。P ＜0.05 で、95％の確率 で正しいと判断する。P ＜0.001 は、0.1％以下の危険率、99.9％の確率で正しいと判断する。 すなわち、p 値が小さい程、その確かさが大きい。（出典）Kang,et al.（2016）

【表9.2】　原発開放隅角緑内障（POAG)とNO$_x$に関する先行研究

	研究部位・動物・ヒト	実験結果	文献
In vitro （試験管内）	緑内障のシュレム管細胞（房水の排出路）	緑内障の細胞に刺激を与えるとNOがほとんど産生されず	Ashpole, et al. （2014）
In vivo （動物実験）	NO受容体ノックアウトPOAGモデルマウス	眼圧の上昇	Buys, et al. （2013）
臨床研究	POAG患者	NO合成酵素（NOS）の遺伝的多型はPOAGと関連	Kang, et al. （2010）
	POAG患者および健康人	NOS阻害剤により眼の血流の減少	Polak, et al. （2007）
	POAG患者のシュレム管や毛様筋	NOSの減少	Nathanson, et al. （1995）
	POAG患者の房水	NO濃度の減少	Doganay, et al. （2002）
	POAG患者	NO供与体を投与すると眼圧が低下	Katz, et al. （2013）
小規模 疫学調査	米国人女性（1155人）	ケールまたはアブラナ科野菜の摂取によりPOAGのリスクを減少	Coleman, et al. （2008）
	アフリカ系米国人女性 （584人）	ケールまたはアブラナ科野菜の摂取によりPOAGのリスクを減少	Giaconi, et al. （2012）

（注）原発開放隅角緑内障：この病名は、「ほかの病気のためではなく（原発）」、「隅角が見かけ上開放されているのに（開放隅角）」、視神経が障害される緑内障であることを意味している。学術用語。（出典）松井・渡辺（2017）

　こうした事実は本研究によって急に判明したものではない（表 9.2）。小規模の疫学研究では米国人女性 1155 人を対象とする調査（Coleman, et al., 2008）やアフリカ系米国人女性 587 人を対象とする調査（Giaconi, et al., 2012）があり、

ケールあるいはアブラナ科野菜の摂取により緑内障が予防できる可能性がすでに指摘されていた。もちろん緑内障患者の房水で NO 濃度が減少していること（Doganay, et al., 2002）や、緑内障の発生は NO 合成酵素の遺伝的異常と関係がある（Kang, et al., 2010）など、多くの先行研究があっての研究成果である。

9.6 硝酸塩は健康維持に必須

琉球大学医学部の筒井正人氏らは、マウスに硝酸塩を含まない餌を与えていると、3 カ月後では内臓脂肪蓄積、高脂血症、耐糖能障害を示す程度だが、18 カ月後になると肥満、高血圧、インスリン抵抗性、血管機能障害（アセチルコリンによる内皮性弛緩反応の低下）をきたすようになり、22 カ月後には急性心筋梗塞を含む血管病によって心臓突然死を引き起こすことを明らかにしている（図 9.9。Kina-Tanada, et al., 2017）。さらに、低 NO_x 食餌投与と同時に別途硝酸塩を付加投与すると、図 9.9 の点線が示すように、このような障害を予防できることも示し、動物の健康維持に硝酸イオンは必須であることを世界で

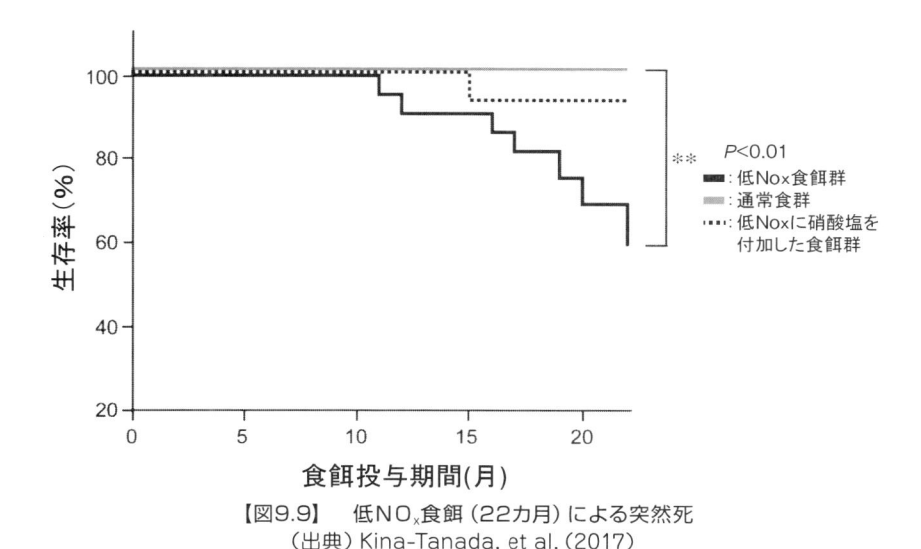

【図9.9】　低NO_x食餌（22カ月）による突然死
（出典）Kina-Tanada, et al.（2017）

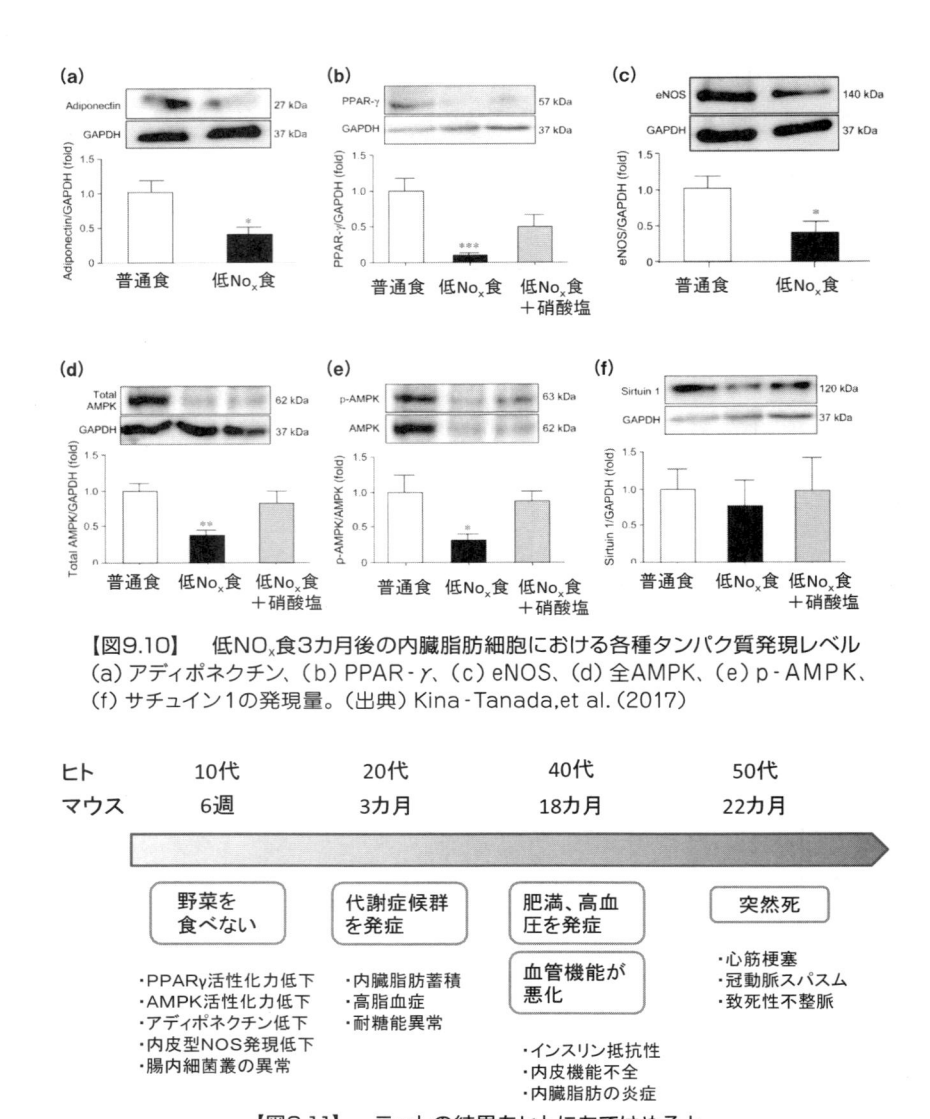

【図9.10】　低NO_x食3カ月後の内臓脂肪細胞における各種タンパク質発現レベル
（a）アディポネクチン、（b）PPAR-γ、（c）eNOS、（d）全AMPK、（e）p-AMPK、
（f）サチュイン1の発現量。（出典）Kina-Tanada,et al.（2017）

【図9.11】　ラットの結果をヒトにあてはめると
厚生労働省2017年発表の日本人の平均寿命：男性80.76歳、女性86.99歳。
実験用マウスの寿命：2年半前後。（提供）筒井正人

最初に示すことに成功している。また、これらの症状発生機序に eNOS、アディポネクチン、AMPK（AMP キナーゼ）などのタンパク質合成活性が低下することも確認している（図 9.10）。興味深いのは eNOS の活性も硝酸塩供与が必要であることと、第 7 章でも取り上げたが、長寿ホルモンといわれているアディポネクチンや、運動によって増加することが知られている AMPK の活性化である。すなわち、これら体全体の各臓器に影響を与えるキータンパク質の合成に食餌の硝酸塩が影響していたのであり、非常に大切な事実である。

なお、筒井氏は以上の実験結果を図 9.11 のように、「ラットの結果をヒトにあてはめると」として、図示している。　　　　　　　　　　　　　　（渡辺和彦）

■文献

Ashpole, N.E., Overby, D.R., Ethier, C.R. and Stamer, W.D., 2014, Shear stress-triggered nitric oxide release from Schlemm's canal cells. *Invest. Ophth. Vis. Sci.*, 55:8067-8076

AIS WEBSITE FACT SHEET, 2015, fuelling your success：Beetroot juice/Nitrate（https://beetpowernl/wp-content/uploads/2015/09/Beetroot_juice_Nitrate_11-_website_fact_sheet-1.pdf）

Boorsma, R.K., Whitfield, J. and Spriet, L.L., 2014, Beetroot juice supplementation does not improve performance of elite 1500-m runners. *Med. Sci. Sports Exerc.*, 46:2326-2334.

Borlaug, B.A., Koepp, K.E. and Melenovsky, V., 2015, Odium nitrite improves exercise hemodynamics and ventricular performance in heart failure with preserved ejection fraction. *J. Am. Coll. Cardiol.*, 66:1672-1682.

Buys, E.S., Ko, Y.C., Alt, C., Hayton, S.R., Jones, A., Tainsh, L.T., Ren, R., Giani, A.O., Clerte, M., Abernathy, E., Tainsh, R.E., Oh, D.J., Malhotra, R.O., Arora, P.O., Waard, N., Yu, B., Turcotte, R., Nathan, D., Scherrer-Crosbie, M., Loomis, S.J., Kang, J.H., Lin, C.P., Gong, H.O., Rhee, D.J., Brouckaert, P., Wiggs, J.L., Gregory, M.S., Pasquale, L.R., Bloch, K.D. and Ksander, B.R., 2013, Soluble guanylate cyclase *a* 1-deficient mice: a novel murine model for primary open angle glaucoma. *PloS ONE*, 20:8（3）e60156.

Coleman, A.L., Stone, K.L., Kodjebacheva, G., Yu, F., Pedula, K.L., Ensrud, K.E., Cauley, J.A., Hochberg, M.C., Topouzis, F., Badala, F. and Mangione, C.M., 2008, Study of osteoporotic fractures research group, glaucoma risk and the consumption of fruits and vegetables among　older women in the study of osteoporotic fractures. *Am. J. Ophthalmol.*, 145:1081-1089.

Doganay, S., Evereklioglu, C., Turkoz, Y. and Er, H., 2002, Decreased nitric oxide production in primary open-angle glaucoma. *Eur. J. Ophthalmol.*, 12: 44-48.

古川哲史, 2012, ニトログリセリン耐性の新たな問題. 日経メディカルオンライン, 2012 年 2 月 7 日.

Giaconi, J.A., Yu, F., Stone, K.L., Pedula, K.L., Ensrud, K.E., Cauley, J.A., Hochberg, M.C. and　Coleman, A.L., 2012, Study of Osteoporotic Fractures Research, The association of consumption of fruits/vegetables with decreased risk of glaucoma among older African American women in the study of osteoporotic fractures. *Am. J. Ophthalmol.*, 154:635-644.

Kang, J.H., Wiggs, J.L., Rosner, B.A., Hankinson, S.E., Abdrabou, W., Fan, B.J., Haines, J. and Pasquale, L.R., 2010, Endothelial nitric oxide synthase gene variants and primary open-angle glaucoma: interactions with sex and postmenopausal hormone use. *Invest. Ophth. Vis. Sci.*, 51: 971-979.

Kang, J.H., Willett, W.C., Rosner, B.A., Buys, E., Wiggs, J.L. and Pasquale, L.R., 2016, Association of dietary nitrate intake with primary open-angle glaucoma: a prospective analysis from the nurses' health study and health professionals follow-up study. *JAMA Ophthalmol.*,134 :294-303.

Katz, L.J., Steinmann, W.C., Kabir, A., Molineaux, J., Wizov, S.S. and Marcellino, G., 2012, SLT/Med Study Group, Selective laser trabeculoplasty versus medical therapy as initial treatment of glaucoma: a prospective, randomized trial. *J. Glaucoma*, 21:460-468.

Kina-Tanada, M., Sakanashi, M., Sakanashi, M., Tanimoto, A., Kaname, T., Matsuzaki, T., Noguchi, K., Uchida, T., Nakasone, J., Kozuka, C., Ishida, M., Kubota, H., Taira, Y., Totsuka, Y., Kina, S., Sunakawa, H., Omura, J., Satoh, K., Shimokawa, H., Yanagihara, N., Maeda, S., Ohya, Y., Matsushita, M., Masuzaki, H., Arasaki, A. and Tsutsui, M., 2017, Long-term dietary nitrite and nitrate deficiency causes the metabolic syndrome, endothelial dysfunction and cardiovascular death in mice. *Diabetologia*, 60:1138-1151.

Kobayashi, J., Ohtake, K. and Uchida, H., 2015, No-rich diet for lifestyle-related diseases. *Nutrients*, 7:4911-4937.

Koyuncu, A., Bagcivan, I., Sarac, B., Aydin, C., Yildirim, S. and Sarioglu, Y., 2008, Lack of nitrate tolerance in isosorbid dinitrate- and sodium nitroprusside-induced relaxation of rabbit internal anal sphincter. *World J. Gastroentero.*, 14:4667-4671.

Lansley, K.E., Winyard, P.G., Bailey, S.J., Vanhatalo, A., Wilkerson, D.P., Blackwell, J.R., Gilchrist, M., Benjamin, N. and Jones, AM., 2011, Acute dietary nitrate supplementation improves cycling time trial performance. *Med. Sci. Sports Exerc.*, 43:1125-1131.

Larsen, F.J., Schiffer, T.A., Borniquel, S., Sahlin, K., Ekblom, B., Lundberg, J.O. and Weitzberg, E., 2011, Dietary inorganic nitrate improves mitochondrial efficiency in humans. *Cell Metab.*, 13:149-159.

松井聡子 , 渡辺和彦 , 2017, 野菜の硝酸塩の緑内障予防効果 . 土肥学会講演要旨集 , 63:181.

Mo, L., Wang, Y., Geary, L., Corey, C., Alef, M.J., Beer-Stolz, D., Zuckerbraun, B.S. and Shiva, S., 2012, Nitrite activates AMP kinase to stimulate mitochondrial biogenesis independent of soluble guanylate cyclase. *Free Radical Biol. Med.*, 53:1440-1450.

Nathanson, J.A., McKee, M., 1995, Identification of an extensive system of nitric oxide-producing cells in the ciliary muscle and outflow pathway of the human eye. *Invest. Ophth. Vis. Sci.*, 36:1765-1773.

日本眼科学会ウェブページ（http://www.nichigan.or.jp/public/disease/ryokunai_ryokunai.jsp）

Polak, K., Luksch, A., Berisha, F., Fuchsjaeger-Mayrl, G., Dallinger, S. and Schmetterer, L., 2007, Altered nitric oxide system in patients with open-angle glaucoma. *Arch. Ophthalmol.*, 125:494-498.

Presley, T.D., Morgan, A.R., Bechtold, E., Clodfelter, W., Dove, R.W., Jennings, J.M., Kraf, R.A., King, S.B., Laurienti, P.J., Rejeski, W.J., Burdette, J.H., Kim-Shapiro, D.B. and Miller, G.D., 2011, Acute effect of a high nitrate diet on brain perfusion in older adults. *Nitric Oxide*, 24: 34-42.

Shiva, S., 2013. Nitrite: A physiological store of nitric oxide and modulator of mitochondrial function. *Redox Biology*, 1:40-44.

Sun, L., JFerreira, J.C.B. and Mochly-Rosen, D., 2011, ALDH2 activator inhibits increased myocardial infarction injury by nitroglycerin tolerance. *Sci. Transl. Med.*, 3:107-111.

Weitzberg, E. and Lundberg, J.O., 2013, Novel aspects of dietary nitrate and human health. *Annu. Rev. Nutr.*, 33:129-159.

第10章 亜鉛の健康効果と土壌問題

筆者の祖母は75歳のとき脳梗塞で寝たきりになった。3年3カ月の自宅看護の末、78歳で亡くなったのだが、両親の献身的な看護にも関わらず、ひどい褥瘡（床ずれ）ができてしまった。深くえぐれて骨までみえそうになっていた。痴呆も進行し、昼夜の区別もつかず、夜中に大声を出すこともしばしばであった。40年以上も前のことである。

そんな経験を持つ筆者は倉澤隆平医師の論文を読み驚いた。拒食症で、祖母のような床ずれ症状も併発し、寿命宣言までされていた89歳の高齢者が亜鉛投与で元気になったというのである。家族も驚いたが、最も驚いたのが倉澤氏自身だそうだ。筆者が倉澤氏を最初に知ったのは日本微量元素学会誌（倉澤ら，2005）を読んだときである。倉澤氏に手紙で連絡をとり、多くの資料をいただいた。詳しくは倉澤氏執筆の第5章をみていただくこととし、ここでは、同じく長野県で亜鉛補充療法を古くから実施しているJA長野厚生連・篠ノ井総合病院リウマチ膠原病センターの小野静一医師の研究を紹介する。

10.1 関節リウマチ患者での亜鉛補充療法の各種効果

小野氏は、篠ノ井総合病院に勤務する少し前に「関節リウマチの関節穿刺（体液を抜くため、針を刺すこと）では感染症を生じやすい」と、先輩医師から教えられていた。通常の患者では、関節穿刺で感染症を引き起こすことは滅多にないことだが、関節リウマチ患者のセロハンの如く弱い皮膚をみて、納得したそうだ。この皮膚の特性から亜鉛欠乏を疑い、当時は一般的でなかった血清亜

鉛値の測定に取り組んだ（小野・鈴木, 2000）。

　最初に測定された患者の亜鉛値は 33 μg/dL で、2000 年当時の基準値 65 μg/dL 以上（現在は 80 μg/dL 以上）に遠く及ばない低値だった。関節リウマチ患者で皮膚が弱い 26 人の亜鉛値を測定したところ、すべて低値だった。こうした患者に、唯一の亜鉛含有経口薬であるプロマック 150 mg/ 日（胃潰瘍の薬、1 日亜鉛量約 34 mg）を投与すると、関節症状、皮膚症状の改善が認められたのであるが、投与を続けるうちに思いもかけない多彩な症状の改善も認められた。

　図 10.1 は従来からの薬剤を変更することなく、亜鉛製剤を 6 カ月以上継続的に服用し、かつ血清亜鉛値の上昇が認められた 62 症例について、亜鉛投与 6 カ月後における自覚症状を集計した結果である（小野, 2005）。関節痛、関節腫脹（はれ）の改善率は低いものの、それぞれ 34.1％、39.3％改善され、帯状疱疹痛においても 80.0％の改善が認められている。患者にとって痛みおよびは

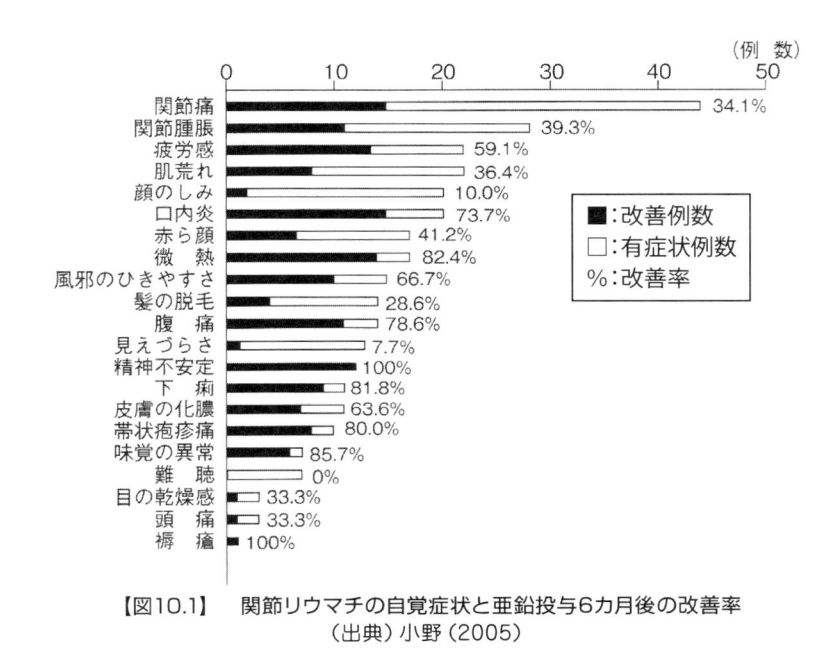

【図10.1】　関節リウマチの自覚症状と亜鉛投与6カ月後の改善率
（出典）小野（2005）

れの消失は、QOL（quality of life：生活の質）向上の大きなポイントとなる。ほとんどの症状は、血清亜鉛値 70 μg/dL 以上で改善が認められたが、顔のしみと眼のみえづらさの改善には 90 μg/dL 以上の亜鉛が必要と小野氏は考えている。なお、精神不安定を認めた 12 例について 100％の改善率だったことは注目に値する。

　プロマックの、胃潰瘍以外での利用（適応外使用）については、各都道府県で対応が異なっている。小野氏の場合も当初は適応外使用と認定されたが、症状詳記書類を何回も書き直して申請を繰り返した結果、許可になったそうだ。保険適用されていない薬剤の許可を得るのは、大変な苦労だったと推察する。筆者の家内が眼科開業医であるため、この苦労はある程度理解できる。許可を得るためには医者自身が保険審査機関に不服申請をする必要がある。書類を用意するだけでなく、医者自身が保険審査機関に行き、審査員の先生と面談し亜鉛製剤の意義を説明して認められなければ許可は下りない。忙しい医者にとっては、かなりの時間と労力を費やすことになる。なお、「同一事項について同一の者からの再度の再審査申出は、特別の事情がない限り認められない」というルールもあり、早くから亜鉛の効能に注目していた医者の中には、申請したものの適応外と認定されてしまい、あきらめてしまっている人もおり、残念である。2018 年 6 月現在、小野氏や前記の倉澤氏の努力もあり、長野県と長崎県では、薬効上、正式に亜鉛欠乏症の病名でプロマックの保険適用が認められている。

10.2　亜鉛を継続投与し、手術をした患者が職場復帰

　血清亜鉛値の低い患者に対して亜鉛を継続補充し、人工膝関節置換術および骨移植術を施行した事例を図 10.2 に示す（小野, 2005）。

　患者は 69 歳の女性で、関節リウマチ発症から 1 年で全身痛を訴えて受診しにきた。初診時の血清亜鉛値は 62 μg/dL と低値だったため、プロマック 150 mg/ 日（1 日亜鉛量約 34 mg）の投与を開始した。術前 1 週間前の亜鉛値

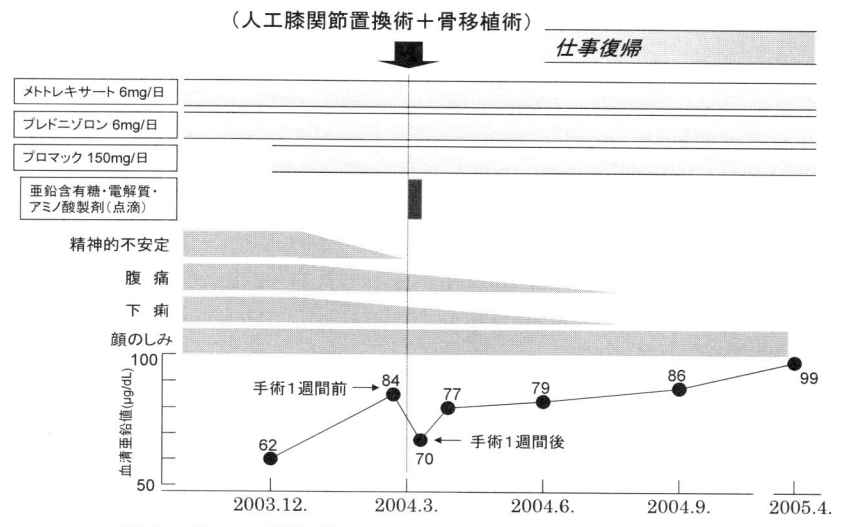

【図10.2】 亜鉛継続投与・手術施行症例の経過（69歳の女性）
（出典）小野（2005）

は 84 μg/dL と上昇し、精神は不安定から安定へと改善したのを受けて、人工
膝関節置換と骨移植の手術を施行した。術後 1 週目の亜鉛値は 70 μg/dL と低
値であり、術後の回復に多くの亜鉛を要していることが読み取れる。術後 1 カ
月で亜鉛値は 77 μg/dL まで回復している。

筆者が驚いたのは、患者が術後 3 カ月から仕事に復帰していることである。
このことは、亜鉛が生きる意欲をも与えてくれていることを示唆していると筆
者は考えている。

小野氏は、手術予定のある患者に少しでも腹痛や下痢などの自覚症状のある
場合は、亜鉛欠乏症を早期に改善させ、亜鉛値 80 μg/dL 以上を長期維持させ
ようとしている。自覚症状改善が QOL を高め、さらには術後のリハビリテー
ションに対するモチベーションも高める。小野氏は「亜鉛は患者さんのために
必須」といっている。筆者は小野氏のこの言葉が好きである。

10.3　亜鉛の過剰摂取と銅の関係

亜鉛は比較的過剰障害の出にくい元素であるが、過剰摂取を継続すると銅欠乏を生じることが知られている（有沢, 2002）。そこで、小野氏は亜鉛欠乏症に対するプロマック2日分（亜鉛68 mg）/ 日投与が許可された時点で、血清亜鉛値80 μg/dL 未満の慢性疼痛性疾患に6カ月間、プロマック1日分（亜鉛34 mg）、1.5日分（亜鉛46 mg）、2日分（亜鉛68 mg）を投与し血清亜鉛値の増加、銅値の低下、痛みなどの自覚症状の改善程度を調査している。その結果が図 10.3 である（小野, 2011）。

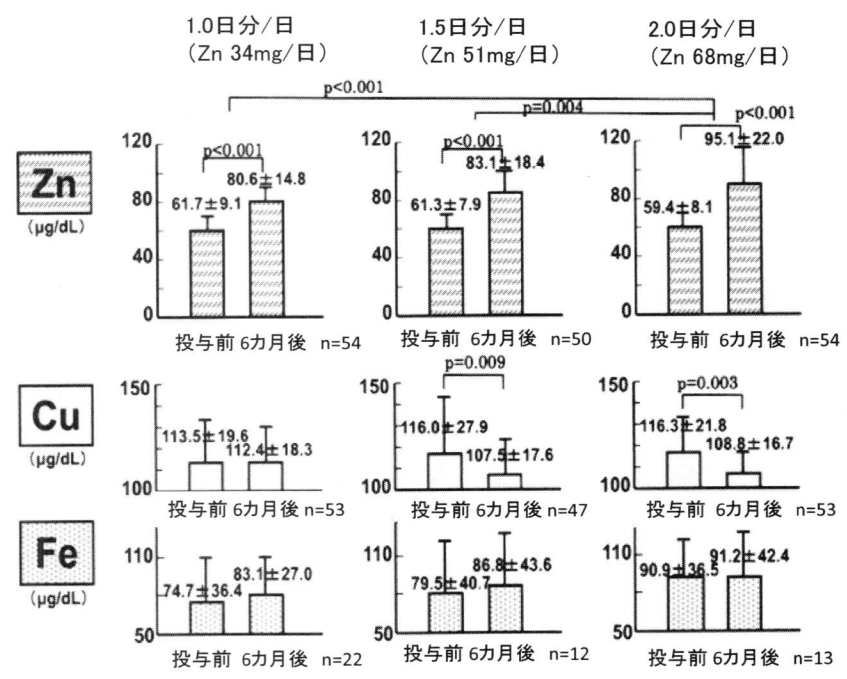

【図10.3】　慢性疼痛性疾患に対して亜鉛補充を行った際の血清中微量元素の推移
　図の最上位に示す1日当たりの数字はプロマックの量で、
　亜鉛換算値を（　　）内に示す。（出典）小野（2011）

　血清亜鉛値が亜鉛投与量依存的に増加している一方、血清銅は有意に低下している。血清鉄に有意な変化は認められない。図には示していないが、痛みの推移については、いずれの群でも亜鉛投与後に有意な減少が認められ、その改善率は高用量群で優れていた。

　図 10.3 の研究も含めて小野氏が亜鉛を投与し続けた 428 症例のうち 4 例で血清銅値の基準値下限までの低下が観察されている。対策として小野氏は、亜鉛と銅を同時に測定し、低い銅値が出れば即日、プロマックを加えたココア（ココア 100 g に対してプロマック 2 g、亜鉛：銅 = 17.9：1）を 1 日約 25 g 摂取（Zn は 17 mg/ 日）するように勧めている。日本食品標準成分表によると、ココア粉末 100 g は 3.8 mg の銅を含む。他に銅を多く含む食品には、牛レバー 5.30 mg、干しエビ 5.17 mg、シャコ 3.46 mg、ホタルイカ 3.42 mg、イイダコ 2.96 mg がある（いずれも 100 g 当たり）。

10.4　痛みに亜鉛が効くメカニズムが個体レベルで解明されている

　痛みに亜鉛が効くメカニズムについては、フランス遺伝学・分子細胞生物学研究所（IGBMC）の野崎千尋氏らが研究している（Nozaki, et al., 2011）。論文は英文だが、著者自身の和訳をウェブ上で読むことができる（野崎, 2011）。

　痛覚の伝達にはグリシンとグルタミン酸により活性化する NMDA 受容体（カルシウムイオンチャネルの一種）が働いている。亜鉛が存在する状況下では亜鉛が NMDA 受容体の一部に結合することによって受容体の活性を抑制し痛みを緩和する（図 10.4）。

　野崎氏らは NMDA 受容体の亜鉛結合部位のアミノ酸を 1 カ所変異させた、つまり亜鉛が結合できない NMDA 受容体を持ったマウスを作製した。このマウスは強い熱痛覚過敏を示すと同時に、野生型マウスとはまったく異なる慢性疼痛の形成および維持状態を示した。すなわち NMDA 受容体の活性化に亜鉛がブレーキとして働くことが、個体レベルの実験で初めて示されたのである。

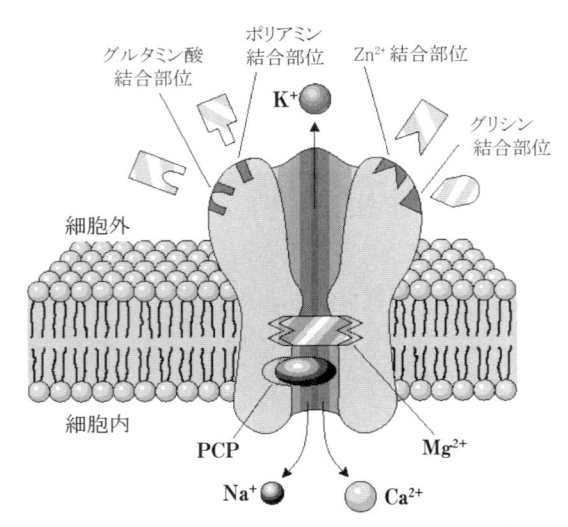

【図10.4】　NMDA受容体の構造と各種物質の結合部位

NMDA受容体には種々の化合物結合部位がある。ここで最も重要なことは、亜鉛が結合すると、カルシウムチャネル機構が低下することである。マグネシウム結合部位は孔の深部にあり、マグネシウム濃度が高く一定の電位では、マグネシウムが結合し、カルシウムを通さない。PCP薬剤フェンシクリジンが結合してもカルシウムは通れない。グリシンが結合することは、このカルシウムチャネルを開くのに必須で、グルタミン酸やポリアミンも結合する部位がある。これらはチャネルの活動力を高める。一般的にシグナル伝達はカルシウムが担っている場合が多い。マグネシウムは天然のカルシウム拮抗剤といわれているが, 孔の内部にマグネシウム結合サイトがあり, カルシウムを通しにくくする。アミノ酸もトランスポーターの活性化に関与している。（出典）田中・加藤（2011）

亜鉛の鎮痛効果を示したこの論文の最後で、野崎氏は慢性疼痛に対する亜鉛の臨床での利用に期待を示している。

10.5　亜鉛欠乏者が多い理由

　なぜ、亜鉛不足の高齢者が多いのか？　理由の一つが食事と農業である。亜鉛は牛肉に多く含まれている（表10.1）が、高齢者は牛肉をあまり食べない。一方、高齢者が主として食べる現在の野菜は、亜鉛含有率が低い。米やマメ類の亜鉛は穀粒中に多く含まれるフィチン酸と結合しており、人間はその亜鉛を

【表10.1】 亜鉛を多く含む食品ベスト32（数値は食品100g当たりの含有量：mg）

牡蠣(生)	13.2	牛ひき肉	4.3	ローストビーフ	4.1	牛肉(リブロース)	3.6
豚肉(レバー)	6.9	牛肉(ひれ)	4.2	牛肉(もも)	4	マトン(もも)	3.4
ホヤ	5.3	たまご(卵黄)	4.2	イカナゴ	3.9	シャコ	3.3
牛肉(肩)	4.9	ハマグリの佃煮	4.2	ケガニ	3.8	鶏肉(レバー)	3.3
カニ缶	4.7	牛肉(ミノ)	4.2	たらこ(焼)	3.8	プロセスチーズ	3.2
牛肉(肩ロース)	4.6	牛肉(もも)	4.2	牛肉(ランプ)	3.8	牛肉(サーロイン)	3.1
牛肉(尾/テール)	4.3	タラバガニ	4.2	牛肉(レバー)	3.8	ズワイガニ	3.1
タイラガイ	4.3	コンビーフ缶	4.1	子牛ばら肉	3.6	たらこ(生)	3.1

注：水分が40%以上の食品。（出典）「簡単！栄養andカロリー計算」

吸収・利用することができない。マメを原料とする味噌にも亜鉛が含まれている。発酵によりフィチン酸が分解しているため、この亜鉛は人間が吸収することができるのだが、残念なことに味噌の消費量そのものが低下してしまっており、これも亜鉛摂取量の低下につながっている。Prasad が人間の亜鉛欠乏を最初に見つけたのは、フィチン酸を多く含む穀物を主として食べている人々を調査した際のことだった（Prasad, et al., 1961）。同じ肉でも豚肉や鶏肉は牛肉よりも亜鉛含有率が低い。これはウシが反芻胃を持っていることと関係する。反芻胃に生息する微生物によりフィチン酸が分解されるため、亜鉛は可溶化しウシの体内に吸収されるのである。

　フィチン酸だけではない。現在の農地はリン酸過剰の状態にあり、土壌中の亜鉛はリン酸と結合してしまっている。リン酸と結合した亜鉛は植物にも吸収されにくい（Adams, et al., 1982）状態にあるが、農業生産時に肥料として亜鉛を施用する農家はほとんどいない。これは亜鉛不足でも農産物には外見的欠乏症状は出にくく、また有機物を主とした堆肥を施用すれば、堆肥に含まれる亜鉛が作物に吸収されると考えられていたからである。

　畑作物では通常、農家は家畜糞堆肥を施用する。家畜糞堆肥の亜鉛含有率は高く、表 10.2 に示すように 0.1 ML^{-1} 塩酸抽出の土壌中亜鉛含有率は化成肥料よりも高くなっている。ところが農産物（タマネギ）の亜鉛含有率をみると化成肥料のほうが高くなっている。堆肥さえ施用しておけば、亜鉛なども土壌から供給されるだろうと考えられていたのだが、そう単純ではなかったのである。

【表10.2】　19作連用試験圃場のタマネギ球部亜鉛含量と土壌の全・可溶性亜鉛含量

	化成	牛　糞			豚　糞		
	1[*]	0.5	1	3	0.5	1	3
タマネギの亜鉛	41	11	13	21	17	17	34
土壌の全亜鉛	78	78	82	97	87	100	135
土壌の可溶性亜鉛	7	9	13	26	15	30	81

＊17作までダイコン、以降エダマメとタマネギの交互作。堆肥毎作施用。化成はN=18kg/10a、堆肥はT-N相当量、0.5：半量区、3：3倍量区、牛糞：稲わら牛糞堆肥、豚糞：おがくず豚糞、亜鉛の単位はppm、マルチ栽培。土壌の可溶性亜鉛は、0.1ML^{-1}塩酸抽出。（出典）堀ら（2005）

一般農産物の亜鉛含有率が低下した理由は以下の3点にまとめられる。

① 「農用地における土壌中の重金属等の蓄積防止に係る管理基準」（次項でも説明）のために、亜鉛を農地に施用できる範囲は非常に狭くなっている。全国的にも基準の 120 mg/kg を超えている農地が多く、表10.2 もその一例だが、兵庫県の定点調査では基準超過はすでに 32.8％で、亜鉛の土壌施用は都道府県一律には不可能である（渡辺ら, 2007）。

② 現在の日本の畑にはトルオーグ法（土壌の可吸態リン酸分析法の一種）でリン酸の値が 100 mg/100 g 土壌値を超える農地が多い。しかし、堆肥さえ施用していれば微量元素補給は大丈夫と考え、土壌に亜鉛を施用する農家は非常に少ない。

③ 農作物への亜鉛補給は葉面散布が有効であることが国際的にも明らかになっている。亜鉛含有率の高い農産物の生産はすぐにでも可能であるが、**消費者はじめ多くの日本人がその付加価値を理解していない**。

10.6　土壌中の亜鉛分析値について

「農用地における土壌中の重金属等の蓄積防止に係る管理基準について」（昭和 59 年環水土第 149 号、環境庁水質保全局長通知）で亜鉛は土壌（乾土）1 kg につき 120 mg を上限とし、亜鉛測定法は強酸分解法と定められている。カドミウム汚染防止のためだが、亜鉛には厳しすぎるものであり、改定が望まれる。

　また、土壌汚染の調査方法として 0.1 ML^{-1} 塩酸抽出法が定められているが、可給態の分析にそのまま利用することには問題が多い（日本土壌協会, 2001）。

　土壌中亜鉛の可給態分析法について筆者は詳細な研究を行っている（渡辺, 1980）。日本土壌肥料学会賞を受賞した際の対象研究の一つでもある。土壌の可給態分析には pH 7 に調製した酢酸アンモニウムなどの塩溶液を加えるのだが、土壌（1 g）に対して加える抽出溶液量 V（mL）を多くすると、土壌 1 g 当たりに抽出される亜鉛量 S が多くなる（図 10.5 の右下）。その際、V の影響を大きく受ける土壌（No.3）と影響をあまり受けない土壌がある（No.10）。その影響の程度は図 10.5 中の表に示すように作物への亜鉛吸収のされやすさに影響する。No.3 の土壌で生育した小カブは生育当初の亜鉛含有率は小さいが、小カブの成長につれ含有率は増加する。一方、No.10 の土壌で生育した小カブは当初の亜鉛含有率は高いが、その後の濃度増加は少ない。

　二価塩（CaCl$_2$）溶液による抽出では S、V ともに逆数にすると、図 10.5 左下に示すように直線関係が得られることが分かっている（渡辺, 1980）。すなわち、y = ax + b であるから、y 軸との交点は理論上、抽出液量を無限大に

土壌	CaCl$_2$抽出		小カブ亜鉛含有率(ppm)変化			
No.	St	K	2月23日 (幼植物)	3月12日	4月1日	4月15日 (収穫期)
3	95	5.31	694	1030	1230	1550
10	66	0.66	1120	1140	909	920

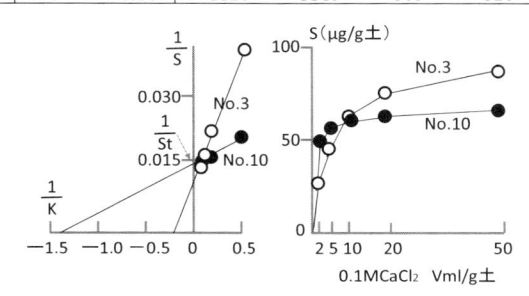

【図10.5】　抽出溶液量（V mL/g土）と亜鉛抽出量（S μg/g土）との関係と、生育中の小カブ亜鉛含有率の変化
Kは土壌の持つ亜鉛の吸収のされやすさ（intencity）を，Stはその土壌の亜鉛容量（capacity）を示す。(出典) 渡辺 (1980)

して抽出される亜鉛量の逆数 1/St となる。勾配は K/St で、直線は下記の式で示される。筆者の発見である。

$$\frac{1}{S} = \frac{K}{St} \cdot \frac{1}{V} + \frac{1}{St} \qquad K = \frac{St\text{-}S}{\frac{S}{V}}$$

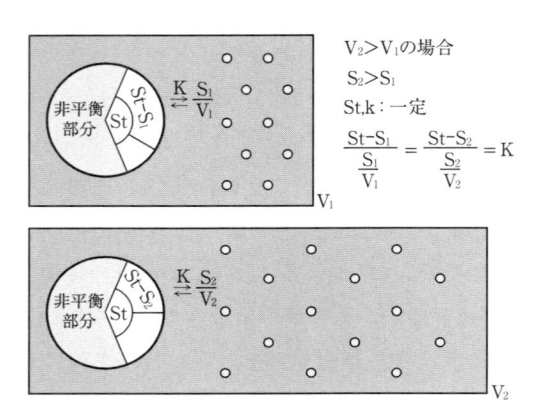

【図10.6】　同一土壌において抽出溶液量（V ml/g土）を変化させた場合の、
固-液相間の元素分布
S：元素抽出量（μg/g土）、St：V、S間の規則性より求まる
その溶液で抽出可能な全元素量。

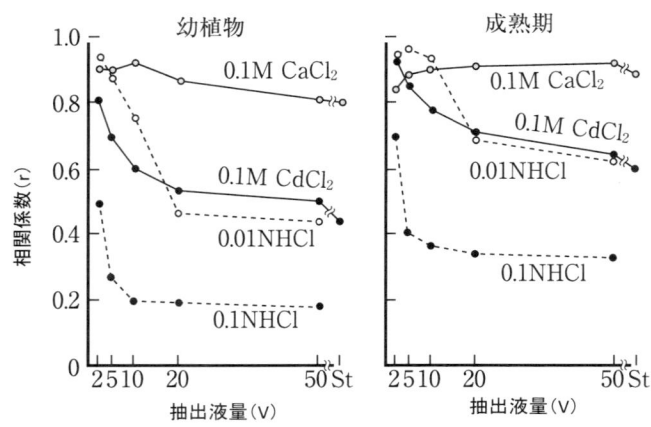

【図10.7】　各抽出液量V ml/gでの亜鉛抽出量S μg/g土と
小カブ亜鉛含有率(ppm)との相関係数（r）

　このことは図 10.6 に示すように土壌と抽出液、すなわち固 - 液相間の亜鉛の
分配は基本的にはヘンリーの分配則に従っていたことを示す。
　さて、それでは土壌の可給態分析法にはどの抽出液を用いるのがよいのかと
いうと、土壌に加える溶液量 V を 2 か 5 にした 0.01 N 塩酸か $CaCl_2$ のような
塩溶液による抽出が植物体亜鉛含有率との相関が高い（図 10.7）。なお、本関
係は亜鉛だけに適用されるものではない。広く利用されている弱酸によるトル
オーグ法や近年普及が始まっている水溶性リン酸分析にも本関係が適用できる
（吉川・吉田, 1987）。

10.7　おわりに――亜鉛で医療費削減

　作物への亜鉛補充にあたっては土壌施用が効果的だが、葉面散布でも容易に
農産物の亜鉛含有率を高めることができる（Yilmaz, et al., 1997）。エーザイ生
科研社（現 生科研社）の故 中嶋常允氏は、亜鉛の人間への健康効果を 30 年
も前からよく認識していた。同社の葉面散布剤「メリット M」（1985 年発売開始）
は、他社の葉面散布剤に比較して驚くほど亜鉛含有率が高い（渡辺, 2006）。

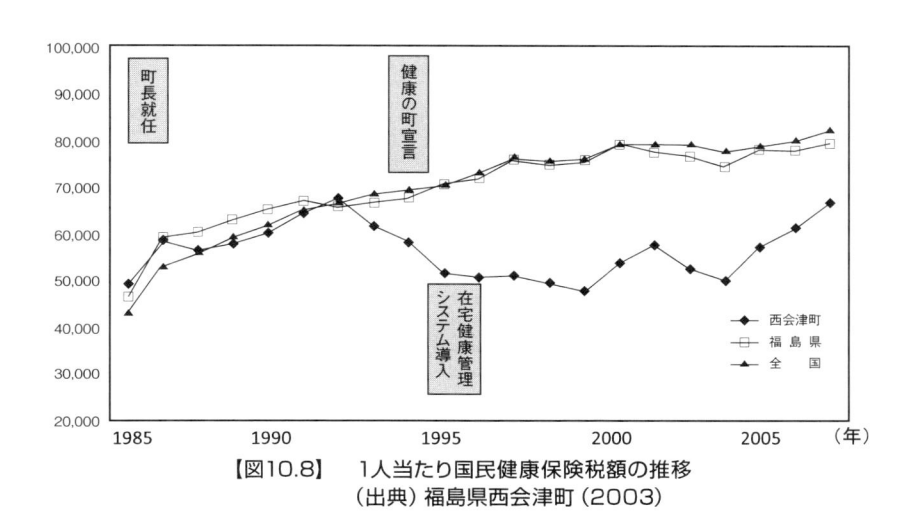

【図10.8】　1人当たり国民健康保険税額の推移
（出典）福島県西会津町（2003）

中嶋氏のミネラル農法に賛同した福島県西会津町の山口博續町長（在職期間：1985 ～ 2009 年）は、健康ミネラル野菜を育てて食べる運動に、町を挙げて取り組んだ。もちろん食事だけでなく医療関係、福祉関係などの取り組みを合わせて「トータルケアの町づくり」を展開し、高齢者には小学校に来て食事をしてもらったそうだ。町民の平均寿命は、1980 年代後半には、福島県内 90 市町村のうち男性 88 位、女性 69 位という非常に短命な町だった。それが、この「健康ミネラル野菜運動」によって、2005 年には 60 市町村（合併で数が減少）のうち男性 26 位、女性 29 位まで上がった。何よりも注目すべきは図 10.8 に示すように医療費も下がっていることだ（福島県西会津町，2003）。

　前述のように、日本人の 30 ～ 40% は亜鉛不足で、超高齢者群では軽く 50% を超えているが（倉澤，2013）、亜鉛の葉面散布を通じて、肥料が多くの人々の健康に貢献でき、しかも日本の医療費を削減できるのである。（渡辺和彦）

■文献

Adams, J.F., Adams, F. and Odom, J.W., 1982, Interaction of phosphorus rates and pH on soybean yield and soil solution composition of two phosphorus- sufficient utisols. *Soil Sci. Soc. Am.J.*, 46:323-328.

有沢祥子，2002，アトピーが消えた亜鉛で治った，主婦の友社.

福島県西会津町，2003，百歳への挑戦：トータルケアのまちづくり，財界 21.

堀　兼明，福永亜矢子，尾島一史，須賀有子，浦島泰文，田中和夫，池田順一，2005，家畜ふん堆肥を連用した野菜栽培農家および試験ほ場における亜鉛の蓄積実態．近中四農研研報，4:109-128.

簡単！栄養 and カロリー計算（http://www.eiyoukeisan.com/calorie/nut_list/zinc.html）

倉澤隆平，2013，多様な亜鉛欠乏症——臨床と疫学，日本栄養・食糧学会監修，亜鉛の機能と健康，建帛社，19-52.

倉澤隆平，久堀周治郎，上岡洋晴，岡田真平，松村興広，2005，長野県北御牧村村民の血清亜鉛濃度の実態．*Biomed. Res. Trace Elements*, 16:61-65.

日本土壌協会，2001，0.1 規定塩酸抽出法，土壌機能モニタリング調査のための土壌，水質及び植物体分析法，155-156.

野崎千尋，2011，ライフサイエンス新着論文レビュー（http://first.lifesciencedb.jp/archives/3215）

Nozaki, C., Vergnano, A.M., Filliol, D., Ouagazzal, A.M., Le Goff, A., Carvalho, S., Reiss, D., Gaveriaux-Ruff, C., Neyton, J., Paoletti, P. and Kieffer, B.L., 2011, Zinc alleviates pain through high-affinity binding to the NMDA receptor NR2A subunit. *Nat.Neurosci.*, 14:1017-1022.

小野静一，2005，関節リウマチと亜鉛．治療別冊，87:94-101.

小野静一，2011，リウマチ性疾患と亜鉛．近畿亜鉛栄養治療研究会，1:78-92.

小野静一，鈴木昭夫，2000，慢性関節リウマチ患者における血清亜鉛値について．中部リウマ

チ, 31（1）:14-15.

Prasad, A.S., Halsted, J.A. and Nadimi, M., 1961, Syndrome of iron deficiency anemia, hepatosplenomegaly, hypogonadism, dwarfism, and geophagia. *Am.J. Med.,*31:532-546.

田中千賀子, 加藤隆一, 2011, NEW 薬理学改訂 6 版, 南江堂.

渡辺和彦, 1980, 土壌の可給態養分の測定. 化学と生物, 18:785-790.

渡辺和彦, 2006, 最近目立つ野菜のミネラル不足は、こう補う（その 6）, 人間も作物も亜鉛の潜在欠乏に注意. ひろがる農業, 112:9-12.

渡辺和彦, 2007, 作物も人間も元気にする肥料・ミネラルの 1 事例…亜鉛：高齢者に多い食欲不振・皮膚障害に劇的な効果. 季刊肥料, 107:17-25.

渡辺和彦, 2011, ミネラルの働きと人間の健康, 農山漁村文化協会.

Yilmaz, A., Ekiz, H., Torun, B., Cultekin, I., Karanlik, S., Bagci, S.A. and Cakmak I.,1997, Effect of different zinc application methods on grain yield and z inc concentration in wheat grown on zinc-deficient calcareous soils in Central Anatolia. *J. Plant Nutri.,*20:461-471.

吉川義一, 吉田徹志, 1987, 土壌の水溶性リン酸の測定. 日本土壌肥料学会誌, 58:612-614.

第11章 アトピー性皮膚炎と米の品種

　宮田 學 氏が代表世話人をしている近畿亜鉛治療研究会（現 日本亜鉛治療研究会、会長：深田俊幸氏）で筆者が有沢祥子氏に初めて面会したとき（2012年8月）、私が農学の専門家であることを知ると有沢氏はアトピー性皮膚炎の悪化因子に米の品種問題があることを熱っぽく語ってくれた。後日（2013年2月）、名古屋駅JRセントラルタワーズにある七つ星皮フ科を訪ね、米品種問題について有沢氏が持っていた多くの資料をもらった。

　1994〜1996年に行われた6〜7歳児の調査では、日本人のアトピー性皮膚炎の有症率はスウェーデンに次いで世界で2番目に多い（Williams, et al., 1999）。日本人のアトピー性皮膚炎は1985年頃から急に増加し始めたのだが、これは米品種問題と無関係ではない。有沢氏に教えてもらうまで、筆者はアトピー性皮膚炎と米品種問題の関連はまったく知らなかった。

　有沢氏から受け取った資料を精読した筆者は、この問題の第一発見者である長谷川浩氏に2013年8月に会い、事実関係を調べ上げた。そのうえで、農業・食品産業技術総合研究機構（農研機構）・作物研究所でこの問題を当初から詳しく認識している研究者を通じて、その方の上司に「米品種とアトピー性皮膚炎の関係」について研究テーマとして取り上げてほしい旨を伝えてもらった。回答は、現状では「研究テーマとしては取り上げられない」だった。育種担当者に内々でも事実を認識してもらえれば、日本の米の育種方向が変わるのではないかと考えていたのだが、当時の私は考えが浅かったようだ。内々ではダメである。多数者側である消費者が事実を知れば、おのずと道は開けると思う。

　長谷川浩氏に教えていただくまで知らなかったのだが、日本の代表的な農業

雑誌である「現代農業」にはすでに、「臨床的にアレルギーを起こしやすい米は、その系譜に『コシヒカリ』および『コシヒカリ』を用いて育成した品種が存在していた。逆に、アレルギーを起こしにくい米は『コシヒカリ』を先祖に持たない粘りの少ない品種と酒造用品種であった」と、長谷川氏自身が執筆していた（米アレルギー研究会，2002）。米アレルギーの子供は、「ゆきひかり」から「きらら397」に替えた家庭に多い。アレルギーの方のために「ゆきひかり」を生産するとの北海道の農家報告も記載されていた（今橋，2000）。世間に遠慮をしながら講演したり執筆したりしていた私自身が恥ずかしかった。農業の専門家はすでに事実を認識していたのである。筆者が初めて世間にお知らせする話ではない。まだ事実をご存知ないアトピー性皮膚炎にお困りの一般の皆さんにお知らせするべく以下に記述する。

11.1　北海道でアトピー性皮膚炎が多発

　アトピー性皮膚炎に関わる米品種問題の第一発見者は、当時は旭川市に、現在は札幌市にある長谷川クリニックの長谷川浩氏である。1989年頃の話であるが、当時、旭川では多くの人が「ゆきひかり」を食べていた。秋に新しい品種の新米が出たとき、「従来より格段においしい品種『きらら397』ができた」と評判になっているところに、アトピー性皮膚炎が多発したのである。「先生が第一発見者ですね」と私が尋ねると、「患者さんが教えてくださったのですよ。患者さんが『きらら397』を従来食べていた品種『ゆきひかり』に戻すとアトピー性皮膚炎症状が治まったと教えてくれたのです。私の子供（当時 幼稚園児）もアトピーになりました」。「もちろん、公表（長谷川ら，1998）したのは私が最初です（筆者注：学会発表は1998年と遅いが、1989年には恩師である後木健一氏に話したり、「きらら397」を育種した北海道立上川農業試験場［現 北海道立総合研究機構農業研究本部・上川農業試験場］にも行き説明をしている）」。「翌秋には、学校給食にも『きらら397』が使われましたから、小学校に入学していた私の息子は湿疹が再燃してしまい、担任の先生にお願いし、自

宅から『ゆきひかり』の弁当を持って行きました」と答えてくれた。

　長谷川氏から「きらら 397」のことを聞いた後木氏（当時、札幌）によると、その後 3 カ月程度の検証で、「『ゆきひかり』に変えて軽快した湿疹患者数は、100 人を超えた」そうだ。

　その数年後、後木氏の講演や上川農業試験場から話を聞いていた北海道立中央農業試験場（現 北海道立総合研究機構農業研究本部・中央農業試験場）の柳原哲司氏が、札幌に転居されていた長谷川氏の所に相談に来た。そして、1996 〜 2000 年の間、中央農業試験場と北海道内の医師 5 人との共同研究が実施され、その成果は 61 ページの成績書としてとりまとめられている（北海道立中央農業試験場 , 2001）。この貴重な成績書は PDF 化されており、入手も可能である。ただし「ゆきひかり」以外の品種名はほとんど記載されていない。

11.2　「きらら397」による皮膚炎症状

　図 11.1、11.2 は長谷川浩氏から借用したものだが、子供だけでなく大人もア

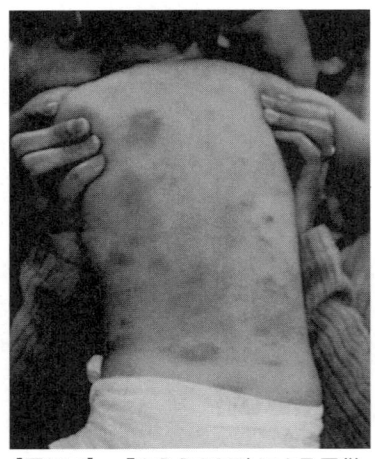

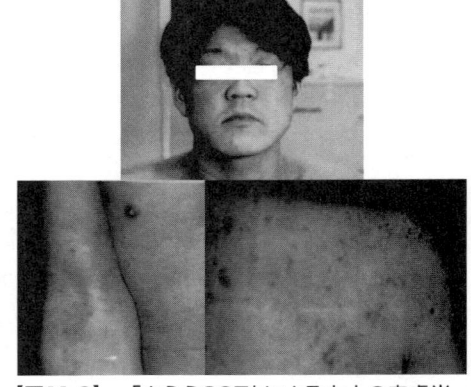

【図11.1】　「きらら397」による子供の皮膚炎症状の例
長谷川浩（原図）

【図11.2】　「きらら397」による大人の皮膚炎症状の例
長谷川浩（原図）

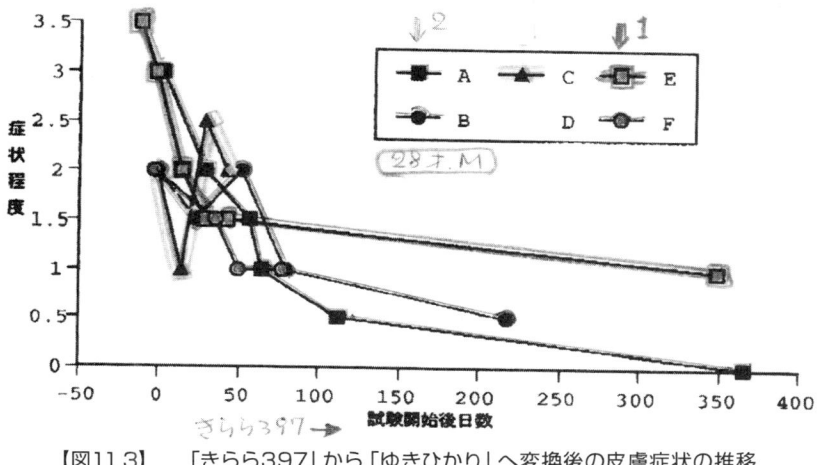

【図11.3】 「きらら397」から「ゆきひかり」へ変換後の皮膚症状の推移
長谷川浩（原図）

トピー性皮膚炎を生じる。

図 11.3 は「きらら 397」から「ゆきひかり」に戻した場合の皮膚症状の推移である。図 11.3、11.4 は長谷川氏の作ったものをそのままスキャナーで読み込んだものだが、描き直すよりも迫力がある。多くの患者は当時の新しい品種を「ゆきひかり」に戻すだけで軽快するが、図 11.3 の C の患者のように効果の現れない患者もいる。図 11.4 は「ゆきひかり」に変えても軽快しなかった患者に、高度精米した「ゆきひかり」や「北海 278」（アレルギーを引き起こしにくい酒米）に変えた結果である。すべてではないが多くの患者が軽快している。図 11.4 の患者の年齢欄をみると大部分が乳幼児である。長谷川氏が小児科の先生であるので当然かもしれないが、乳幼児のアトピー性皮膚炎に悩む若い母親は多い。札幌の三浦俊祐・貴子皮膚科の三浦貴子氏によると、乳幼児は成人に比べ米の品種の影響を受けやすいそうだ。

表2　米アレルギー臨床調査：高度精白米について

No	性	年齢	消費米量	調査前品種	調査高度精白米 ゆきひかり	北海278
1　ト 70	F	2	5	ゆきひかり	◎10	○7
2　ヒ 17	M	6	10	ゆきひかり	◎6	○7
3　ク 102	F	3	2	ファインライス	××4	○
4　タ 288	F	1	4	ゆきひかり	○14	×1
5　ス 140	F	0.04	6	ゆきひかり	○15	◎15
6　サ 275	F	1	2	ゆきひかり	○9	●○
7　ス 127	M	1	3	ゆきひかり	◎10	○7
8　オ 279	F	3	4	ゆきひかり	○14	○
9　タ 287	F	22	5	ゆきひかり	△	○
10　オ 271	F	1	3	ゆきひかり	○	
11　ス 137	F	0.09	1	ゆきひかり	×10	
12　ワ 88	F	37	7	ゆきひかり	◎3	○2
13　ツ 59	M	0.1	1	ゆきひかり	△	
14　キ 91	F	2	4	辻低アレ米	○5	×4
15　ニ 42	F	31	5	ゆきひかり	×△	○
16　モ 71	M	0.08	2	むつかおり	○	○
17　ヤ 165	M	0.07	1	ゆきひかり	××2	
18　サ 286	F	2	4	ゆきひかり	◎17	○15
19　ウ 53	M	2	5	ゆきひかり	○20	△
20　イ 284	M	1	3	ゆきひかり	○24	△

【図11.4】　通常の「ゆきひかり」をやめ高度精米した「ゆきひかり」
あるいは酒米「北海278」に変換した後の症状の変化
長谷川浩（原図）

11.3　「コシヒカリ」も「きらら397」と同じだった

北海道でのアレルギー患者の急増が当時の新しい品種「きらら397」だけの
問題であれば、解決は簡単である。「きらら397」の普及を取りやめたらよい。
しかし、前記の共同研究の結果、そう単純には解決できそうにない問題である
ことが判明した（北海道立中央農業試験場, 2001）。誰もがおいしい米と認め、
しかも日本各地で栽培可能な「コシヒカリ」も同様にアトピー性皮膚炎の悪化

因子であることが判明したのである。ここで、誤解を避けるために先に申し上げたいことがある。私の家内は「コシヒカリ」が大好きである。「コシヒカリ」系統の米も大好きで、私も「我が家のごはんはおいしいね」と家内に感謝しながら、毎日おいしくごはんをいただいている（なお、ごはんを炊くのは家内だが、後片付けは私である）。もちろん2人ともアレルギー性皮膚炎症状はない。すなわち、卵でもソバでもアレルギーの人は大勢いるが、卵やソバをおいしく食べている人はもっと多い。「コシヒカリ」についても同じである。

11.4　タンパク質以外も悪化因子になる

　米アレルギー研究会（会長：後木健一氏、文責：長谷川浩氏）がウェブ上で公開している「ゆきひかりと米アレルギー」と題する文章、および長谷川氏らの共同研究（三浦ら, 2003）によれば、米アレルギーには少なくとも二つのタイプがある。

　一つは、従来研究されてきたタイプで、以下の特徴がある。

・体質に合わない米を食べると、比較的早く（数時間以内）症状が現れる

・アレルギーの一般的な血液検査（一般の病院でできる抗体検査）が参考になる

・アレルギーの原因物質（アレルゲン）が、米のタンパクであること

　もう一つのタイプは、「ゆきひかり」に変えることで改善する米アレルギーである。まだ仮説の段階だが、このタイプには以下の特徴がある。

・体質に合わない米を食べて症状が現れるまでの時間が長い（日単位で、ほとんどが数日以上）。臨床的には、数日食べ続けることで症状が出てくるという印象である

・皮膚テスト（パッチテスト）と特殊な血液検査（リンパ球幼若化試験）の二つが参考になりそうである。これらはツベルクリン反応のように、反応が遅れて出る型の検査である。このタイプでは、一般の血液検査（抗体検査）は参考にならない。これまでの検査結果をみると、まだ症例数

　は少ないものの、パッチテストでは品種による違いが出る傾向にある

・米の糖成分がアレルゲンになっているらしい

　先述の共同研究（三浦ら，2003）の被験者は、2000年6月〜2002年6月の約2年の間に3施設（皮膚科2施設、小児科1施設）を受診したアトピー性皮膚炎患者のうち、①通常米の除去・負荷試験で米アレルギーを確認しえた人、②米IgE抗体またはFEIA（fluoro-enzyme immunoassay）法で測定し陽性だった人、③米の品種を変えて症状に変化のあった人のいずれか一つ以上に該当し、協力の得られた人である。

　次に示すデータ（図11.5）の被験者は41人（男性16人、女性25人、0〜52歳、平均8.1歳）でパッチテスト陽性者は34例、全体の83.0％だった。研究に用いた品種は「ゆきひかり」「きらら397」「コシヒカリ」で、「ゆきひかりの高度精米」も加えた4種での比較である。「コシヒカリ」は貯蔵タンパク質画分の陽性率が高く、「きらら397」はデンプン画分の陽性率が高い。

　米IgE抗体を検査しえた28例でパッチテストとの関係をみると、図11.6に示すとおり、0〜1歳で大きな差が認められた。すなわち0〜1歳で米IgE抗体の陽性者は10例中1例のみで陽性率は10％だった。一方、パッチテストは

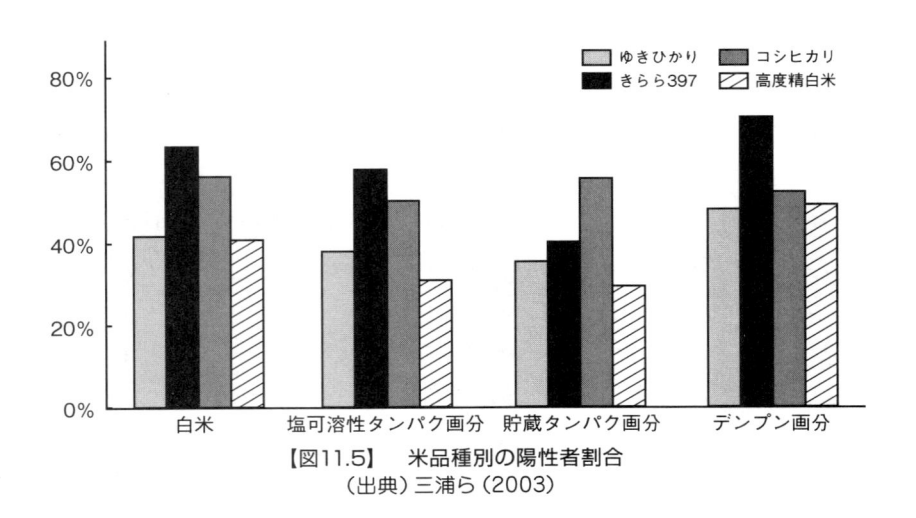

【図11.5】　米品種別の陽性者割合
（出典）三浦ら（2003）

10 例中 8 例で陽性となり、陽性率は 80％ だった。

　米のデンプン画分をプロテアーゼ処理し、SDS-PAGE（ポリアクリルアミド
ゲル電気泳動：目的タンパク質を変性して分子量の違いにより分離する手法）
でもまったくタンパク質の検出されない状態にしても、パッチテストで品種間
差が検出される。また、特に 1 歳未満の乳児では、パッチテストでは陽性であっ
ても、IgE 抗体については陰性であるケースが多く、アレルギーは発生してい
る。

　関連文献を探していると次の事例（冠木ら，2010）をみつけた。6 カ月男児
で米摂取 3 時間後にアナフィラキシーショックが認められている。米特異的
IgE 抗体は陰性だったが、経口負荷試験（陽性）および米に対するリンパ球幼
若化試験（陽性）より、米による非即時型アナフィラキシー様反応と診断した。
症状は重篤であり救急処置を必要としたとのことだ。

　アトピー性皮膚炎国際シンポジウム（2001 年）で招待講演もしている上原
正巳氏によると、特異 IgE 抗体価による診察は、すべてのアトピー性皮膚炎
患者に有効なわけではない。つまり、症状を悪化させる食品の検索には役立た
ず、除去・投与試験こそが重要であると強調されている（上原，2003）。アレ

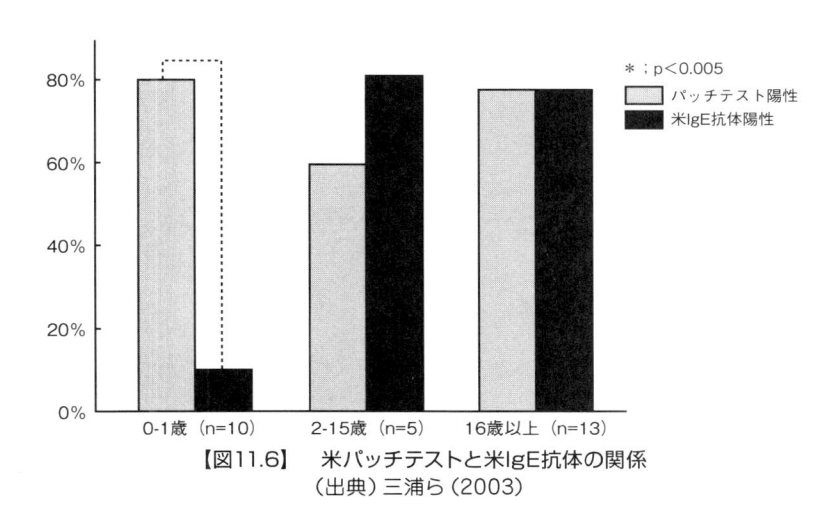

【図11.6】　米パッチテストと米IgE抗体の関係
（出典）三浦ら（2003）

ルゲンは従来、タンパク質だけに求められてきたが、1994 年に糖類のアレルゲンが報告されており（Viethsa, et al., 1994）、アレルゲン＝タンパク質とは限定できない。

　ここで、糖鎖の抗原性について少し解説しよう。もともと人間の体は病原菌や花粉等を異物（抗原）として認識する。病原菌や花粉の表面の構造は糖鎖でできており、異物感受センサー（抗体）がそれらを認識するのは当然である。抗体は病原微生物や高分子物質などと結合する際、その全体を認識するわけではなく、抗原の比較的小さな一部分（エピトープ）のみを認識して結合する。エピトープは抗原性のための最小単位であり、抗原決定基とも呼ばれる。植物性のアレルゲンには糖タンパク質が多く、数％の糖を含むと考えられる。そこで、糖鎖がアレルギーの原因ではないかと疑われているものもある（Viethsa, et al., 1994；Ftisch, et al., 1999）。糖鎖部分が IgE エピトープであることが示唆されたものに、ミツバチ毒ホスホリパーゼ A2、オリーブ花粉アレルゲンなどがある（Ueda and Ogawa, 1999）。ホソムギアレルゲンでは糖タンパク質でなく、六糖だけで抗原となるそうだ（Van Ree, et al., 2000）。

　ただ、ダイズアレルギー患者に限っては、アスパラギン -N 結合型高マンノース型糖鎖は特異的 IgE 抗体の存在にもかかわらず臨床症状の惹起には関与しない。このことは、血清を用いるアレルギー食品特定のための臨床検査試験（RAST 法）において擬陽性患者を選択してしまう主要な原因の一つとなっている（小川, 2013）。

11.5　米品種とアトピー性皮膚炎の急増について

（1）品種の作付け面積の変遷

　昭和 50 年代の後半から「コシヒカリ」「ササニシキ」などの極良食味米の作付けが増加し始め、平成元年より「あきたこまち」「きらら 397」などの新たな品種が登場し、極良食味品種が作付けの大部分を占めるようになった。一方、昭和 60 年頃から米アレルギーが現れ始め、平成元年頃を境に急に増え始めた

現象がある。極良食味米品種の作付けの増大と米アレルギー患者数の増大との間の因果関係は否定できない。

（2）品種間差

アレルギーを引き起こしやすい品種：きらら397、あきたこまち、もち米、（コシヒカリ、ひとめぼれ）*

アレルギーを引き起こしにくい品種：ゆきひかり、むつかおり、酒米、（サササニシキ、初雫、春陽。ただし、初雫はゆきひかりに劣る）*

（3）系譜的考察 （図 11.7、11.8 参照）

米アレルギーを引き起こしやすい品種は極良食味であり、育成の過程で「コシヒカリ」が交配母本として使われている傾向にある。しかし、米アレルギーを強く引き起こす糯品種の育成過程で「コシヒカリ」が使用されていない点を考慮すると、「コシヒカリ」がタンパク質等の質的なアレルゲン因子を支配する遺伝子を有するとは考えにくい。「コシヒカリ」に由来する極良食味性が米アレルギーを引き起こす原因と推測される。

糯がアトピー性皮膚炎症状の悪化因子になることは古くから知られている（上原, 2006）。糯と「コシヒカリ」など極良食味米との共通点は、デンプンの一種であるアミロペクチンの含有量が多いことである。

なお、話題が変わるが、福井大学医学部小児科による興味深い研究例として、以下に「レトルト粥と自家製粥で症状誘発の乖離を認めた米アレルギー乳児例」を紹介しよう。

8カ月女児の例として、レトルト粥を用いた負荷試験は陰性だが、自家製粥を摂取後に6カ月児のときと同様のアレルギー症状を呈した事例を取り上げている。本来、米アレルギーの負荷試験にはレトルト粥でなく自家炊飯した粥を用いるべきであるのだが、同研究をとりまとめた論文（Yasutomi, et al., 2014）によるとウエスタンブロッティング（特定のタンパク質を検出する方法）で患者血清中の IgE と反応するバンドを実際に食べていた米とレトルト粥とで比較したところ、前者では検出されたが、レトルト粥では検出されていない。当

---

* ：（ ）内は当時の研究で明らかになっている品種で筆者追記。

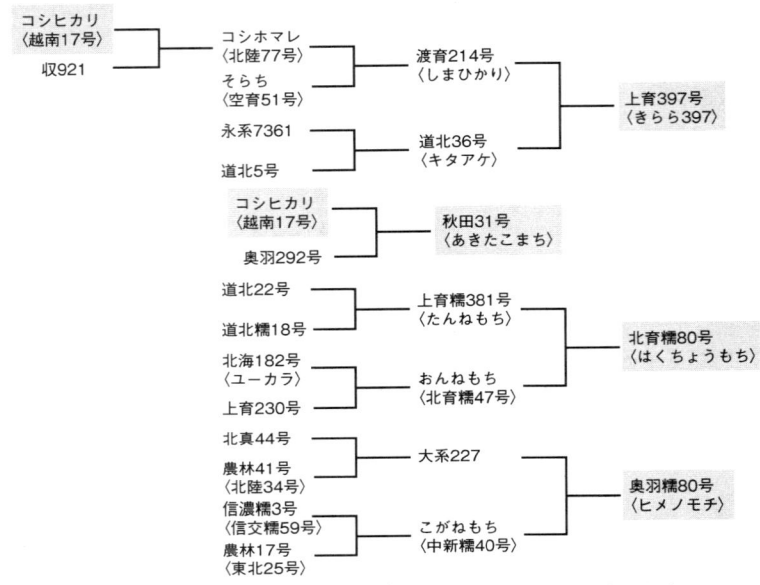

【図11.7】　アレルギーを引き起こしやすい品種の系統的考察
系統図は農研機構のイネ品種・特性データベースをもとに作成。
（出典）有沢ら手持ち資料より。

該患者血清 IgE と反応する 56 kDa と 37 〜 39 kDa のタンパク質が分解されており、レトルト食品が食品衛生法上の決まりである「中心温度120℃ 4分相当以上」の加熱処理を行っていることと関係があると推察される。

　市販のレトルト粥あるいは圧力釜で作った粥を食べさせれば米タンパク質アレルギーが回避できる場合もあるということになる。乳児の米タンパク質アレルギーに悩まされている母親たちには朗報である。論文によると、この症例児の場合は両親がレトルト粥を食べさせるのを望まなかったため、効果は確認できなかったそうだが、価値ある情報である。

11.6　海外に行くとアトピー性皮膚炎症状が軽快する

　今の日本の米は「コシヒカリ」の血を受け継いだ品種がほとんどである。日

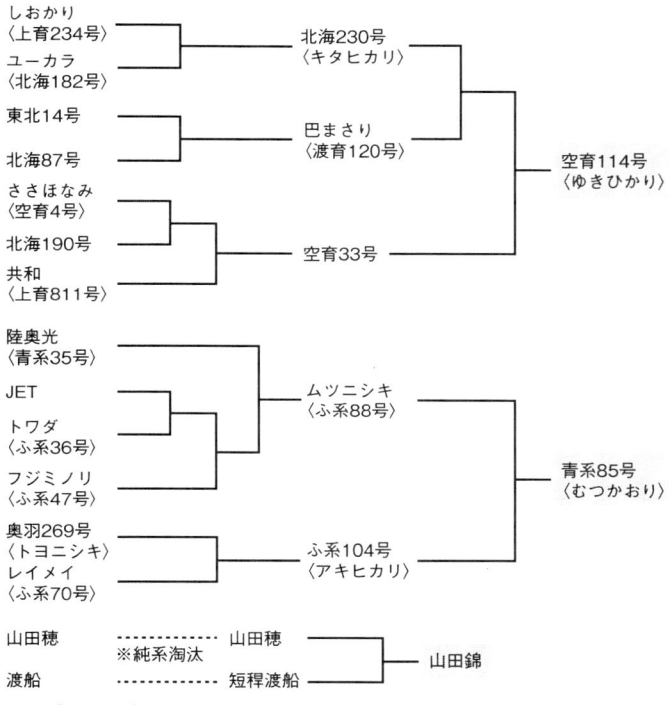

【図11.8】 アレルギーを引き起こしにくい品種の系統的考察
系統図は農研機構のイネ品種・特性データベースをもとに作成。
（出典）有沢ら手持ち資料より。

本全国で栽培可能な遺伝特性を持っていること、および食味重視の観点から「コシヒカリ」は育種母本としてどこかで使用されている。

　有沢祥子氏に次のことを教えてもらった。「アトピー性皮膚炎の方が、海外旅行に1週間から10日前後行かれても症状は軽快する。日本に帰ってしばらくすると悪化する。米国や欧州ならともかくも、中国の北京に行かれてもですよ」（有沢, 2013）。

　この事実は非常に重要である。筆者も講演会でよく取り上げる事例がある。知人の息子さんで子供のときからアトピー性皮膚炎に悩まされている方がいる。現在は大手のコンピューターソフト会社に勤めており、シリコンバレーに

7 〜 10 日間の滞在はたびたびある。シリコンバレーではレストランで食事をすることが多く、当然ごはんも食べる。カリフォルニアの米はおいしいそうだ。帰国してくるとアトピー性皮膚炎が目立たなくなっているので、家族は海外出張はストレスがないため症状がよくなるのだろうと思っていたそうだ。

　海外に行っても症状に変化がない事例もある。タイに長期滞在していたが、食事は地元のスーパーで日本の米を購入していたそうだ。逆に海外から日本に来て、「日本食が好きだ」と和食を中心に食べていた外国の方がアトピー性皮膚炎になり、有沢氏の医院に来ることもある。「このままでは日本はだめになる」。有沢氏の悲痛な叫びである。1988 年までは大人のアトピー性皮膚炎患者は少なかったが、今は急激に増えている（有沢, 2013）。

　講演会でこうした話をすると一部の稲作農家からブーイングが出る。「コシヒカリ」を一生懸命栽培している一般の農家にとっては聞きたくない話であろうことは理解できる。ただ、皮膚のかゆみに困っている大勢の農家の女性や子供は、私の講演を真剣に聞いてくださる。

　アレルギーには漆職人の例（少量の漆を毎日舐めると、漆過敏症が治せる）で知られているように、経口的な免疫学的寛容もある（上原, 2006）。米の場合は免疫学的寛容が比較的容易に獲得される場合が多いそうだ（後木, 1992）。

　なお、本稿の内容を日本土壌肥料学会で発表したところ（渡辺・有沢, 2013）、北海道から参加したある聴講者が、「私の親戚が新しく出た品種○○○○○○でアトピー性皮膚炎になりましたよ」と教えてくださった。

11.7　おわりに——研究者、流通業者、消費者の皆さんに

　アトピー性皮膚炎に悩んでいる多くの患者の立場からお願い申し上げる。農研機構あるいは大学、民間研究機関の研究者のどなたかに、ここまで述べてきた問題を真正面から研究してほしい。また、農業分野で米の育種をされている方は、「コシヒカリ」系統以外の育種を考慮に入れてほしい。研究は無理でも、

こうした知識を農業関係者で共有してほしい。

　米の流通業者の皆さんにもお願いがある。「コシヒカリ」系統の米は確かにおいしい。筆者も毎日おいしくいただいている。ほんの少しだけでよい。現在の米が皮膚炎の悪化因子となる人々のために、「コシヒカリ」系統以外の米も店頭で販売してほしい。

　消費者の皆さんへ！　米は添加物なしで食べられる最も安心、安全な食材である。米が卵やソバの例のようにアレルギーの原因あるいはアレルギー症状の悪化因子となる方は全人口のごく一部である。「コシヒカリ」系統の米は極良食味で、おいしくいただける方が大多数である。これからも食べ続けてほしい。今後とも、筆者は「コシヒカリ」系統の米を食べる。

　アトピー性皮膚炎の悪化要因は米の品種だけではない。当然である。母乳や市販の乳児用ミルクにおける亜鉛不足もある（渡辺，2013）。米以外の悪化因子について執筆すると焦点がぼけるため、ここでは米問題に特化した。多くの農業関係者が米品種問題を「知らない」といえる時代は、もはや過去のものだ。

（渡辺和彦）

■文献

有沢祥子，2013，アトピー性皮膚炎の亜鉛治療〜アトピーが消えた、亜鉛で治った〜，近畿亜鉛栄養治療研究会3周年記念市民公開講座（リーガロイヤルホテル京都）.

Ftisch, K. Altmann, F., Haustein, D., and Vieths, S., 1999, Involvement of carbo-hydrate epitopes in the IgE response of Celery-Allergic patients. *Int. Arch. Allergy Immunol.*, 120:30-42.

長谷川浩，松田三千雄，三浦貴子，徳永善也，柳原哲司，1998，米アレルギーの臨床調査　第一報：品種間差について．日本小児アレルギー学会誌，12:191.

北海道立中央農業試験場，2001，米アレルギーに関する臨床実態と生化学的解析，北海道農業試験会議（成績会議）資料.

今橋道夫，2000，「ゆきひかり」：アレルギーのお客さんには命をつなぐ欠かせない米．現代農業，2月号:238-243.

冠木智之，高田佳宣，藤塚　聡，田村喜久子，2010，非即時型の発症を認めた食物によるアナフィラキシーの2症例．日本小児アレルギー学会誌，24:299-304.

米アレルギー研究会，2002，ゆきひかりと米アレルギー．現代農業，2月号:164-168.

米アレルギー研究会，「ゆきひかり」と米アレルギー（http://hasekuri.a.la9.jp/yukihikari.htm）

三浦貴子，三浦俊祐，松田三千雄，長谷川浩，柳原哲司，2003，米アレルギー患者における米の

品種間差についての検討－パッチテストによる評価－. アレルギーの臨床, 23:1108-1114.

小川 正, 2013, 食物アレルギーの現状（多様化と交差問題）と今後の対策, 食品分析開発センター SUNATEC ホームページ、2 月発行.（http://www.mac.or.jp/mail/130201/01.shtml）

Ueda, H. and Ogawa, H., 1999, Glycobiology of the plant glycoprotein epitope: Structure, immunogenicity and allergenicity of plant glycotopes. *Trends Glycosci. Glyc.*, 11:413-428.

上原正巳, 2003, アトピー性皮膚炎の臨床, 金芳堂.

上原正巳, 2006, わかりやすいアトピー性皮膚炎：生活指導と治療のコツ, 金芳堂.

後木健一, 1992, 米が関与する乳児アトピー性皮膚炎の治療経過と「耐性」について. 日本小児アレルギー学会誌, 6:109-110.

Van Ree, R., Cabanes-Macheteau, M., Akkerdaas, J., Milazzo, JP., Loutelier-Bourhis, C., Rayon, C., Villalba, M., Koppelman, S., Aalberse, R., Rodriguez, R., Faye, L. and Lerouge, P., 2000, β (1,2) -Xylose and a (1,3) -fucose residues have a strongcontribution in IgE binding to plant glycoallergens. *J. Biol. Chem.*, 275:11451-11458.

Viethsa, S., Mayera, M. and Baumgarta, M., 1994, Food allergy : Specific binding of IgE antibodies from plant food sensitized individuals to carbohydrate epitopes. *Food Agr. Immunol.*, 6:453-463.

渡辺和彦, 2013, ミネラルの多様な働きを知る…作物と人の健康をめざして（12）アトピー性皮膚炎の悪化因子としての米と増粘剤. 山陽の農業, 136:28-53.

渡辺和彦, 有沢祥子, 2013, アトピーも治癒する亜鉛の効果と農業問題. 日本土壌肥料学会講演要旨集, 59:192.

Williams, H., et al. 1999, Worldwide variations in the prevalence of symptoms of atopic eczema in the international study of asthma and allergies in childhood. *J. Allergy Clin. Immunol.*, 103:125-138.

Yasutomi, M, et al., 2014, Rice protein-induced enterocolitis syndrome with transient specific IgE to boiled rice but not to retort-processed rice. *Pediatr Int.* 56:110-112.

第12章 アトピー性皮膚炎に対する亜鉛の効果と悪化因子としての増粘剤

　有沢祥子氏が愛知医科大学病院に勤務していたときのことである。生後5カ月の乳児（図12.1の①）が診察にきた。体だけでなく顔面の皮膚炎症状もひどい。顔はただれて、うみも出ているだけでなく、目も口も開きっぱなしという状態で、元気もまったくない。母親に尋ねると、いとこがアトピーで、初産ということもあり「アトピーの子供だけは産みたくない」と、量を少なめにした玄米菜食を妊娠中から始めたそうだ。そして生まれてきた子供の皮膚に多少かさつきがあったためか、母親は今までにもまして玄米菜食を徹底し、母乳を与え続けた。そうしたところ、赤ちゃんの症状は悪化するばかりだが、ステロイドを使われるのがこわいので、どこの病院にも行かなかったそうだ。見兼ねた友人が病院に連れてきた。

　有沢氏はこれはアトピーでなく別な病気だと思われ、すぐに知り合いの小児科の先生に診てもらったところ、飢餓状態になっているといわれた。このままでは命も危ないとのことで、すぐに入院させ、点滴で栄養を補給した。点滴を始めて数日後、赤ちゃんに生気が戻ってきた。そして、驚いたことにみるみる元気になり、2週間ほどで肌はきれいになり、つるつるになった。もう大丈夫だろうということで、点滴を中止して離乳食を与え始めたら、今度はアトピー性の湿疹が出始めた。点滴で栄養を十分に体に入れたときは肌がつるつるに回復したのに、口から消化器を通して食べ物を入れたときは皮膚に症状が出たという事実は、栄養を消化して体に吸収させることがいかに難しいかということを教えてくれる。アトピー患者の腸については後述するので参照してほしい。

　その後、アレルギーの原因になる食材は避けて、亜鉛の補充を続けた結果、

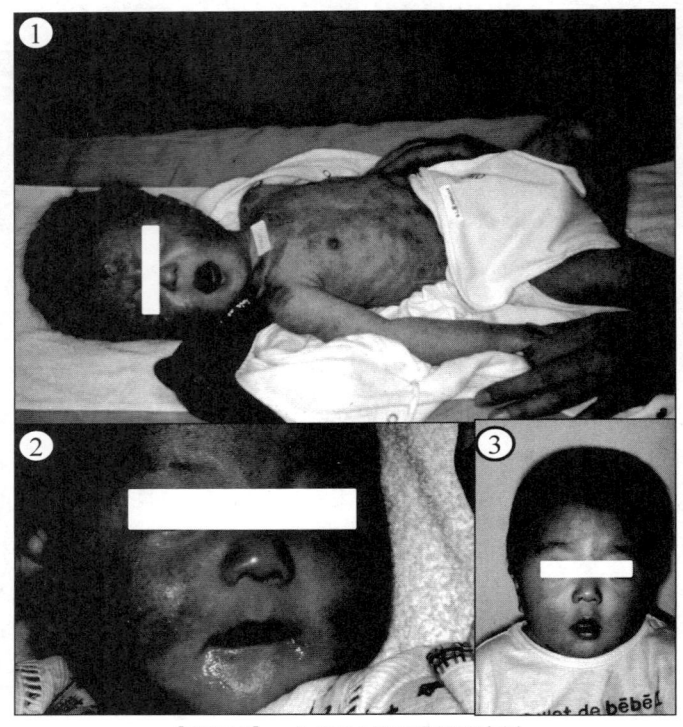

【図12.1】　生後5カ月の乳児の事例
有沢祥子（原図）

健康そのものの普通の元気な子供に育っている。図12.1の②は初診の3週間後、③は約1年後である。有沢氏は、このような事例から、アトピー性皮膚炎疾患を考える際にも、アレルギー以外の観点、栄養学的な指導・治療も非常に重要であることを痛感されたそうである。

　玄米菜食は亜鉛補充の観点からすると、あまり望ましいものではない。玄米に多く含まれているフィチンが亜鉛と結合してしまい体内に吸収されなくなり、亜鉛不足になりやすいためである。また注意しないと、タンパク質や脂質摂取量も不足する。

12.1　ミルクへの亜鉛補充

　母乳で育てられている乳児にアトピー性皮膚炎が発症することが多いが、これは母体の亜鉛をはじめとした栄養不良も一因である。1983 年に日本小児科学会から厚生省（現 厚生労働省）へ「粉ミルクへの亜鉛投与」が要望されたため、それ以降の赤ちゃん用粉ミルクには亜鉛も添加されている。有沢氏が亜鉛補充療法を始められたのは 1995 年からである。図 12.2 は、低亜鉛母乳で育てられた典型的なアトピー性皮膚炎症状の乳児である。母乳からアレルギー用のミルクに変え、亜鉛 20 mg と総合ビタミン剤を飲ませると、2 カ月後にはあっという間に回復し、とても元気になった。ただ、亜鉛を飲むのを忘れると症状が悪くなってしまい、また飲み始めるとよくなる。

　有沢氏によると、母乳を育児用ミルクに変えただけで、乳児のアトピー性皮膚炎症状が改善することが非常に多い。各種アレルギー用ミルクではアレル

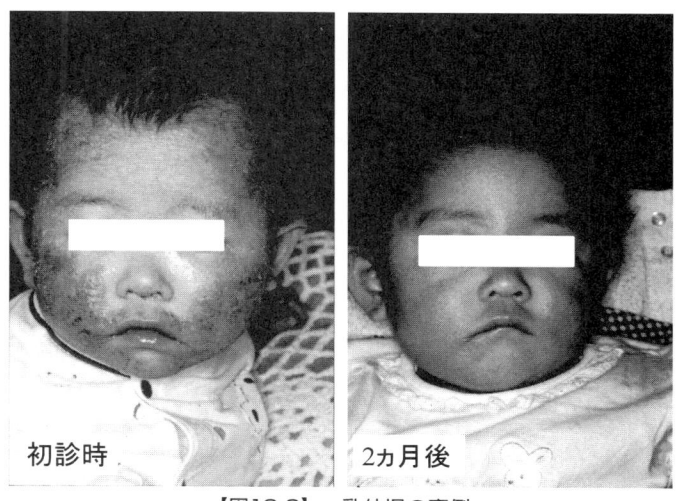

初診時　　　　　　　　　　2カ月後

【図12.2】　乳幼児の事例
生後半年の女児、アレルギー用のミルク（MA-1）に亜鉛20mg添加。ステロイド外用薬の使用歴なし、2カ月後には軽快し、機嫌もよくなった。 有沢祥子（原図）

【表12.1】　調乳液100ml中の表示許可基準のある元素含有率の比較

元素	標準濃度における組成 (mg/100mL)*	乳児用ミルク min〜max	フォローアップミルク min〜max	治療用ミルク min〜max	未熟児用ミルク	妊産授乳婦用ミルク
Ca	35	45〜58	76〜93	43〜70	69	148
P	18	23〜28	42〜49	26〜43	34	63
Mg	4	3.7〜5.9	6.6〜8.0	5.1〜7.3	6.7	8.8
Fe	0.7	1.0〜1.3	1.3〜1.6	1.1〜1.7	2.0	1.0
Na	14〜42	13〜22	25〜30	3〜31	27	39
K	56〜140	37〜72	74〜107	47〜85	80	130
Zn	〜0.6	0.35〜0.40	0.03〜0.17	0.36〜0.53	0.39	0.21
Cu	〜0.06	0.034〜0.05	ND〜0.003	0.034〜0.047	0.037	ND

＊栄養改善法による。（出典）千葉ら（1998）

ギーの元になる抗原が除去されているためだが、他の栄養分が充足されている点も大きく関係している。

　ただ、育児用ミルクを信頼しすぎるのもよくない。すべての育児用ミルクに亜鉛が十分量添加されているとは限らないためである。表 12.1 に示すように育児用ミルクは多くの種類があるが、フォローアップミルクは亜鉛含有率が低い（千葉ら，1998；位田，2011）。これらの市販ミルクには当然亜鉛補充が必要である。

12.2　ビオチンについて

　ビタミンの一種であるビオチンにも留意する必要がある。日本ではビオチンの調製粉乳への添加が認められていないためである（今井，2011）。日本の調整粉乳に含まれるビオチン量は平均 1.04 μg/100 kcal（0.68 μg/100 ml）で、米国小児科学会や国際連合食糧農業機関（FAO）/ 世界保健機関（WHO）などが推奨する 1.5 μg/100 kcal に満たない。ミルクアレルギー用の調整粉乳である「エレメンタルフォーミュラ」（明治）に至っては 0.1 μg/100 kcal 以下である。

　ビオチン欠乏症の症状は、顔面（特に眼瞼と口唇周囲）および外陰部の皮疹（境界明瞭な落屑を伴う紅斑）と脱毛であり、アトピー性皮膚炎症状とも類似し

ており、両者の鑑別が大切である。日本小児アレルギー学会は 2012 年 2 月 22 日付の「重要なおしらせ」として「ミルクアレルギー児におけるビオチン欠乏症に関する注意喚起」も出している。

これら調整粉乳の欠点には医者だけでなく、我々消費者も注意すべきである。進歩しつつあるといっても人工的な調整粉乳もまだまだ完全なものではない。

ビオチンは肉類をはじめ野菜、乳製品、魚類など多くの食品に含まれていて、腸内細菌叢により供給されるため、普通の食事をしていれば不足する栄養素ではない。ただし生卵の白身に含まれるアビジン（タンパク質）が体内でビオチンと結びつくと腸からビオチンを吸収できなくなるため、生卵（白身）を 1 日に 5 ～ 6 個以上食べると脱毛や皮膚炎、倦怠感が起こってくるので気をつけたい。古くにはマウス実験において、生卵白の大量投与によって皮膚に生じる炎症を防止する因子としてビオチンが発見されたことから、ビタミン H（H は皮膚を表すドイツ語 "Haut" に由来）と呼ばれることもある。

日本人の食事摂取基準（2015 年版）によると、ビオチンの 1 日の目安量は、男女とも 0 ～ 5 カ月：4 μg、6 ～ 11 カ月：10 μg、1 ～ 2 歳：20 μg、12 歳以上：50 μg である。通常の食生活において欠乏症は発生しないが、抗生物質の服用により腸内細菌叢に変調をきたすと欠乏症を示すことがある。ビオチンを多く含む食材には酵母、レバー、マメ類、卵黄がある。

ビオチンには、抗炎症物質を生成することによってアレルギー症状を緩和する作用がある。またタンパク質の生成にも関係し、皮膚を作る細胞を活性化させ老廃物の排泄を促し、皮膚の機能を正常に保つ働きもある。このような働きがあるため、アトピー性皮膚炎の治療にもビオチンが使われる。ビオチンには他にコラーゲンやセラミド（細胞間脂質）などの生合成を高める働きもある。

12.3　アトピー性皮膚炎患者への亜鉛投与の効果

大人の事例を図 12.3 に示す。幼児のときからのひどいアトピーで、脱ステロイド（アトピーの治療でステロイドを常用している患者がステロイドの使用

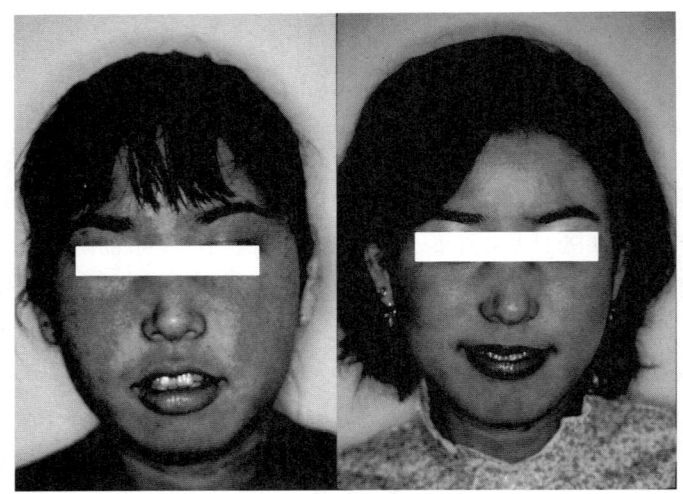

【図12.3】　大人の事例
有沢祥子（原図）

をやめること）はしていなかったが、ステロイドは悪くなったときにしか塗らないようにしていた。皮膚は赤くはれて分泌物も出ているというひどい状態で有沢氏の病院にやってきた。左は初診時で、亜鉛 45 mg/ 日投与を始めて 6 カ月後には軽快した（右）。治療前と治療後の写真は、まるで別人のようである。とてもきれいな肌の方で、よくなってからは物腰も何から何まで、印象がすっかり変わったそうである。有沢氏は亜鉛投与で多くの患者を治癒している（有沢, 2002）。

　図 12.4 は、筆者の講義を聴くためにとわざわざ他県からきた学生の事例である。入学後に有沢氏の図書も読み、市販のサプリメントで亜鉛約 30 mg/ 日を摂取するようになった。当初は半信半疑だったが、2 カ月ほどで皮膚のかゆみが減り、4 カ月でほぼ治癒した。治癒したと思って亜鉛摂取を中断すると再び悪化することがあり、またストレスの影響も大きいようだが、「これで女の子の手も握れる」と本人も喜んで卒業していった。

　亜鉛補充療法の効果を確かめるために、有沢氏は難治性アトピー性皮膚炎患者 33 人（9 ～ 53 歳）に、従来の治療に加えて硫酸亜鉛 200 mg/ 日（亜鉛量と

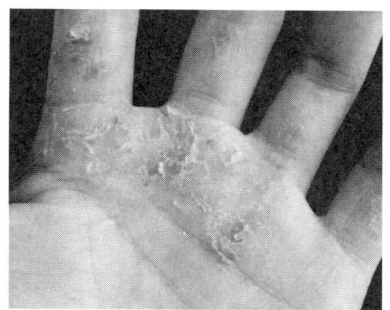

2012年7月12日　Y.W撮影

2012年11月30日撮影

2012年11月30日　Y.W撮影

【図12.4】　筆者の教え子の事例
市販サプリメントの亜鉛約30mg/日、4カ月摂取で改善。

して 45.5 mg）あるいはプロマック 1.5 g/ 日（亜鉛量として 51 mg）の補充療法を試み、2 カ月後、6 カ月後の血清亜鉛値、血清総 IgE 値、臨床症状（かゆみと皮膚炎の程度・範囲）を調査している。かゆみと皮膚炎の程度・範囲をスコア化し、亜鉛投与前をそれぞれ 5 ポイントとし、軽快程度を減点して評価している。その結果を表 12.2 に示す（有沢, 2011）。

　すべての患者が亜鉛で治癒できるわけではない。33例中3例は不変だったし、最終的に軽快した 30 例のなかにも、一時的悪化例が 8 例ある。亜鉛はすべての人に効くわけではないが、効果がある場合にはその効果は著しい。この件は非常に重要で、遺伝子型の影響も考えられるのではないだろうか。筆者が興味深く思っている関連研究を次に示す。

　眼科領域の病気である加齢黄斑変性は、網膜の中心にあたる黄斑部分が加齢に伴って変性してくるために視野の中心部がみえにくくなる疾患である。米国

【表12.2】　亜鉛投与後の臨床症状と血清総IgE値と血清亜鉛値

	かゆみ (score)[1]	皮膚炎 (score)[1]	血清総IgE値 (IU/mL)	血清亜鉛値 (μg/dL)
投与前	5	5	8547	84
2カ月後	3.1	2.9	6197	94.5
6カ月後	1.8	2	4954	113.7[2]

[1] 亜鉛投与前のかゆみと皮膚炎の程度・範囲をスコア化し、それぞれ5ポイントとした。
[2] 有意差あり。
（出典）有沢（2011）

の国立眼科病研究所（NEI）と国立衛生研究所（NIH）が全米で実施した臨床試験で、亜鉛、ビタミンC、ビタミンE、ベータカロテン（2回目ではルテインとゼアキサンチン）の効果が認められているが、その効果は遺伝子型によって異なることも明らかになりつつある。1992年に研究が開始された1回目（2001年発表）は3640人、2006年開始の2回目（2013年発表）は4000人以上を調査対象とした大規模なコホートの研究である。

　他にも、「例えばARMS2遺伝子のDNA配列を調べると、69番目のアミノ酸をコードしているコドンがGCT（Alanine）になっている人とTCT（Serine）になっている人がいる。このコドンの1番目のDNAについて、父親に由来する染色体上のARMS2遺伝子と母親由来の染色体上のARMS2遺伝子の両方がGであるGG型、両方がTであるTT型、片方がGでもう片方がTのGT型に分かれることになり、日本人ではGG型が約5割、GT型が約4割、TT型が約1割となっており、Tを持っている人は加齢黄斑変性を発症する確率が高くなることが知られている（Hayashi, et al., 2010）」。「ARMS2遺伝子のほかにCFH遺伝子も加齢黄斑変性の発症に影響を与えている遺伝子として有名で、これらの遺伝子型によって、亜鉛や抗酸化物質のサプリメント効果が変わってくることが分かってきた。今後さらに研究が必要であるが、各個人の遺伝子を調べたうえで、それぞれに最適なサプリメントを使用する時代がくるのかも知れない（山城, 2014）」そうだ。

12.4　アトピー性皮膚炎患者の大腸の様子

　アトピーの方は平均してよく食べる傾向にあるが、不思議と太っている方は少ない。それは腸での吸収力が落ちているためと予想される。腸そのものの弾力がまったくないという事実もある。有沢氏のご主人、有沢富康氏は現在、金沢医科大学の消化器内科学の教授であり、炎症性腸疾患も専門分野の一つである。有沢氏はご主人の協力を得て、患者の大腸も観察している。ファイバースコープを肛門から入れて、腸をたぐり寄せながら進んでいくのだが、アトピーの人は腸に弾力性がないので、盲腸まで進めるのが至難の業だそうだ。

　アトピー性皮膚炎患者15人と健常者8人の大腸の内視鏡等による観察などを行った論文（Arisawa, et al., 2007）によると、アトピー性皮膚炎患者15人

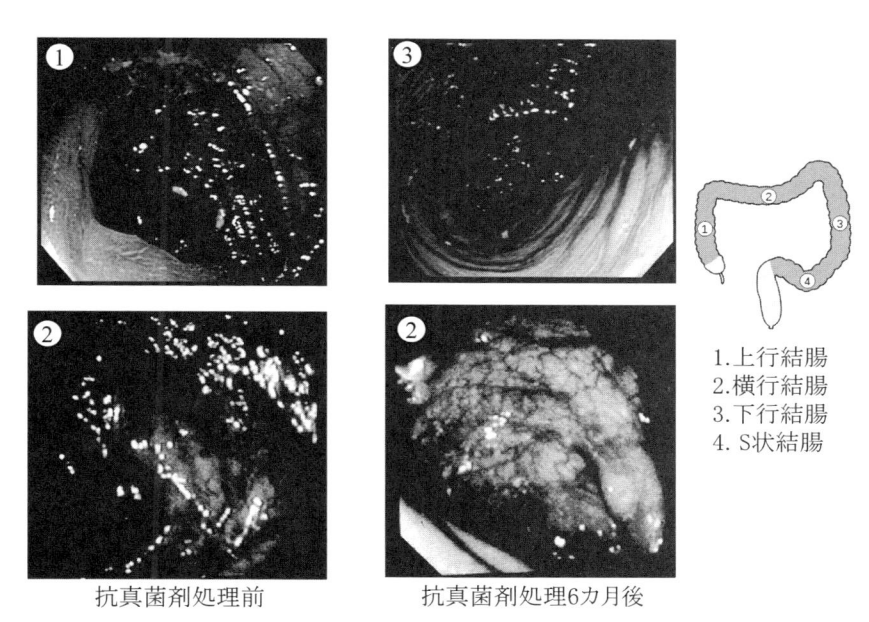

抗真菌剤処理前　　　　　　抗真菌剤処理6カ月後

1.上行結腸
2.横行結腸
3.下行結腸
4.S状結腸

【図12.5】　アトピー性皮膚炎患者15名中4名に大腸黒皮症を観察
　　　　　　写真中の数字は結腸の位置を示す。
　　　　　（出典）Arisawa, et al.（2007）

中4人に大腸黒皮症を認めている（図12.5、表12.3）。有沢氏も驚いたそうだが、腸壁が真っ黒になっている患者さんが多い。食べ物が消化しきれずに老廃物となってたまった結果、老化細胞に現れる黄褐色の色素リポフスチンが大腸の粘膜に付着しているために黒くみえるそうだ。また、患者に共通してみられる健常者との大きな違いは、白血球の一種である好酸球が腸粘膜に増加していることである（図12.6、表12.3）。好酸球の増加や浸潤は種々の疾患で生じるが、腸ではアレルギー性胃腸炎、潰瘍性大腸炎などでも増加することが知られている。

　アトピー性皮膚炎というのは、乳児の頃に食物アレルギーから始まるが、食物アレルギーの場合は、まず最初に腸にアレルギー反応が出て炎症が生じる。

【表12.3】　アトピー性皮膚炎患者と健常者の大腸組織観察結果

対象	年齢	性別	末梢好酸球（数/μL）	IgE値（IU/mL）	好酸球の浸潤	顆粒球の核断片	リポフスチンの沈積
1	28	M	984	23000	3+	2+	-
2*	38	M	448	23000	3+	2+	2+
3	22	M	610	15000	3+	2+	-
4	24	M	279	13000	3+	2+	-
5	20	M	972	13000	3+	2+	+
6*	20	M	760	10270	2+	+	-
7	33	M	324	10000	+	-	-
8*	23	M	451	8200	+	+	2+
9	23	M	682	6700	2+	+	-
10	18	M	702	6610	+	-	-
11*	26	M	532	5300	2+	+	-
12	19	M	592	4400	2+	+	-
13	37	F	913	4200	2+	+	+
14	47	F	310	2900	2+	+	-
15	14	M	798	1500	2+	2+	-
C1	26	M			+	+	-
C2	21	M			-	-	-
C3	20	M			+	+	-
C4	18	M			+	+	-
C5	17	M			+	-	-
C6	22	F			-	-	-
V1	30	M			+	-	-
V2	33	M			+	-	-

注：1〜15はアトピー性皮膚炎患者、C1〜6は健常者、V1〜2はボランティア。
＊：抗真菌剤（イトラコナゾール）処理患者。
（出典）Arisawa, et al.（2007）

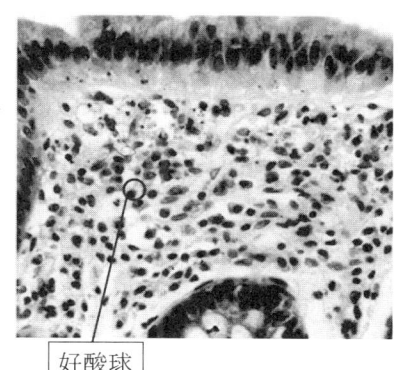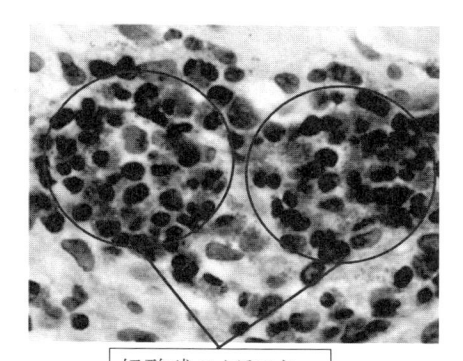

好酸球

好酸球のクラスター

【図12.6】　大腸粘膜における好酸球の浸潤
赤い顆粒（写真では黒）を持つ多数の好酸球が大腸固有層に浸潤している。
好酸球はアトピー性患者の皮膚にもあり、かゆみと炎症を起こす。腸管では
正常なときにもみられるが写真のように多くはない。
（出典）　Arisawa, et al.（2007）

荒れた腸の粘膜はアトピーの皮膚と同様に、すき間ができているために、未消化で大きな分子量のものが腸の粘膜のすき間から体内に入ってしまい、それがアレルギーを引き起こすのである。2〜3歳頃まで腸を痛め続けているとしたら、消化吸収の悪い状態が大人になっても続いている可能性は十分にあるそうだ。

12.5　増粘多糖類について

　米アレルギーの方が主食として米を食べるのをやめてパンやうどんを食べるようになると、昔はアトピー性皮膚炎が軽快したものだが、最近はパンやうどんに変えても軽快しない方が多いそうだ。昔のパンは1日も放置しておくと固くなったし、うどんもすぐに伸びたものだが、今は違う。いつまでもパンは柔らかいし、うどんは伸びない。紅藻類から得られる D- ガラクトースの重合体であるカラギーナンなどの増粘剤が両者ともに％オーダーで添加されているためである。食物繊維に耐糖能改善効果があり糖尿病の予防と治療に対しても有

効であると認められた経緯もあり、水溶性で無味、無臭、無色であるカラギーナンは、添加物として理想的と考えられたようである（石井・中村 , 1997）。日本の最近のお菓子は非常においしいが、これも市販の多くの食品に増粘剤が添加されていることが影響している。

　増粘多糖類は食品（飲料も含む）に粘性や接着性を付与するための食品添加物で、食感やのどごしの向上などの目的に広く使用されている。具体的には、食品に粘りやとろみをつけるための「増粘剤」、食品を接着し形が崩れないようにする「安定剤（結着剤）」、食品をゲル化する「ゲル化剤」に分けられる。成分は、天然由来の多糖類が用いられることがほとんどで、デンプンや果実、藻類などから直接もしくは発酵などの手法により抽出する。種類として、ペクチン、グアーガム、キサンタンガム、タマリンドガム、カラギーナン、プロピレングリコール、カルボキシメチルセルロース（CMC）などがある。

　天然由来といっても必ずしも安全ではない。図 12.7（未熟児の例）、図 12.8（17歳の男性の事例）に示すように、増粘剤による障害は乳幼児だけでなく大人でも生じる。明確に増粘剤が腸での障害を引き起こしたといえる図 12.7、12.8 のような事例は、日本国内では報告が少ないが、だからといって無視してしまってよいことにはならないだろう。

在胎22週6日、出生体重505gで出生したMD双生児第2子。

日齢0から新鮮母乳で経管栄養を行った。日齢31から母乳強化パウダーを添加、また授乳時に頻発する呼吸障害に苦渋しておりGERを疑い増粘剤の併用を開始した。日齢39に完全強化母乳へ移行した。日齢44から腹部膨満を認め、日齢47には腹部膨満はさらに進行し、炎症反応の上昇、超音波上腹水の貯留、腸管拡張、蠕動消失を認め、糞便性イレウスと診断し開腹術を施行した。(後略)

【図12.7】　増粘多糖類(キサンタンガム)により糞便性イレウスをきたした超低出生体重児の例 (児玉ら, 2012)
イレウス (ileus) とは、腸管内容の肛門側への移動が障害される病態。腸閉塞（ちょうへいそく）とも呼ばれる。急性腹症を起こす疾患の一つ。MD双生児は、一つの胎盤を共有しているが、赤ちゃんは羊膜で別々に分かれている。一卵性双生児の約75%がこの種類。

消化管潰瘍、アナフィラクトイド紫斑、腎炎、膵炎等の多臓器障害を繰り返し、検査の結果増粘多糖類が原因と考えられ、その摂取の中止により症状の発現をみない例を経験したので報告する。

症例は17歳男性。2002年7月上旬より腹痛、粘血便が続き、潰瘍性大腸炎と診断。

（中略）

食餌抗原を疑い施行したDLSTでは、流動食中の果物ゼリーが陽性。増粘多糖類の摂取中止後は症状の再燃を見ず、2004年1月10日に退院。外来にて腎炎のためPSL15mg/日を維持しているが、症状の再燃は見られていない。

【図12.8】 増粘多糖類アレルギーの関与が疑われる多臓器障害（潰瘍性大腸炎）の例（小倉ら、2004）
DLSTはリンパ球幼若化試験。PSLはプレドニゾロン。

カラギーナンについて、2001年のFAO/WHO合同食品添加物専門家委員会では、1日許容摂取量を「特定せず」（つまり毒性リスクは事実上0とみてよい）と判断しており、そのため多くの国では無制限に使用されてきた。しかし2007年には同委員会も、カラギーナンを継続して使用することや乳児の調整粉乳にカラギーナンの原料となる海草（紅藻の一種）を添加することに反対である旨を示した。欧州の食品科学委員会は2003年に、食品用カラギーナンは5万Da（ダルトン。原子の質量単位で1 Da = g/mol）以下の小分子の含有率が5%を超えないものとの基準を示している（Tobacman, et al., 2008）。

カラギーナンは天然の紅藻類からアルカリ抽出され5万Da以上のものがほとんどだが、胃の酸性下では小分子に分解される可能性がある。小分子のカラギーナンはラット等では容易に潰瘍性大腸炎を引き起こすことが知られており、図12.8のように日本国内では17歳青年の事例報告がある。

食品添加用レベルでも、海外では多くの障害発生事例が出ている（The Cornucopia Institute, 2013）。増粘剤は一般に、2種類の混合物を併用すると相乗効果が認められる。そして食品衛生法では、添加物の表示について、2種類以上の多糖類を増粘の目的で用いた場合には、それぞれの物質名を示さずに「増粘多糖類」と略称することができるため、カラギーナンが入っていても消

費者には分かりにくい状態になってしまっている。

　有沢氏によると、増粘剤（特にカラギーナン）に敏感な人は摂取後に腹痛や下痢を起こすという。それも摂取直後だけでなく、翌日あるいは2日ほど遅れて障害が発生することも多い。腹痛や下痢を引き起こす食品は各自がよく覚えておきたい。特にアトピー性皮膚炎の人は慢性的に腸が炎症を起こしている状態にあり、増粘剤の摂取がアトピー症状の悪化因子として働くため注意が必要である。

　コープこうべの食品添加物自主使用基準（2012）では、カラギーナンを留意使用添加物の一つとして指定し、極力使用しないこととしている。欧州連合（EU）では、カラギーナンのミニカップゼリーへの使用が禁止されている（ジェトロ・ブリュッセル事務所，2014）。国際的にも、また日本の一部の地域でも使用禁止の動きはあるのだが、現状では日本のほとんどの加工食品に無制限に使用されている。有沢氏は日々の診療経験から、カラギーナンの使用禁止を願っており、「このままでは日本はダメになる」「せめてカラギーナンを含まない加工食品を差別化商品として販売してほしい」と発言している。

　ただ、対策は簡単である。要はカラギーナンを摂取しなければよいのだ。つまりパンもお菓子も自宅で手作りすればよい。兵庫県の農業大学校は全寮制で、学生食堂で手作りの食事を毎日3食とも食べられる。入学した4月にはみるからにひどいアトピー性皮膚炎の学生が数人いたが、そのうちの1人は入学して数カ月もすると軽快したようだ。アトピー症状が完治したわけではないが、みるみる皮膚炎症状は軽くなったのである。

　農業大学校の米は「コシヒカリ」系統であるが、アトピー性皮膚炎にはその他食品、特に加工食品の影響も非常に大きいことが分かる。もちろん、全員が手作りの食事で軽快するわけではないが、症状の軽くなる学生は多い。加工食品に含まれる増粘剤がアトピー性皮膚炎悪化因子となっているためと筆者は考えている。

（渡辺和彦）

■文献

有沢祥子 , 2002, アトピーが消えた、亜鉛で治った , 主婦の友社.

有沢祥子 , 2011, アトピー性皮膚炎の亜鉛補充療法. 亜鉛栄養治療 , 1:72-77.

Arisawa, T., Arisawa, S., Yokoi, T., Kuroda, M.,Hirata,I. and Nakano, H., 2007, Endoscopic and histological features of the large intestine in patients with atopic dermatitis. *J. Clin. Biochem.* Nutr.,40:24-30.

千葉百子 , 篠原厚子 , 稲葉 裕 , 山城雄一郎 , 1998, 粉ミルク中の元素濃度. 日本小児科学会雑誌 , 102:6-15.

コープこうべ , 2012, 食品添加物自主使用基準（2012 年度改訂版）資料.

Hayashi, H., Yamashiro, K., Gotoh, N., Nakanishi, H., Nakata, I., Tsujikawa, A., Otani, A., Saito, M., Iida, T., Matsuo, K., Tajima, K., Yamada, R. and Yoshimura, N., 2010, CFH and ARMS2 variations in age-related macular degeneration, polypoidal choroidal vasculopathy,and retinal angiomatous proliferation. *Invest. Ophth. Vis. Sci.*, 51:5914-5919.

今井孝成 , 2011, 食物アレルギー用ミルクでの問題、乳児用特殊ミルク等の栄養素含有適正化に関するワークショップ－. 日本小児科学会報告 , 5-6（http://www.jpeds.or.jp/saisin/saisin_120509.pdf）

位田 忍 , 2011, フォローアップミルクでの問題点 , 乳児用特殊ミルク等の栄養素含有適正化に関するワークショップ－. 日本小児科学会報告 , 7-11.

石井智恵美 , 中村みどり , 1997, 製パン性に及ぼす食物繊維カラギーナンの影響. 文教大学教育学部紀要 , 31:23-33.

ジェトロ・ブリュッセル事務所 , 2014, EU における食品添加物に関する規制.

児玉雅彦 , 滝元 宏 , 宮沢篤生 , 中野有也 , 村瀬正彦 , 相澤まどか , 水野克己 , 板橋家頭夫 , 2012, 増粘多糖類（キサンタンガム）により糞便性イレウスをきたした超低出生体 重児の一例. 日本未熟児新生児学会雑誌 , 24:581-581.

日本小児アレルギー学会 , 2012, ミルクアレルギー児におけるビオチン欠乏症に関する注意喚起. 2012 年 2 月 22 日付重要なおしらせ（http://www.jspaci.jp/modules/important/index.php?page=article&storyid=7）

小倉香奈子 , 松田聡子 , 中村 敬 , 玉置昭治 , 叶多篤史 , 向井秀一 , 豊川晃弘 , 2004, 増粘多糖類アレルギーの関与が疑われる多臓器障害の 1 例. アレルギー , 53:902.

The Cornucopia Institute, 2013, Carrageenan: how a "Natural" food additive is making us sick. A report by The Cornucopia Institute（http://www.cornucopia.org/wp-content/uploads/2013/02/Carrageenan-Report1.pdf）

Tobacman, JK., Bhattacharyya, S., Borthakur, A. and Dudeja, P.K., 2008, The carrageenan diet：not recommended. *Science*, 321:1040-1041.

山城健児 , 2014, 加齢黄斑変性と亜鉛. 亜鉛栄養治療 , 4（2）:39-41.

＊＊＊＊＊＊＊＊＊＊＊＊＊＊＊＊＊＊＊＊＊＊＊＊＊＊＊＊＊＊＊＊

●本書刊行に寄せて〜日本のアトピー性皮膚炎〜

医療法人 愛星会 理事長

星ヶ丘皮フ科・七つ星皮フ科 医師　有沢 祥子

渡辺和彦氏とのご縁により、アトピー性皮膚炎の問題について農業関係の方々にも現状をお伝えしていただけることになりました。日本の未来が明るくなったように思い、心より感謝しております。

アトピー性皮膚炎における大きな問題は以下の2点です。

①亜鉛をはじめとする栄養の問題

日本人は微量元素が不足しています。特に亜鉛は皮膚の恒常性の維持や創傷治癒に大きく関与しています。積極的な投与で皮膚炎の改善がみられます。

②添加物の問題

増粘多糖類をはじめとして、様々な添加物が皮膚炎の悪化をきたします。農作物が育つための豊かな土壌に様々な微生物が存在するのと同様に、人体にも腸内細菌叢と皮膚の細菌叢があります。これらに大きな影響を及ぼすのが農薬や添加物です。アトピー性皮膚炎ではどちらの細菌叢も乱れていることが分かっています。

日本で古来より食されてきたお米や、日本国内で栽培される食物は素晴らしく貴重な財産です。諸外国と比べて日本人に異常に多いアトピー性皮膚炎の治療や健全な子供たちの成長のために、米の品種の検討や安全な食材の豊かな供給を願ってやみません。

＊＊＊＊＊＊＊＊＊＊＊＊＊＊＊＊＊＊＊＊＊＊＊＊＊＊＊＊＊＊＊＊

第13章 マグネシウムの植物と人での健康作用

　植物においても動物・人間においても、マグネシウムの重要性はほとんど忘れられていたと言っても過言ではない。植物の生育に窒素、リン、カリウムの三要素肥料とともに土壌 pH 調整に石灰（カルシウム）施用が必要であることまでは誰もが知っていることだが、苦土（マグネシウム）については誰も知らない。

　昔は土壌の pH 調整剤として苦土石灰が使用されていたので、まだマグネシウムが土壌に補給されることがあったのだが、近年の有機石灰ブームでカキ殻などがカルシウム剤として土壌に施用されるようになると、カキ殻にはほとんどマグネシウムが含まれていないこともあり、土壌中のマグネシウムは低下の一途である。

　人間においても、カルシウムの重要性ばかりが強調されマグネシウムは忘れ去られてきた。マグネシウムは穀物の表層部分や果実の外皮に多く含まれているが現代人は米を精米して食べることが多いし、果物、果実でも外皮部分は食べないことがほとんどである。海水を原料とする天日塩には多くのマグネシウムが含まれるが、イオン交換膜で製造された食塩ではマグネシウムを含まない。砂糖も同様である。粗糖はマグネシウムを含むが生成された砂糖はマグネシウムを含まない。見た目がきれいなだけでなく、不純物を含まないため加工食品では精製された塩や砂糖が使用されている。したがって日本人だけでなく、精製食品や加工食品の摂取が増えている先進国の住民の多くで、マグネシウム摂取量が必要量を大幅に下回っている。

　米国における食事からのマグネシウム摂取量の段階的減少は、20 世紀初頭

の 500 mg/ 日から始まり、今日ではわずかに 175 〜 225 mg/ 日となっている。全米科学アカデミーの調査結果では、大半の米国人がマグネシウム欠乏症であり、男性では推奨摂取日量の約 80%、女性に至っては平均 70% にとどまっている（ディーン, 2009）。このような傾向は日本でも同様である（渡辺ら, 2012）。

13.1　農業生産上のマグネシウムの重要性

　マグネシウムの植物体内での作用部位については、2010 年頃までの教科書では葉緑素のポルフィリン環の中心金属元素としてマグネシウムが保持されていることが強調され、光合成における重要な働きを示すだけだった。それが、Cakmak ら（1994）の研究や Hermans ら（2005）の研究によって大幅に更新された。すなわち、古くから窒素は葉肥、リンは実肥、カリウムは根肥といわれていたのだが、マグネシウムも根肥と言っても過言でないほどショ糖転流に関与していることが分かったのである。図 13.1 がその事例である。カリウムと同様、マグネシウムが欠如すると根の伸張が停止する。

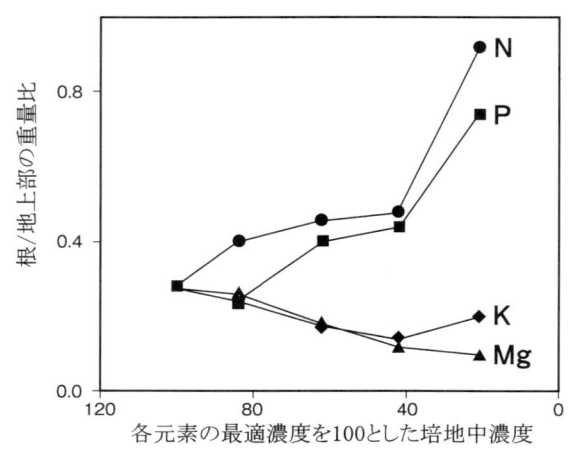

【図13.1】　各要素の濃度低下による根/地上部の重量比への影響
（出典）Mcdonald, et al. (1996)

2012年にドイツにおいて開催された第1回マグネシウム国際シンポジウムでの知見をとりまとめた文献（Cakmak, 2013）によると、マグネシウムは植物体内において、①師管へのショ糖搬入、②根、子実等シンクへのショ糖転流、③光合成、④各種酵素の活性化、⑤ATPの合成と利用、に関与するとされている。マグネシウムがショ糖の師管への転流に関与するのは図13.2に示す伴細胞においてである。光合成で生産されたデンプンはショ糖の形態で師管に入り根や生長点などのシンク器官に転流されるのだが、光合成器官から直接師管にショ糖が流入することはできないため、一度細胞外に出て、師管に隣接した伴細胞から入る。すでにショ糖が高濃度に溶け込んでいる伴細胞や師管の中に、濃度勾配に逆らって転流するためにはエネルギーが必要である。そこで、プロトンポンプがATP^{4}のエネルギーを使って伴細胞内のプロトン（H$^+$イオン）

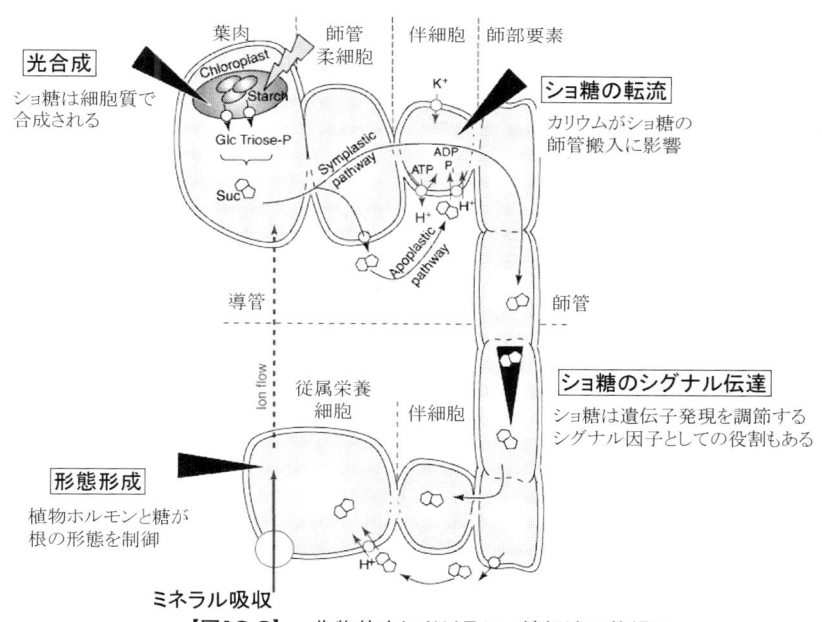

【図13.2】　作物体内におけるショ糖転流の仕組み
光合成でできたデンプンはショ糖の形態で師管に入るが、細胞内系路はほとんどなく、ショ糖はいったん細胞外に出て、伴細胞にあるショ糖トランスポーターから入る。
（出典）Hermans,et al.(2006)

を細胞外に出す。このとき ATP^{4-} は単独でなく、正確にはマグネシウム複合体 $[ATPMg]^{2-}$ として作用している。一つのプロトンを出すのに一つの ATP と一つの Mg が必要である。伴細胞内外にプロトン勾配ができ、ショ糖はプロトンとともにショ糖トランスポーターによって伴細胞内に入るのである。したがってマグネシウム欠乏では根に転流されるショ糖濃度が低下し、図 13.1 のように根が生育しない結果になる。カリウムと同様、マグネシウムを根肥といってもよい理由が分かると思う。

　カリウムについては、Mengel and Harder（1997）が行った植物の培地中カリウム濃度処理実験により、低カリウム下では師管液中のショ糖濃度は低下しないが、師管液量そのものが半減することが確認されている。カリウムは師管液中に通常 2800 〜 4400 mg/L と高濃度存在し、高浸透圧を維持し、圧流形成をしている。すなわちカリウム不足では師管液そのものが十分流れなくなるため根が生育しないのである。

13.2　実際農業上の光障害

　実際農業上、作物が肥料成分の多少によって、光障害を受ける場合があることを筆者が知ったのは、1978 年 5 月のことである。その頃、イネにリン酸肥料を施肥する際に、田植機による省力施肥法として育苗箱への施用が試みられた。過リン酸石灰や熔成リン肥で試験されたが、いずれも育苗箱にリン酸肥料を多量混合すると暗所では図 13.3 の左のように葉先が褐変し、明所に出すと右のように葉先が白化する。もちろん、水溶性リンの多い過リン酸石灰のほうが障害が強く出る（渡辺 , 2010）。当時、イネ稚苗のリン酸過剰障害に関しては、富山県農業試験場がすでにリン酸施用量が窒素の 2 〜 3 倍になると顕著に障害が出るが、窒素を増施するとこうした症状は発症しないか軽減する旨を報告していた（新村ら , 1977）。しかし、光の影響については記述されていない。筆者にとっては光による作物の生理障害を現場で観察した最初の体験であり、強く印象に残っている。

【図13.3】 イネ育苗培土リン酸過剰施用の再現実験
明所は太陽下、暗所は寒冷紗被覆。明所で障害の激しいものは、葉の先端だけでなく、
下位から白化する。なおリン酸は窒素の3倍量以上加えている（渡辺和彦1978年撮影）。

【表13.1】 苦土施用と葉身褐変症状の発生とリン酸含有率

MgO (g/箱)	第1葉褐変発生率(%)		褐変発生時期(日後)		P$_2$O$_5$含有率(%)	
	過石	重焼リン	過石	重焼リン	過石	重焼リン
0	90	63	21	24	2.35	1.95
1	70	35	21	28	2.46	1.83
2	30	20	25	28	2.68	1.84
5	0	3		30	2.53	1.86

MgO (g/箱)	第1葉褐変発生率(%)		褐変発生時期(日後)	
	10P	5P	10P	5P
0	40	5	15	17
1	28	5	15	18
2	23	0	20	
5	0	0		

（注）5P、10Pとは過リン酸石灰でP$_2$O$_5$で箱当たり5g、10g施用。
（出典）渡部ら（1978）

　リン酸過剰による明所での白化現象に興味を持った筆者は、その後、以下の
実験を行った。シャーレに各種溶液を入れ、トマトの葉を浮かべて、明暗処理
を1日だけ行ったところ、リンの高濃度液処理では明所で障害を受けやすいこ
とを再現し確認した。しかし、マグネシウム溶液に浸した葉は白化していなかっ
た。すなわち、マグネシウムには活性酸素による光障害から植物を保護する作
用があったのである。

　前記のイネ稚苗のリン過剰による障害発生にマグネシウム施用が有効である
ことは渡部ら（1978）がすでに報告している。表13.1の上は、過リン酸石灰

石あるいは重焼リンを育苗箱当たりリン酸（P_2O_5）で各 10 g 施用した結果を示している。下は過リン酸石灰（P_2O_5）を 10 g あるいは 5 g 施用し、それに苦土（MgO）を 1 〜 5g 施用したものだが、苦土の施用量が増加するにつれ、葉のリン酸含有率には差がないのに、障害発生率が低下していることを示している。

13.3　マグネシウムは活性酸素発生を抑制する

植物は各種要素欠乏で葉にクロロシス（黄化・白化）を生じるが、これに光強度が関係することは 1989 年に最初に報告され（Marschner and Cakmak, 1989）、そのメカニズムも図 13.4、13.5 のように明らかになっている。先述したように、マグネシウム欠乏下では光合成でできたデンプンがショ糖の形態で師管から根や生長器官などのシンクへ転流する量が低下するため、光エネルギーを利用する光合成系が阻害され活性酸素が生じる（図 13.4）。図 13.5 は亜鉛欠乏を例にクロロシスを生じるメカニズムを示したものである。活性酸素消去系の主酵素である SOD 活性が亜鉛欠乏下では低下するため、水酸化ラジカ

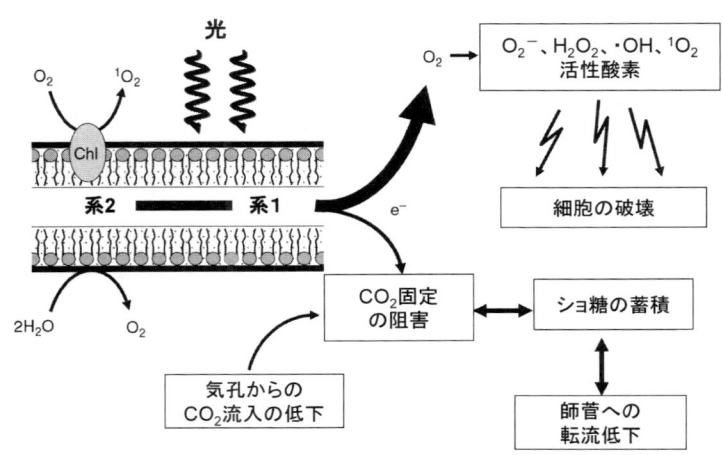

【図13.4】　Mg欠乏で活性酸素が発生する仕組み
（出典）Cakmak and Ernest (2008)

ルが生じやすくなり細胞膜を構成する脂質に脂質過酸化反応が生じ、クロロシスが生じる（Marschner, 1995）。マグネシウムは光による葉の白化抑制に効果があり、白化に関係する過酸化脂質や、水酸化ラジカル、活性酸素消去系で働く関連物質を測定したデータ（表13.2）も海外ですでに発表されている（Kiss, et al., 2003）。表13.2のデータも図13.5をみると理解しやすいと思う。活性酸

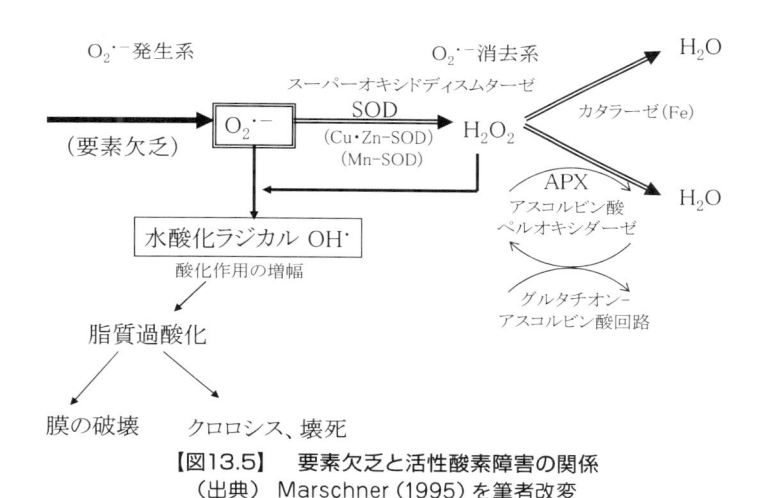

【図13.5】　要素欠乏と活性酸素障害の関係
（出典）Marschner (1995) を筆者改変

【表13.2】　コムギ幼植物（a）およびトウモロコシ幼植物（b）へのマグネシウムの影響

(a)

測定項目	無処理	0.1%MgSO$_4$・7H$_2$O添加	同左比(%)
タンパク質[mg/g]	11.66	12.12	+3
過酸化脂質(LPO)[nM MDA/mg]	6.7	5.5	−15
水酸化ラジカル(OH・)[nM MDA/mg]	47.4	43.1	−12
FRAP値[μM Fe(II)/L]	532	472	−30

(b)

測定項目	無処理	1%MgSO$_4$・7H$_2$O添加	同左比(%)
タンパク質[mg/g]	23.25	24.79	+6.6
過酸化脂質(LPO)[nM MDA/mg]	3.75	2.08	−45.0
水酸化ラジカル(OH・)[nM MDA/mg]	34.5	18.5	−46.0
グルタチオン(GSH)[mM/mg/10^{-2}]	5.67	2.55	−55.0
カタラーゼ(Catalase)[E/mg/10^{-4}]	0.972	0.316	−67.0
FRAP値[μM Fe(II)/L]	266	200	−25.0

（注）FRAPはFe(III)の還元能を用いた抗酸化能測定法。MDAはマロンジアルデヒドの略。蛍光物質で過酸化脂質などの測定に用いられる。
（出典）Kiss, et al. (2003)

素の発生時に細胞を破壊する水酸化ラジカルや過酸化脂質の発生量が、マグネシウム添加により低下している。

なお、活性酸素が人間の各種病害発生に関与していること（大柳 , 1981）、マグネシウム不足が動物での活性酸素発生を助長すること（Stafford, et al., 1993；Kramer, et al., 1994）、マグネシウム投与で動物でも活性酸素発生が抑制されること（Garcia, et al., 1998）を伝える報告などもある。

13.4　マグネシウムは人間の各種病害発生を抑制する

マグネシウムが人間の各種病害抑制に効果のあることは古くから知られている。その最初のきっかけは、土壌肥料学者である小林 純 氏の発見である。小林氏は日本各地の河川の水質と疾病の関係を調べ、水が酸性の地域（東北、北陸、南九州）はアルカリ性の地域に比べ脳卒中死亡率が高いことを報告した（小林 , 1971）。水のアルカリ度は水中に含まれるカルシウムとマグネシウムの量にほぼ比例し、アルカリ度の高い水は硬水である。その英文論文を来日していた世界的に著名なシュレイダー博士に説明したところ、シュレイダー博士は興味を示し、米国 50 州の飲料水中の硬度と、循環器疾患年齢調整死亡率との負の相関関係を明らかにした。その後、硬水の主成分であるマグネシウムが循環器疾患の発症に関連していることが明らかになった（渡辺 , 2011）。今ではマグネシウム摂取不足はインシュリン抵抗性、高血圧、脂質異常症、糖尿病、メタボリックシンドローム、心血管疾患などと関連が深いことが明らかとなっている（Bo and Pisu, 2008）。東京慈恵会医科大学の横田邦信氏は『マグネシウム健康読本』を出版し、一般向けに、人間の健康にいかにマグネシウムが重要であるかをやさしく解説しているが、がん増殖抑制効果までは説明していない（横田 , 2006）。

マグネシウムのがん抑制効果は世界的にもほとんど研究されていなかったが、近年では国立がん研究センターによる 8 年間の追跡調査の結果、マグネシウム摂取量の多い男性は大腸がん発生率が低いと報告されている（Ma, et al.,

2010)。また米国でも 28 年間の長期追跡調査により、マグネシウム摂取量の多い女性は大腸がんのリスクが低下すると報告されている（Zhang, et al., 2012）。

　金沢医科大学でがん研究を長年された後、現在は岐阜市民病院におられる田中卓二氏らが 2013 年にすばらしい研究成果を発表した（Kuno, et al., 2012）。詳しくは第 3 章に記載されているため省くが、なぜマグネシウムががんまでをも抑制するか筆者には不思議だった。そこで当時は、次項で説明するように、マグネシウムが多くの酵素群の活性化に関与していることが、その理由だろうと考えていた。

13.5　マグネシウムは多くの酵素群の活性化に 関与している

　マグネシウムの働きをここでは大局的観点からみてみよう。生体内の DNA 合成、分解系のみならずほとんどの物質代謝は各種酵素の働きによる。各酵素は国際生化学連合（現 国際生化学分子生物学連合）の酵素委員会によって 1961 年以降、「反応特異性」と「基質特異性」の違いによって EC 番号（酵素番号、enzyme commission numbers）で大きく 6 種類に分類されている。す

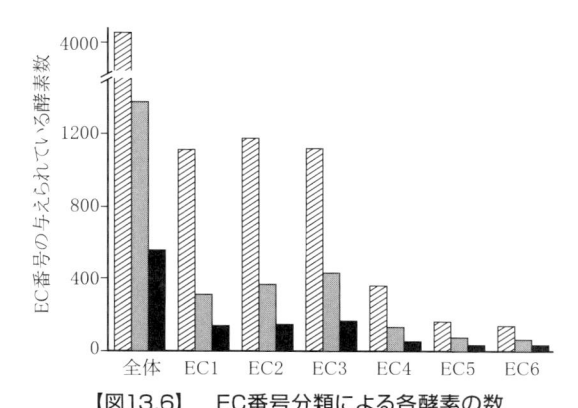

【図13.6】　EC番号分類による各酵素の数
斜線は既知（全体で4066）、灰色は構造未決定（全体で1371）、黒は構造も関連金属元素も未知（全体で558）のもの。（出典）Andreini, et al. (2008)

なわち、EC1：酸化還元酵素、EC2：転移酵素、EC3：加水分解酵素、EC4：除去付加酵素（リアーゼ）、EC5：異性化酵素、EC6：合成酵素（リガーゼ）である。EC 番号の与えられている酵素は図 13.6 に示すように、Andreini ら（2008）によると全体で 5995 個あり、そのうち立体構造も明らかになっているものが 4066 ある。各 EC 番号別に補因子として無機元素を必要とする割合を図 13.7 に、各元素ごとの酵素数を図 13.8 に示す。EC1 の酸化還元酵素では鉄が、

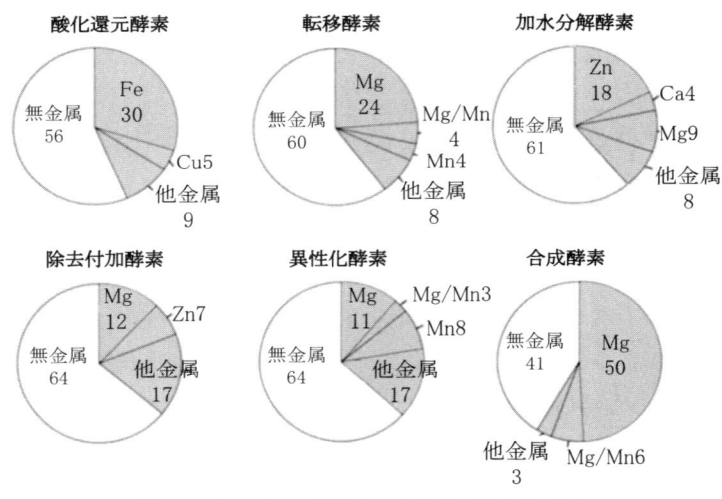

【図13.7】　各EC番号内の主たる元素割合 (%)

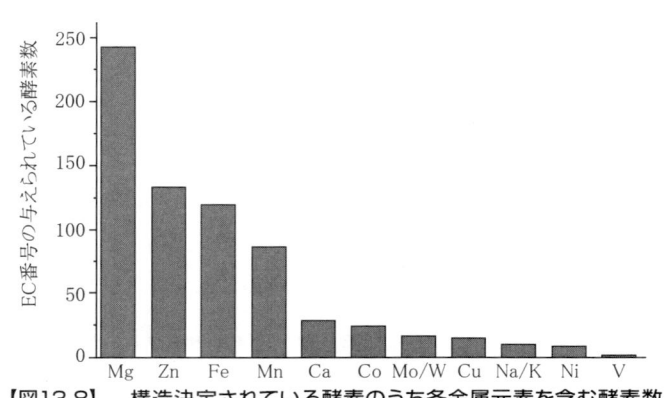

【図13.8】　構造決定されている酵素のうち各金属元素を含む酵素数

EC3 の加水分解酵素では亜鉛を含む酵素が多いが、その他の EC 群はマグネシウムを必要とする酵素が最も多い（図 13.8）。がんの増殖抑制には各種修復酵素の活動が必要であるが、それには EC2 の転移酵素や EC4 の除去付加酵素も必要で、特に EC6 の合成酵素の活動も必須である。合成酵素の 50% 以上はマグネシウムを必須とする。物質の合成にはエネルギー源として ATP を伴うことが多いが、これは、ATP の 90% はマグネシウムとの複合体でないと活性化しないためである。

　前述の大腸がん増殖抑制にマグネシウムの効果が認められたのは、各種 DNA 修復酵素群にマグネシウムが関与しているためと推察できる。

　酵素の 3 分の 1 は金属タンパク質であるが、その酵素に関係する金属を多い順に並べたのが図 13.8 である。マグネシウム、亜鉛、鉄、マンガンの順だが、マグネシウムが他の元素に比較して群を抜いて多い。無機元素のうちでもマグネシウムは生体反応に重要な役割をする酵素活性に必要とする酵素が多い。人間のマグネシウムの欠乏障害が多岐にわたるのもそのためである。酵素反応低下を考える場合、マグネシウムは忘れてはならない、最も大切な元素である。

13.6　マグネシウムはアディポネクチンを産生する

　前項で、マグネシウムの重要性は分かったが、筆者にはなぜマグネシウムががんまでも抑制するかがまだ分からなかった。ところが、アディポネクチンの働きを知り疑問が氷解したのである。アディポネクチンをキーワードに設定して検索すると多くの論文が出てくる。表 13.3、13.4 にその例を示す。

　血液中アディポネクチン濃度が高い人は表 13.3、13.4 とも共通してマグネシウム摂取量が多い。表 13.4（b）は、食物繊維のうちでも野菜、果物でなく、穀物の食物繊維が「アディポネクチン」濃度を上げることを明らかにしている。穀物の食物繊維にはケイ素が多く含まれている。表 13.4 はハーバード大学の研究である。フラミンガム子孫研究（米国で行われているコホート研究）では 2002 年にケイ素についてのデータベースを作っているのだが（Jugdaohsingh,

【表13.3】　２型糖尿病患者（マレーシア：305名）の各種調査項目と血漿中アディポネクチン濃度の関係

項目	r[*1]	p値
エネルギー摂取量	-0.16	0.004[*2]
炭水化物摂取量	-0.20	<0.001[*2]
タンパク質摂取量	-0.37	0.52
脂質摂取量	0.14	0.016[*2]
食物繊維摂取量	-0.23	<0.001[*3]
マグネシウム摂取量	-0.13	0.020[*2]
グリセミック指数	-0.35	<0.001[*3]
グリセミック負荷	-0.36	<0.001[*3]
空腹時血糖値(mmol/L)	-0.07	0.182
HbA1c (%)	-0.24	<0.001[*3]
総コレステロール (mmol/L)	-0.03	0.581
中性脂肪 (mmol/L)	-0.38	<0.001[*3]
HDLコレステロール (mmol/L)	-0.39	<0.001[*3]
LDLコレステロール (mmol/L)	-0.04	0.526

*1：rの－は負の相関、他は正の相関。*2：p＜0.05。*3：p＜0.001。
（出典）Loh, et al. (2013)

【表13.4】　各種要因の血漿中アディポネクチン濃度への影響
(a) 炭水化物摂取量、グリセミック指数（GI値）、グリセミック負荷量、
(b) 摂取 食物繊維の種類とマグネシウム摂取量

(a)

項目	P-値			
	補正1	補正2	補正3	補正4
炭水化物	0.231	0.242	0.253	0.613
GI値	0.046	0.015	0.005	0.028
グリセミック負荷	0.144	0.067	0.004	0.006

(b)

項目	P-値			
	補正1	補正2	補正3	補正4
全食物繊維	0.320	0.483	0.122	0.866
穀物の食物繊維	0.006	0.043	0.003	0.063
野菜の食物繊維	0.673	0.663	0.417	0.193
果物の食物繊維	0.979	0.849	0.280	0.888
マグネシウム	0.003	0.011	0.042	

（注）２型糖尿病患者（米国人女性：780名）を対象とした調査。p-値については第9章の表9.1を参照。値が小さいほど統計的に有意。補正1：年齢。補正2：上記＋BMI、喫煙、飲酒、運動、アスピリン使用、HbA1c、高血圧、高コレステロール。補正3：上記＋各種食事因子（総エネルギー摂取量、グリセリック負荷、全食物繊維量）。補正4：上記＋マグネシウム摂取量。
（出典）Qi, et al.(2005)

et al., 2002)、ハーバード大学の 2005 年のデータではケイ素について検討していないことが気になる。

　もちろん、炭水化物摂取量が多いと血液中アディポネクチン濃度は低くなる。特に表 13.4（a）に示すように血糖値を上げやすいグリセミック指数（GI 値）や GI 値に炭水化物量をかけたグリセミック負荷量が多いと、血液中のアディポネクチン濃度が低くなる。

　血液分析値の関係では、アディポネクチン濃度が低い人はヘモグロビン A1c の値や中性脂肪値が高い。アディポネクチンは糖尿病との関連が非常に大きいことが、これらの表から理解できる。

13.7　マグネシウムのがん増殖抑制メカニズム

　マグネシウムがアディポネクチンを増やし、アディポネクチンががん増殖を抑制するとの事実さえ分かっていれば、キーワードをアルファベット入力することにより、多くの論文にたどりつくことができる。例えば、Kim ら（2010）は詳しい大腸がん抑制メカニズムを実験し、図13.9のように示している。アディ

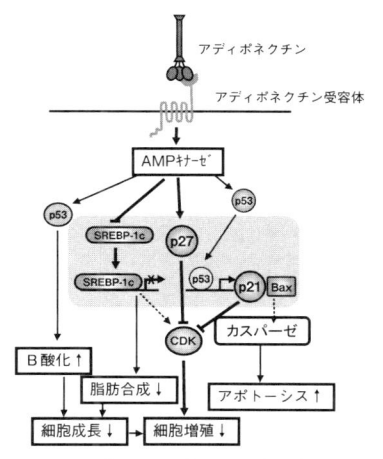

P53遺伝子はがん抑制遺伝子。p53遺伝子が変異しているとがんを発症しやすい。P21、p27遺伝子はCDKの作用を阻害。Baxはアポトーシス促進遺伝子。CDKは細胞周期の進行を制御している。カスパーゼは細胞にアポトーシス（細胞死）を起こさせるシグナル伝達経路を構成する一群のタンパク質分解酵素。Accは脂肪酸合成初期酵素。SREBP-1cは脂肪合成転写因子。β酸化は脂肪酸代謝の重要な一つの段階。

太線は強く作用する。細線は弱める。⊥は停止記号。語句の右の↑は増加、↓は低下を示す。例えば、AMPキナーゼは、ACC（アシルCoAカルボキシラーゼ）酵素活性を抑制することにより、より多くの脂肪酸がミトコンドリアに流入し、脂肪酸のβ酸化が亢進する。このことは、肥満防止に関しても、がん細胞成長抑制にエネルギー供給源の低下として、重要な意味がある。

【図13.9】　アディポネクチンによる大腸がん抑制メカニズム
（出典）　Kim, et al.(2010)

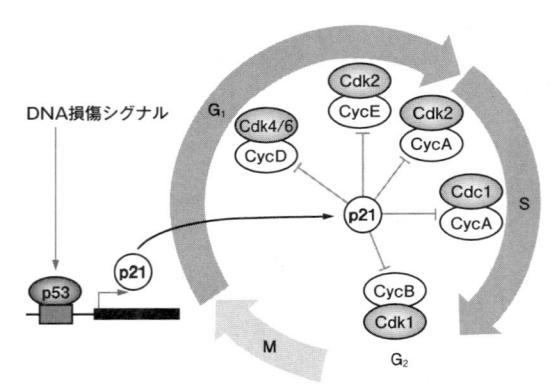

【図13.10】　P53は、がん抑制遺伝子で、P21が細胞周期を停止させ
　　　　　　　異常細胞をアポトーシスさせる

サイクリン（CycA〜CycE）とCdcキナーゼ（Cdk1、cdk2、cdk4/6）が細胞周期を動かしている。G1期はDNA複製開始までの準備期。S期はDNAが複製されて2倍になるDNA複製期。G2期は分裂開始までの分裂準備期。M期は核分裂がみられる分裂期。
（出典）松永雅美氏（昭和大学）の講義資料より。

ポネクチンが AMP キナーゼを活性化し、p53 がん抑制遺伝子（ｐはタンパク質の意味、分子量 5 万 3000 のタンパク質を作る）を活性化し、p21、p27 遺伝子が細胞周期を動かしている CDK（細胞周期を移行させるためのエンジンとして働くタンパク質のサイクリン依存性キナーゼ）の働きを停止させ、図の右下のようにカスパーゼを活性化して、がん細胞をアポトーシス（細胞死）させている。

　この p21 が細胞周期を停止する様子は現在の大学 2 年生程度の生物の教科書に出ている。図 13.10 を参考にみてほしい。細胞周期については高校時代の生物で習ったことを思い出してほしい。長寿ホルモンの多い正常な生体であれば、細胞周期の初期段階から、異常な DNA 複製をしたものをチェックし修復したり、修復不可能であれば、細胞周期が最後まで回らないうちに停止させる力が働いたりして、がん細胞が増殖しないように守ってくれている。

（渡辺和彦）

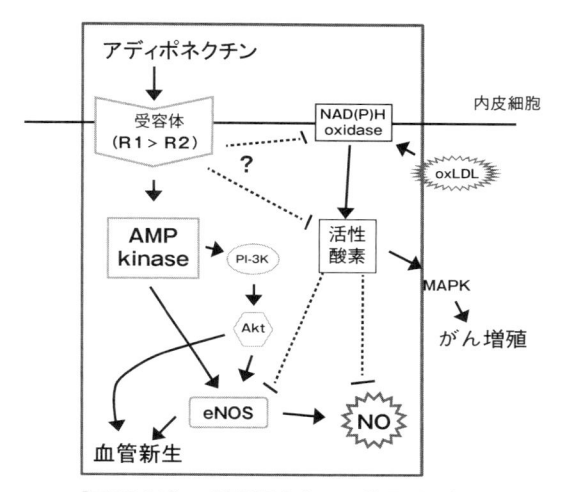

【図13.11】　循環器疾患への効果発現経路

eNOSは内皮性一酸化窒素（NO）合成酵素で，血管新生とともにNOを発生し血管内の平滑筋を弛緩し，血流をよくするなど，非常に良い働きをする。近年は各種酵素などにも結合して活性化しミトコンドリアを増殖したり，ATP合成を効率化したり，酸化障害からの保護作用もあることが知られている。P1-3KとAktはホスファチジルイノシトール3-キナーゼ-Akt経路といわれ、血管新生に関与するシグナル伝達系。oxLDL:酸化低比重リポタンパク質。LDLは血管内でコレステロールの輸送を担っている。MAPK:分裂促進因子活性化タンパク質キナーゼ。Goldstein and Scalia（2004）をもとに作図。

■文献

Andreini, C., Bertini, I., Cavallaro, G., Holliday, G.L., Thornton, J.M., 2008, Metal ions in biological catalysis: from enzyme databases to general principles. *J. Biol. Inorg. Chem.*, 13:1205-1218.

Bo, S. and Pisu, E., 2008, Role of dietary magnesium in cardiovascular diseases prevention, insulin sensitivity and diabetes. *Curr. Opin. Lipid.*, 19:50-56.

Cakmak, I., 2013, Magnesium in crop production, food quality and human health. *Plant Soil*, 368:1-4.

Cakmak, I. and Ernest, A.K., 2008, Role of magnesium in carbon partitioning and alleviating photooxidative damage. *Physiol. Plant.*,133:692-704.

Cakmak, I., Hengeler, C. and Marschner, H., 1994, Changes in phloem export of sucrose in leaves in response to phosphorus, potassium and magnesium deficiency in bean plants. *J. Exp. Bot.*, 45:1251-1257.

ディーン，キャロリン（藤野 薫 訳，奥村崇升 監修）2009, 奇跡のマグネシウム，熊本出版文化会館

Garcia, L.A., Dejong, S.C., Martin, S.M., Smith, R.S., Buettner, G.R. and Kerber, R.E.,1998, Magnesium reduces free radicals in an in vivo coronary occlusion- reperfusion model. *J.*

Am. Coll. Cardiol., 32:536-539.

Goldstein, B.J., and Scalia. S., 2004, Adiponectin: A Novel adipokine linking adipocytes and vascular function. *J. Clin. Endocrinol. Metab.*, 89:2563-2568.

Hermans, C., Bourgis, F., Faucher, M., Strasser, R.J., Delrot, S. and Verbruggen, N., 2005, Magnesium deficiency in sugar beet alters sugar partitioning and phloem loading in young mature leaves. *Planta.*, 220:541-549.

Hermans, C., Hammond, J.P., White, P.J. and Verbruggen, N., 2006, How do plants respond to nutrient shortage by biomass allocation? *Trends Plant Sci.*, 11:610 -617.

Jugdaohsingh, R., Anderson, S.H., Tucker, K.L., Elliott, H., Kiel, D.P., Thompson, R.P. and Powell, J.J., 2002, Dietary silicon intake and absorption. *Am. J. Clin. Nutr.*, 75:887-893.

Kim, A.Y., Lee, Y.S., Kim, K.H., Lee, J.H., Lee, H.K., Jang, S.H., Kim, S.E., Lee, G.Y., Lee, J.W., Jung, S.A., Chung, H.Y. and Jeong, S., 2010, Adiponectin represses colon cancer cell proliferation via adipo R1- and -R2-mediated AMPK activation. *Mol. Endocrinol.*, 24:1441-1452.

Kiss, S.A., Varga, I.S., Galbacs, Z., Maria, T.H. and Anna, C.S., 2003, Effect of age and magnesium supply on the free radical and anti-oxidant content of plants. *Acta Biol. Szegediensis*, 47:127-130.

小林 純, 1971, 水の健康診断, 岩波書店.

Kramer, J.H., Misik, V. and Waglicki, W.B., 1994, Magnesium deficiency potentiates free radical production associated with postischemic injury to rat hearts: vitamin E affords protection. *Free Radical Biol. Med.*, 16:713-723.

Kuno, T., Hatano, Y., Tomita, H., Hara, A., Hirose, Y., Hirata, A., Mori, H., Terasaki, M., Masuda, S. and Tanaka, T., 2012, Organomagnesium suppresses inflammation-associated colon carcinogenesis in male Crj: CD-1mice. *Carcinogenesis*, 34:361-369.

Loh, B., Sathyasuryan, D.R. and Mohamed, H.J., 2013, Plasma adiponectin concentrations are associated with dietary glycemic index in Malaysian patients with type 2 diabetes. *Asia Pac. J. Clin. Nutr.*, 22:241-248.

Ma, E., Sasazuki, S., Inoue, M., Iwasaki, M., Sawada, N., Takachi, R., Tsugane, S., and for the Japan Public Health Center-based Prospective Study Group, 2010, High dietary intake of magnesium may decrease risk of colorectal cancer in Japanese men. *J. Nutr.*, 140:779-785.

Marschner, H., 1995, Mineral Nutrition of Higher Plants, 2nd ed., Academic Press.

Marschner, H. and Cakmak, I., 1989, High light iIntensity enhances chlorosis and necrosis in leaves of zinc, potassium, and gagnesium deficient bean (Phaseolus vulgaris) plants. *J. Plant Physiol.*, 134:308-315.

McDonald, A.J., Ericsson, T. and Larsson, C.M., 1996, Plant nutrition, dry matter gain and partitioning at the whole-plant level. *J. Exp. Bot.*, 47:1245-1253.

Mengel, K. and Harder, H.E., 1977, Effect of potassium supply on the rate of phloem sap exudation and the composition of phloem sap of Ricinus communis. *Plant Physiol.*, 59:282-284.

大柳喜彦, 1981, スーパーオキシドと医学, 共立出版.

Qi, L., Rimm, E., Liu, S., Rifai, N. and Hu, FB., 2005, Dietary glycemic index, glycemic load, cereal fiber, and plasma adiponectin concentration in diabetic men. *Diabetes Care*, 28:1022-1028.

新村善男, 前田 和, 岡山清司, 久津那浩三, 1977, 水稲稚苗の育苗時における褐変葉の発生について（第1報）褐変葉の発生条件について. 日本土壌肥料学会誌, 48:53-58.

Stafford, R.E., Mak, I.T., Kramer, J.H. and Weglicki, W.B., 1993, Protein oxidation in magnesium deficient rat brains and kidneys. *Biochem. Biophys. Res. Commun.*, 196:596-600.

Tanaka, T., Shinoda, T., Yoshimi, N., Niwa, K., Iwata, H. and Mori, H., 1989, Inhibitory effect of magnesium hydroxide on methylazoxvmethanol acetate-induced large bowel carcinogenesis in mail F344rats. *Carcinogenesis*, 10:613-616.

渡部幸一郎，東海林覚，吉田 昭,1978,稚苗育苗時における無機成分の施用と葉身褐変症状の発生．東北農業研究, 23:7-8.

渡辺和彦，2010,わかりやすい園芸作物の栄養診断の手引き，誠文堂新光社.

渡辺和彦，2011,ミネラルの働きと人間の健康，農山漁村文化協会.

渡辺和彦，後藤逸男，小川吉雄，六本木和夫，2012,土と施肥の新知識，農山漁村文化協会.

横田邦信，2006,マグネシウム健康読本，現代書林.

Zhang, X., Giovannucci, E.L., Wu, K., Smith-Warner, S.A., Fuchs, C.S., Pollak, M., Willett, W.C. and Ma, J., 2012, Magnesium intake, plasma C-peptide, and colorectal cancer incidence in US women: a28-year follow-up study. British Journal of Cancer advance online publication,13 March; doi:10.1038/bjc.. 76.

第14章

骨はケイ素が作る
——カルシウム、カリウム、リン過剰は腎障害者の寿命を縮める

14.1　疫学調査データを素直にみてみよう

　成人の骨を丈夫にするのはカルシウムだろうか？　ケイ素が人間の骨形成に関与していることが世界的にも明確になったのは、フラミンガム子孫研究の発表（Jugdaohsingh, et al., 2004）以降である。ここでは、まずケイ素の重要性が明らかになる以前の論文をみてみよう。

　スコットランド北東部の都市アバディーンで 1990 ～ 1992 年の 3 年間、骨粗しょう症スクリーニングプログラム参加者 3000 人を対象に精密な食事調査と、当時としては最新の骨密度測定法*による大規模な疫学研究がなされている（New, et al., 1997）。

　New ら（1997）の研究においては、3000 人の中から閉経周辺期の人や、骨代謝に影響を与える薬を飲んでいる人を除外した 45 ～ 49 歳の閉経前の女性 1230 人を研究対象としている。表 14.1 はその結果の一部だが、エネルギー摂取量、年齢、体重、喫煙の影響を除外した偏相関係数では、カルシウムの摂取量は有意ではなくなっている。

　偏相関係数で有意性が認められた栄養素はカリウム、マグネシウム、ビタミン C とアルコール飲料で、このうち前記三つのデータを図 14.1 に示す。

　カリウムとマグネシウムは摂取量の多いほど、骨が丈夫になる。カリウムや

＊：DXA 法。エネルギーの低い 2 種類の X 線を利用して骨密度を測定する。腰椎や大腿骨近位部の骨密度を正確に計測できる。現代では一般的な測定法。

【表14.1】 各種食事成分と腰椎骨密度の関係

成　　分	相関係数	偏相関係数[*1]
エネルギー(kj)	0.02	
タンパク質(g)	0.03	
カルシウム(mg)	0.06 [*2]	0.03
繊維(g)	0.08 [*3]	0.03
カリウム(mg)	0.11 [*4]	0.07 [*2]
マグネシウム(mg)	0.10 [*4]	0.06 [*2]
亜鉛(mg)	0.05	
ビタミンC(mg)	0.10 [*4]	0.07 [*2]
アルコール(g)	0.11 [*4]	0.08 [*3]

（注）スコットランドで1990〜1992年に実施された骨粗しょう症スクリーニングプログラム参加者、45〜49歳の閉経前女性994名を対象にとりまとめた。統計におけるp値については、第9章の表9.1の注を参照。
*1：エネルギー摂取量、年齢、体重、喫煙等の影響を補正して計算。*2：P＜0.05。*3：P＜0.01。
*4：P＜0.001。（出典）New, et al. (1997)

マグネシウムは、野菜、果物に多く含まれている。特に果物、果実のカリウムは、穀物に含まれるカリウムと異なり、クエン酸、リンゴ酸などの有機酸と結合しており、これらは代謝されると炭酸水素塩となるため体液をアルカリ化する。一方で、塩化物であるカリウムは体液を酸性化する。骨のカルシウムは、体液を中性化するために溶出しやすく、塩基バランスと骨密度とは深い関係があると考えられている（Bruulsema, et al., 2012）。マグネシウムは第13章で説明したようにATPを必要とする酵素系に多く関与している。すなわち成人女性では、カルシウム以上にカリウムやマグネシウムの多い食品が骨密度形成に大きく関与しているのである。

　ビタミンCで有意性が認められたのは、コラーゲン合成に必要なためである。骨はカルシウムとリンでできている。建物にたとえると、コラーゲンが柱で、カルシウムとリンはセメントのようなものである。柱は重要である。

　図14.1bでは②と③で、cでは①と②で大きな段差が認められる。これは骨形成に必要な閾値がこの間にあることを示している。すなわちマグネシウムやビタミンCは、骨密度上昇に一定量以上が必須なのである。表14.1に示す亜鉛もこのような傾向にあったそうだ。なお図14.1の注に記載したが、ビタミンCの過剰摂取は逆に骨密度低下に働き、よくない。

　骨形成・維持に一定量のカルシウムが必要なのはもちろんのことであるが、

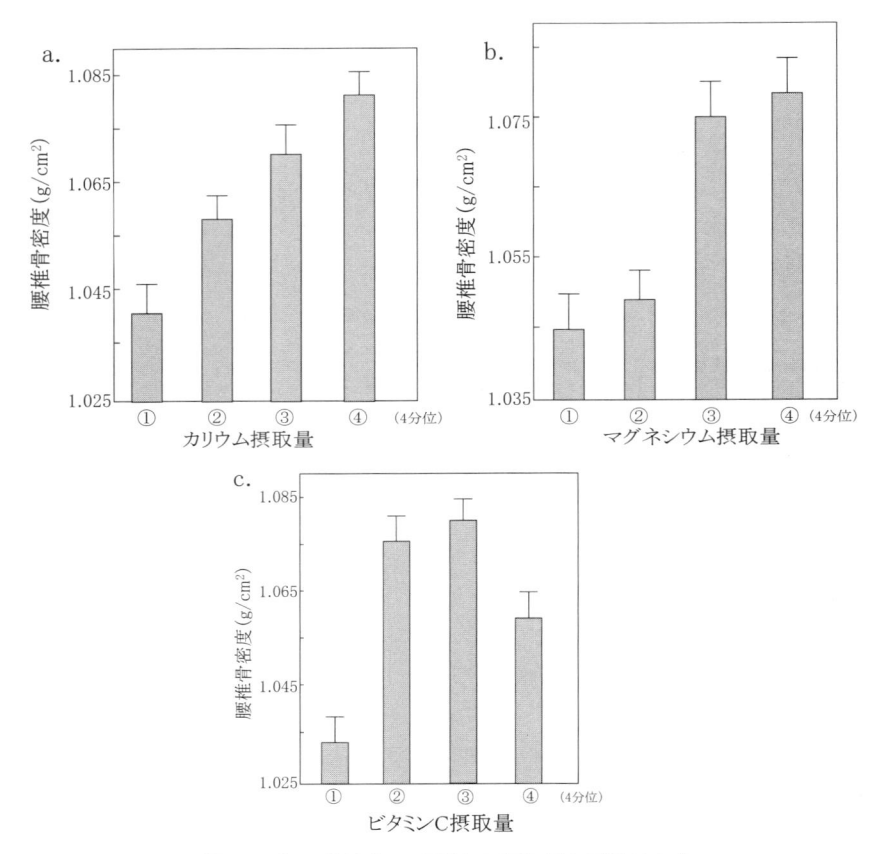

【図14.1】　栄養素の1日当たり摂取量と腰椎骨密度

a.このデータのカリウム平均摂取量は、3320mg／日。中央値3320mg/日、範囲475～6897mg/日を少ない順に①～④と4段階に分けている（4分位）。英国の女性19～50歳の基準摂取量は3500mg/日。なお、日本の女性30～49歳の目標量は2600mg/日、女性40～49歳の平均摂取量は1974mg／日。

b.このデータのマグネシウム摂取平均値は、311mg/日。中央値301mg/日、範囲109～638mg/日を4段階に分けている。英国の女性19～50歳の基準摂取量は270mg/日。なお、日本の女性30～49歳の推奨量は290mg/日、女性40～49歳の平均摂取量は214mg/日。

c.このデータのビタミンC摂取平均値は、126mg/日。中央値106mg/日、範囲16～1164mg/日を4段階に分けている。英国の女性19～50歳の基準摂取量は40mg／日。なお日本の女性30～49歳の推奨量は100mg/日。女性40～49歳の平均摂取量は79mg/日。1日1000mgもの摂取はよくない（日本の基準は2015年版の食事摂取基準、調査は平成24年報告による）。

（出典）New, et al.（1997）

幼児と異なり成人になると骨は分解と生成を同時に、ほぼ同量行っており、分解でできたカルシウムは大部分が再利用されるため、少量のカルシウム追加で事が足りるのである（170ページ参照）。こうした疫学調査からもカルシウム以上にカリウムやマグネシウム、ビタミンＣが大きく骨形成に関与していたことが分かる。

14.2　野菜、果物、ビール、ワインが骨を作る

　もう一つ、ケイ素の骨づくりへの関与が判明する以前の疫学調査結果（Tucker, et al., 2002）をみてみよう。

　1948年から始まっているフラミンガム研究では、1971年から子孫研究がスタートしており、骨密度測定を1988〜1989年に行っている。69〜93歳の907人についてデータを解析し、日常の食事の特徴を図14.2に示すように六つ

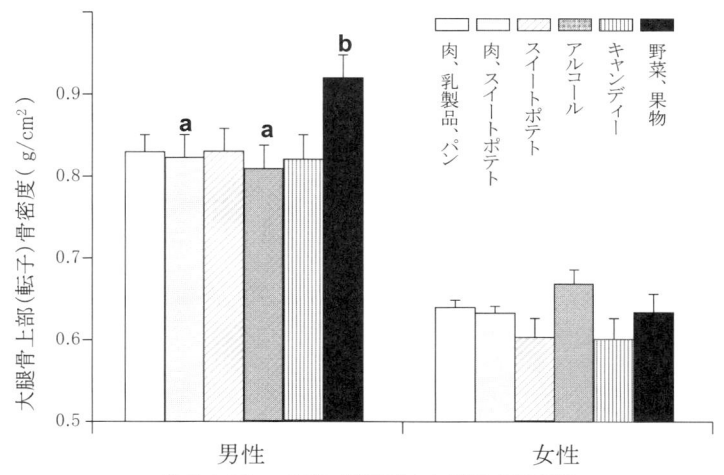

【図14.2】　食事・嗜好傾向と骨密度の関係

フラミンガム子孫研究、69歳〜93歳の907名。a, bは0.05％水準で有意差あり。骨密度は転子（大腿骨上部の突起）の例をここでは示した。解析データは, 身長, 年齢, エネルギー摂取量, 体力スコア, 喫煙, ビタミンDサプリメント, カルシウムサプリメントの影響を除去している。（出典）Tucker, et al.（2002）

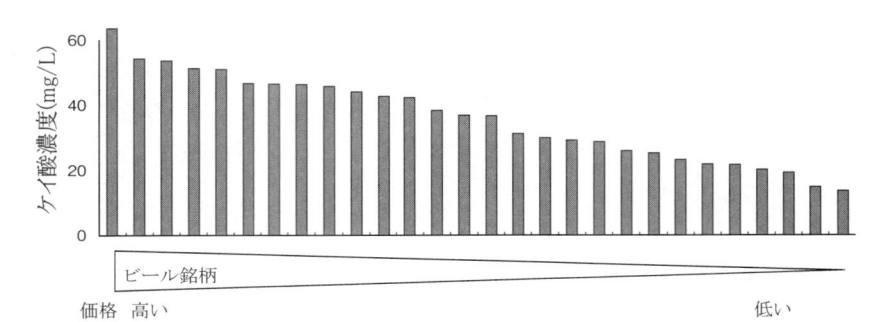

【図14.3】　日本の市販ビールに含まれるケイ酸（SiO₂）濃度
縦軸はSiO₂濃度で示されている。Si濃度に換算するには1/2.139にすればよい。
したがって、図の60mg/LはSiでは28mg/L＝1mMである。水でのオルトケイ酸
の飽和濃度は約2mMといわれている。英国のデータ（Powell et al. 2005）とも
ほぼ同じ値だった。（出典）　馬（原図）

に分類している。男性では野菜・果物摂取量の多い人の骨密度が高い。すなわ
ち、前記のカリウムやマグネシウム摂取量の高い人の骨密度が高いとの結果と
も符合する。女性では、アルコール飲料摂取量の多い人の骨密度が高い傾向が
ある。アルコール飲料が骨を丈夫にする理由は、後に分かったことだが、ビー
ルにはケイ素が多く含まれているからである。なおビール中のケイ素は原料の
麦芽に由来する。ワインには、閉経後女性の血液中女性ホルモン濃度を高く維
持するホウ素が多く含まれている。ホウ素については第15章で詳しく述べる。
女性ホルモンには破骨細胞の活動にブレーキをかける作用があり、骨密度維持
に大きな効果がある。

　図14.3は生物界におけるケイ素トランスポーターの存在を世界で最初に示
した馬 建鋒 氏のデータであるが、高級なビールほど、ケイ素を多く含む。近
年は発泡酒ももてはやされているが、発泡酒のケイ素含有率は低い。

　しかしよく考えてみると、日本の褐色火山性土を通過する河川水では、ケイ
酸（SiO₂）が 40 mg/L（Si で 18.7 mg/L）を超えるものが多い（水野・吉田，
1994）。その濃度は高級ビール以上に相当し、あえてビールを飲まなくとも身
近に山からのわき水が入手できれば、それだけで十分だということになる。自

然とともに暮らす生活の価値をここでも確認できたことが、時代遅れの筆者にはうれしい。

14.3 野菜のカルシウムは人体に吸収されやすい

　話題をカルシウムに戻そう。筆者自身、「牛乳のカルシウムは野菜のカルシウムより吸収率がよい」と誰かに教えられた知識を長年にわたり信じてきた。

　筆者は農家から作物の栄養診断を依頼されると、1983年に筆者自身が開発した「迅速養分テスト法」を今でもよく活用している（渡辺, 2002）。作物体のカルシウム測定には、試薬として1%の酢酸溶液にシュウ酸アンモニウムを4%溶解した溶液を用いる。作物の葉柄部分を2mm程度に小さくナイフやハサミで切り、試験管に5、6切れを入れ、2mLの蒸留水を加えて前記の試薬をスポイトで2滴入れる。カルシウムがあれば、不溶性のシュウ酸カルシウムが

【表14.2】　各種食品のCa可溶化率とCa含量など

	可溶化率 （%）	Ca含量 (mg/100g)	100g当たり 吸収量(mg)
ブロッコリー	61.3	0.493	0.302
チンゲンサイ	53.8	0.929	0.500
フルーツポンチ[*1]	52.0	1.250	0.650
ケール	49.3	0.718	0.354
カラシナ	40.2	2.494	1.003
菜花	39.6	2.812	1.113
牛乳	32.1	1.250	0.401
ヨーグルト	32.1	1.250	0.401
チェダーチーズ	32.1	7.214	2.316
チーズ食品	32.1	5.738	1.842
豆腐[*2]	31.0	2.048	0.635
ピントビーン	26.7	0.520	0.139
レッドビーン	24.4	0.235	0.057
サツマイモ	22.2	0.268	0.060
ホワイトビーン	21.8	1.027	0.224
ルバーブ[*3]	8.5	1.450	0.124
中華ホウレンソウ	8.4	4.082	0.341
ホウレンソウ	5.1	1.353	0.069

＊1：クエン酸、リンゴ酸のカルシウム塩添加物を含む。＊2：塩化カルシウム使用。
＊3：フキのように葉柄を食べる。英国では一般的な野菜。
（出典）Weaver, et al. (1999) より作成。

生成し白濁する。トマトやカーネーションの葉柄ではほとんどカルシウムは検出されないが、キャベツやハクサイなどの葉柄部分では強く白濁する。アブラナ科野菜は水溶性カルシウムを多く保持しているのである。

　水溶性カルシウムは、人間にもよく吸収利用される。Weaver ら（1999）のデータを表 14.2 に示す。ここではカルシウムの可溶化率の順に示した。カルシウム含量順に並べたり、100 g 当たり吸収量順に並べたりすることも可能であり、多くのことを考えさせてくれる。

14.4　なぜ成人のカルシウム必要量は それほど多くないのか

　平均的な日本人の成人男子（体重 65 kg）では、体内に約 1000 g（1 kg）のカルシウムが存在し、その 99％強が骨と歯に、残りの 1％弱が軟骨組織および体液中に含まれる。歯のカルシウムは再利用されないが、骨は絶えず破壊と形成を繰り返している。これをリモデリング（再構築）という。破壊を行うのは破骨細胞で、形成を司るのが骨芽細胞である。成人では約 3 年ですべての骨が作り替わる。出生時（新生児：体重約 3 kg）には体全体でわずか 30 g 含まれるにすぎないカルシウムが成人の 1000 g に達するまでは、骨形成が中心（骨形成期）で、1 日に必要とするカルシウム量は非常に多い。骨の成長期間を 30 年とすると、1 日当たり約 90 mg のカルシウムを毎日、骨に蓄積しなければならない。発育の最盛期（13 ～ 16 歳）には 350 mg/ 日にも達する。30 ～ 50 歳の間は骨のカルシウム量はほぼ一定であるが、50 歳を過ぎると 1 年間に平均 1％のカルシウムが失われる。80 歳以上の高齢女性では体内カルシウム蓄積量が成人女性の 60％以下になる（須田ら , 2007）。当然、子供と成人のカルシウム必要量は異なる。表 14.1、図 14.1、14.2 は成人の例である。

　図 14.4 の骨のところをみてほしい。成人の例だが、破骨細胞によって生じたカルシウム（図中の骨塩）は骨芽細胞によって多くが再利用される。「オートファジーの仕組みの解明」により 2016 年のノーベル生理学・医学賞を受賞

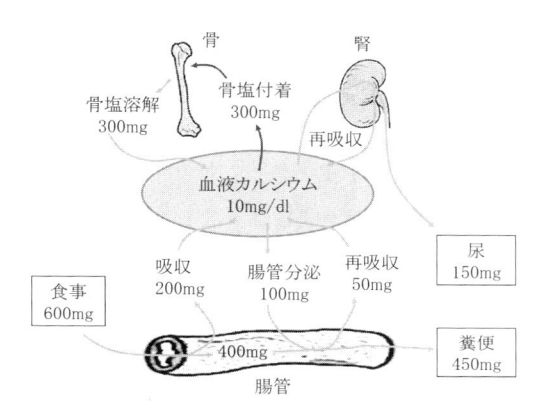

【図14.4】　　日本人男子の体内における1日のCaの動き
　（出典）　宇田川・須田（2005）を参考に作図。

した大隅良典氏の研究例を思い出してほしい。生物体は骨組織から生じたカルシウムやリンを再利用するのである。成人のカルシウム必要量が成長期と比べて少ないのは、このことが大きく関係している。

　図 14.4 ではカルシウム代謝調節ホルモンも非常に重要で、副甲状腺ホルモン（PTH）、活性型ビタミン D、カルシトニンが作用して血清中のカルシウム濃度を約 10 mg/dL に調整している。骨はそのカルシウムの貯蔵庫として働いている。カルシウムには神経や筋肉でのシグナル伝達機能や、特定酵素の補酵素としての重要な仕事がある。本章の終わり（図 14.11、14.12）で紹介するが、ホウ素やケイ素、亜鉛とは異なり、尿からの排出濃度が異なっても血清中のカルシウム濃度はほぼ一定である。血清中濃度がほぼ一定の元素はカルシウム以外に、リン、マグネシウム、マンガン、ナトリウム、リチウムがある（金澤ら，2008）。

　なお、骨の合成には、補酵素としてビタミン K も必須である。ビタミン B12 や葉酸の欠乏も、メチオニンからシステインへの代謝過程で合成されるホモシステインの血中濃度を高め、正常なコラーゲン架橋を抑制し、骨質低下につながる。

14.5　人種によるカルシウム吸収率の差異

　米国では現在、30年前に比べ子供の骨折が増えており、問題視されている（図14.5）。図14.6に若年層の骨量の年間増加量を、図14.7に人種別のカルシウム吸収率を示す。アジア系のカルシウム吸収率は白人より高い。アジア系では野菜摂取量が多く、白人では牛乳・乳製品摂取量が多いことと関連しているものと思われる。欧米においても若年層の野菜・果物摂取は骨密度上昇に効果があるとの研究論文もある（Tylavsky, et al., 2004）。

　なお、成人の1日カルシウム摂取推奨量は、米国1200 mg、英国700 mg、

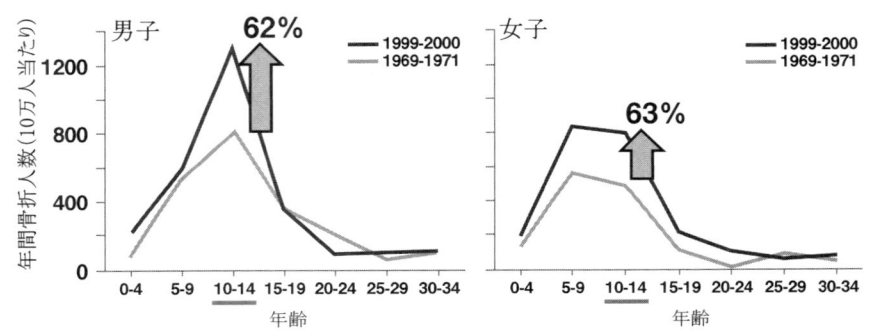

【図14.5】　抹消部前腕部の骨折率の増加（米国での調査）
10代の若者での増加率が突出している。（出典）Weaver（2010）

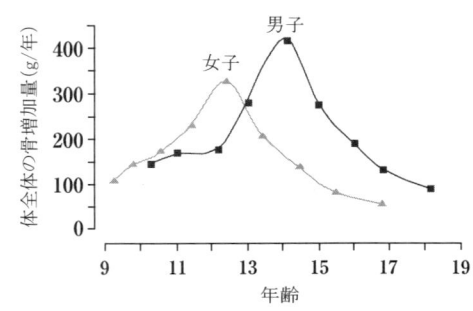

【図14.6】　若年層の骨量の年間増加量
（出典）Weaver（2010）

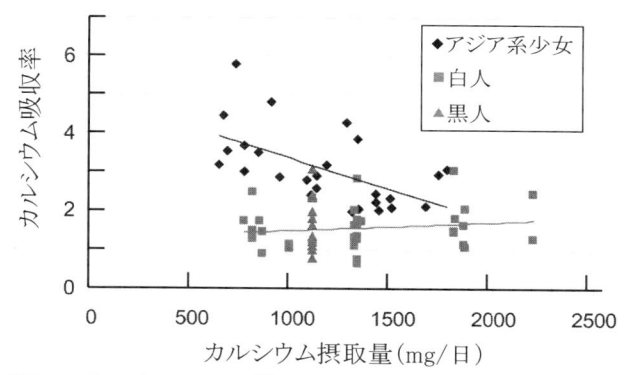

【図14.7】 安定同位体（^{44}Ca）を用いた人種別カルシウム吸収率
（出典） Weaver (2010)

インド 400 mg（Bruulsema, et al., 2012）、日本は 650 mg（30 〜 49 歳）である。このように列記すると国による差が大きいのに驚くが、図 14.7 はその理由の一部を説明している。16.1 節「ケイ素」で記されているようにインドでは骨折は非常に少ない。インドには中国と同じく、カルシウムを効率よく吸収利用できる食品が多いと考えられる。

14.6 リンの過剰摂取は人間の寿命を縮める

土壌分析ではリン過剰を指摘されるほ場が多いが、作物で可視障害として生じる場合は少ない。しかし近年では過剰のリンが人間の寿命を縮めることが明らかとなっている。

黒尾 誠 氏（現 テキサス大学教授）と鍋島陽一氏（京都大学名誉教授）が1997 年に Klotho という老化抑制遺伝子を発見（Kuro-o, et al., 1997）してから判明したことだが、図 14.8 に示すように老化抑制遺伝子の欠損したマウスでは血清リン濃度が高く寿命が短い。ところが低リンの餌で飼育すると寿命が延びる。正常なマウスでも過剰のリンを投与すると、寿命が短くなる。人間でも100 歳以上の高齢者は血清中リン濃度が低い（図 14.8）。

寿命が短くなることは病気の発症の増加にもつながる。図 14.9 は急性心筋

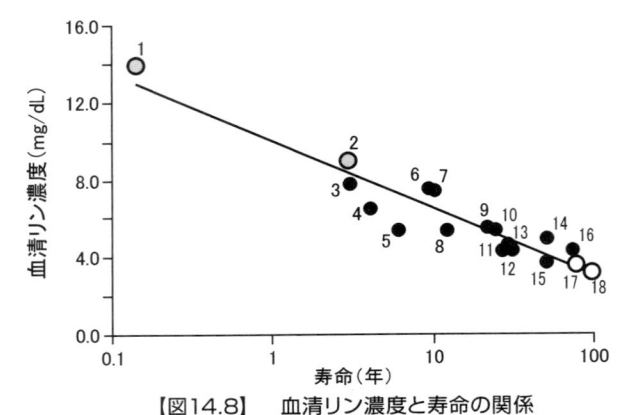

【図14.8】　血清リン濃度と寿命の関係
1.Klotho (-/-) マウス、2.マウス、3.ラット、4.ハムスター、5.スナネズミ、
6.ヌートリア、7.ウサギ、8.モルモット、9.ブタ、10.リス、11.ヤマアラシ、
12.ハダカデバネズミ、13.オオコウモリ、14.クマ、15.サイ、16.ゾウ、
17.ヒト、18.ヒト（100歳以上の長寿者）
（出典）Kuro-o（2010）

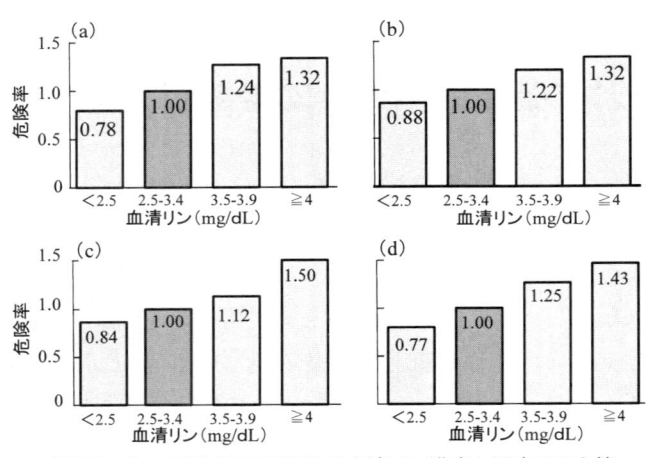

【図14.9】　冠動脈疾患患者の血清リン濃度と死亡リスク等
（a）全死亡、（b）冠動脈疾患死・心筋梗塞発症、（c）心筋梗塞発症（死亡含む）、
（d）新たにうっ血性心不全発症。LDLコレステロール115-174mg/dlで急性心筋
梗塞既往者4127名を約60ヵ月追跡調査したCARE試験データを利用、調査期間
中375名が死亡。（出典）Tonelli,et al.（2005）

梗塞を発症した約 4000 人のその後約 60 カ月の追跡調査の結果だが、血清リン濃度が高い人は死亡する危険率が高くなるだけでなく、その後の心筋梗塞再発頻度も高くなる。

腎機能が正常なときは、高濃度のリンを摂取すると（副甲状腺ホルモン［PTH］と繊維芽細胞増殖因子 23［FGF23：リン抑制因子］の分泌が増加し）、腎臓からのリン排出量が増え、血中のリン濃度を正常範囲に維持するように働く。しかし腎障害の方はリン排出能も低下している。血液中にリンがたまると、人体はバランスを保つために骨からカルシウムを取り出すため、骨がもろく弱くなる。またリン酸カルシウムが血管や、腱、肺などに沈着して、動脈硬化や異所性石灰化（必要のないところに石灰化が起こること）が生じ、これら器官の機能が損なわれる。老化抑制遺伝子との関連については研究が進行中だが、『ミネラル摂取と老化抑制－リン研究の最前線－』（日本栄養・食糧学会，2014）が参考になる。

健康な農産物生産のためには土壌へのリンの過剰施用はやめたい。幸い野菜や穀物のリンは有機態リンがほとんどのため、体内への吸収率は 20 〜 50% だが、加工食品に含まれるリンは無機リンのため、100% 体内に吸収される。加工食品には大量の無機リンが添加物として使用されているが使用量の表示義務はない。一般食品では魚介類、乳製品のリン含有率が高い。リン摂取量を減らすには、まず加工食品の摂取減が必要である（Ritz, et al., 2012）。

なお同様に、カルシウムの過剰摂取についても、心臓血管病で死亡しやすくなるとする論文もある（Michaelsson, et al., 2013）。また、脳血管疾患患者がカルシウムサプリメントを摂り続けると認知症発症リスクが増大するとの報告もある（Kern, et al., 2016）。カルシウムサプリメントの服用にあたっては、よく注意したほうがよい。

14.7　腎障害の方には低カリウム野菜を

古くから「カリウムは贅沢吸収する」といわれているように、作物は多くの

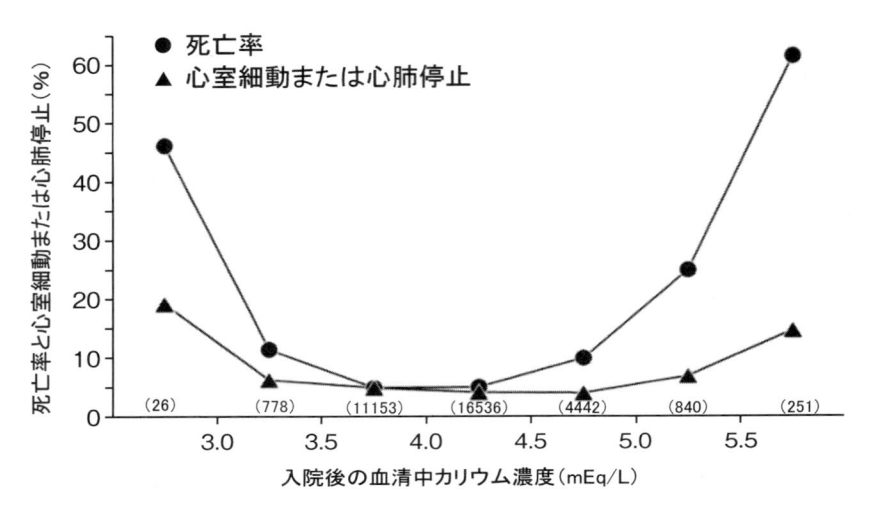

【図14.10】 米国67病院における急性心筋梗塞発症患者3万8686人の
死亡率等と血清カリウム濃度（2001〜2008年）
（　）内の数値は患者数。（出典）Goyal,et al.（2012）

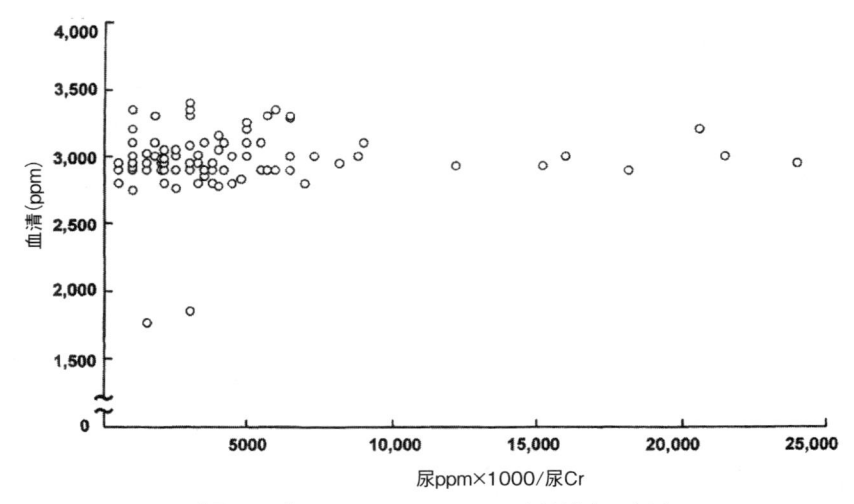

【図14.11】 Li,Na,Mg,P,Ca,Mn血清濃度一定型
早朝空腹時に採血、採尿。血清クレアチニン濃度1.0mg/dL以下の82例、ICP-MSで測定。
（出典）金澤ら（2008）

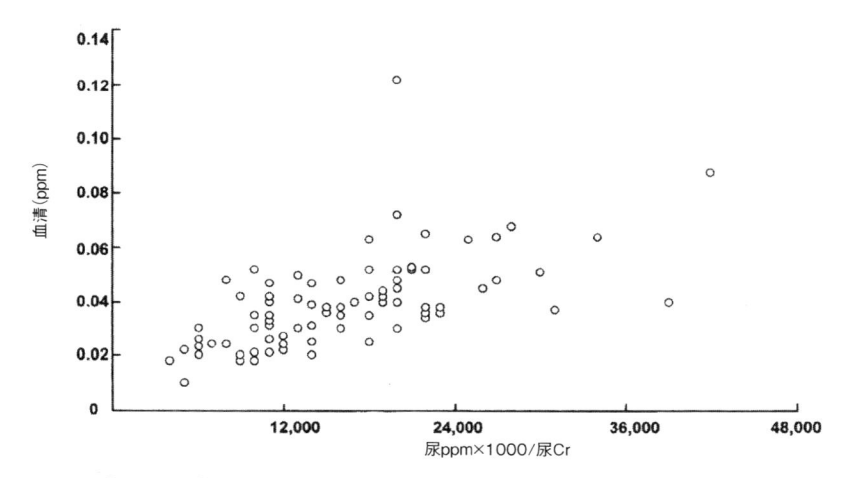

【図14.12】　B,Si,Ti,Co,Ni,Zn,As,Bs,Ba血清濃度・尿排泄濃度比例型
早朝空腹時に採血、採尿。血清クレアチニン濃度1.0mg/dL以下の82例、ICP-MSで測定。
（出典）金澤ら（2008）

カリウムを吸収するが、過剰障害は発生しにくい。人の体も同じで腎臓が正常
に働いている限り、余剰のカリウムは尿から排出される。しかし、腎臓の機能
障害の方はカリウム排出力が低く、前述のリンと同様に血液中のカリウム濃度
が高くなりすぎると非常に危険で、不整脈が起きたり心臓が止まったりして突
然死に至ることもある。腎障害の方には高カリウム野菜や果物はふさわしくな
い（深川ら, 2006）。血清中カリウムにも適濃度があることを周知することも
非常に大切なためデータを図14.10に示しておく（Goyal, et al., 2012）。

（渡辺和彦）

■文献

Bruulsema, T.W., Heffer, P., Welch, R.M., Cakmak, I., Moran, K., et al., 2012, Fertilizing crops
　to improve human health : a scientific review. International Plant Nutrition Institute,
　and IFIA.
深川雅史, 重松 隆, 安田 隆, 2006, 図解 水・電解質テキスト――一般検査からきわめる診断・
　治療のアプローチ, 文光堂.
Goyal, A., Spertus, J.A., Gosch, K., Venkitachalam, L., Jones, P.G., Van den Berghe, G.
　and Kosiborod, M., 2012, Serum potassium levels and mortality in acute　myocardial

infarction. *JAMA*, 307:157-164.

Jugdaohsingh, R., Tucker, K.L., Qiao, N., Cupples, L.A., Kiel, D.P. and Powell, J.J., 2004, Dietary silicon intake is positively associated with bone mineral density in men and premenopausal women of the Framingham Offspring cohort. *J. Bone Miner. Res.*,19:297-307.

金澤武道, 金澤 聡, 加賀谷美保子, 打田悌治, 2008, ミネラル 35 種の血清濃度評価法についての検討. 日本未病システム学会雑誌, 14:220-223.

Kern, J., Kern, S., Blennow, K., Zetterberg, H., Waern, M., Guo, X., Borjesson-Hanson, A., Skoog, I. and Ostling, S., 2016, Calcium supplementation and risk of dementia in women with cerebrovascular disease. *Neurology*, 87:1674-1680.

Kuro-o, M., 2010, A potential link between phosphate and aging—lessons from Klotho-deficient mice. *Mech. Ageing Dev.*, 131:270-275.

Kuro-o, M., Matsumura, Y., Aizawa, H., Kawaguchi, H., Suga, T., Utsugi, T., Ohyama, Y., Kurabayashi, M., Kaname, T., Kume, E., Iwasak,i H., Iida, A., Shiraki-Iida, T., Nishikawa, S., Nagai, R. and Nabeshima, Y., 1997, Mutation of the mouse klotho gene leads to a syndrome resembling ageing. Nature, 390:45-51.

Michaelsson, K., Melhus, H., Warensjo, E., Wolk, A. and Byberg, L., 2013, Long term calcium intake and rates of all cause and cardiovascular mortality: community based prospective longitudinal cohort study. *BMJ*, 346:1-13.

水野直治, 吉田穂積, 1994, バレイショ生産地帯における土壌と河川水中の可溶性ケイ酸とアルミニウム含有率の差異. 日本土壌肥料学会誌, 65：126-132.

New, S.A., Bolton-Smith, C., Grubb, D.A. and Reid, D.M., 1997, Nutritional influences on bone mineral density：a crosssectional study in premenopausal women. *Am. J. Clin. Nutr.*, 65: 1831-1839.

日本栄養・食糧学会 監修, 2014, ミネラル摂取と老化抑制－リン研究の最前線－, 建帛社.

Ritz, E., Hahn, K., Ketteler, M., Kuhlmann, M.K. and Mann, J., 2012. Phosphate additives in food － a health risk. *Dtsch. Arztebl.* Int., 109:49-55.

須田立雄, 小澤英浩, 高橋榮明, 田中栄, 中村浩彰, 森 諭史 編著, 2007, 新骨の科学, 医歯薬出版.

Tonelli, M., Sacks, F., Pfeffer, M., Gao, Z. and Curhan, G., 2005, Relation between serum phosphate and cardiovascular event rate in people with coronary disease. *Circulation*, 112:2627-2633.

Tucker, K.L., Chen, H., Hannan, M.T., Cupples, L.A., Wilson, P.W.F., Felson, D. and Kiel, D.P., 2002, Bone mineral density and dietary patterns in older adults：the Framingham osteoporosis study. *Am. J. Clin. Nutr.*, 76:245-252.

Tylavsky, F.A., Holliday, K., Danish, R., Womack, C., Norwood, J. and Carbone, L., 2004, Fruit and vegetable intakes are an independent predictor of bone size in early pubertal children. *Am. J. Clin. Nutr.*, 79:311-317.

宇田川信之, 須田立雄, 2005, 血清カルシウムの恒常性とその調節機能, 口腔生化学 第 4 版, 医歯薬出版.

渡辺和彦, 2002, 野菜の要素欠乏・過剰症, 農山漁村文化協会.

Weaver, C.M., 2010, Nutrition and optimizing development of peak bone mass nutrition lunchtime seminar series, Friday,4June2010, WHO（http://www.who.int/nutrition/topics/Weaver_presentation.pdf?ua=1）

Weaver, C.M., Proulx, W.R. and Heaney R., 1999, Choices for achieving adequate dietary calcium with a vegetarian diet. *Am. J. Clin. Nutr.*, 70（suppl）:543S-548S.

第15章 ホウ素は寿命を延ばす

　ヒトの生体に含まれる元素を含有量の高い順に表15.1に示す。ホウ素は、下から三番目の、人体ではわずかしか含まれていない元素の一つである。表には植物の値も示し、両者の比を右端に示した。ヒトは生体で、植物は乾物だが、元素間の含有率の違いは比較できる。両者の含有率差の最も大きい元素がホウ素で、次がケイ素である。このことから、ヒトはホウ素やケイ素を摂取するために植物を食べるのであると言っても過言ではない。

【表15.1】 ヒトと植物体の元素含有量（ppm）

元素	ヒト（生体）	植物体（乾物）	植物/ヒト比
N	30000	15000	0.50
Ca	15000	5000	0.33
P	10000	2000	0.20
S	2500	1000	0.40
K	2000	10000	5.00
Na	1500	10	0.01
Cl	1500	100	0.07
Mg	500	2000	4.00
Fe	85.7	100	1.17
F	42.8	–	–
Si	28.5	1000	35.09
Zn	28.5	20	0.70
Mn	1.43	50	34.97
Cu	1.14	6	5.26
Se	0.171	–	–
I	0.157	–	–
Mo	0.143	0.1	0.70
Ni	0.143	0.05	0.35
B	0.143	20	139.86
Cr	0.0285	–	–
Co	0.0214	0.1	4.67

（出典）桜井（2006）、Epstein and Bloom（2005）

【表15.2】 臨床栄養としてのホウ素補充を裏付ける文献例

ホウ素補充対象疾病	文 献 数
関節	7
骨関節炎	3
骨粗しょう症	4
がん	8
循環器疾患	3

（出典）Dinca and Scorei（2013）

　ホウ素が高等植物の必須元素であることは 1923 年に明らかになっていたが、長年ホウ素は植物だけに必須で動物では必要でないと考えられていた（Warrington, 1923）。しかし 1980 年代後半〜 1990 年代前半には、米国の Nielsen や Penland の実験により、ホウ素投与は血清中の女性ホルモン濃度上昇や、また脳の活性化に役立っていることが示された。彼らは、実験用に隔離された施設で閉経後女性を対象にホウ素不足（0.25 mg/ 日）の食事投与を数週間続け、その後、1 日 3 mg のホウ素投与有無による変化を観察するという実験を行った（Nielsen, et al., 1987；Penland, 1994）。筆者の著書でも詳しく紹介しているので参照してほしい（渡辺 , 2011）。

15.1　ホウ素の必要摂取量

　EU を除く多くの国では、ホウ素はまだ食事摂取基準に入っていない。しかし、Nielsen は「ヒトがホウ素欠乏を避けるためには 1 日 1 mg のホウ素摂取が必要であり、成人 1 日当たりホウ素 10 mg の摂取でも決して多くない。しかし、50 mg は過剰である」と 1992 年に発表している（Nielsen, 1992）。第 4 章の表 4.2 の（b）に各国、地域の現状のホウ素摂取量を示しているが、EU 以外のホウ素摂取は非常に少ない。同表の（a）に示すように EU は成人に 1 日 10 mg のホウ素摂取を推奨している（Dinca and Scorei, 2013）。EFSA（欧州食品安全機関）の 2010 年の報告には同じ年齢別数値が推奨上限量として記載されており、EU はこの値を推奨値としている。

15.2　病気の予防、改善にホウ素が役立つ

　筆者が最近のホウ素に関する総説「人間の栄養としてのホウ素とその適正利用」（Dinca and Scorei, 2013）を読んで驚いたのは、EU が前記のように推奨摂取量を 2010 年にすでに示していることと、ホウ素が様々な病気の予防、改善に関係することを示す文献が多数発表されていることである（表 15.2）。特

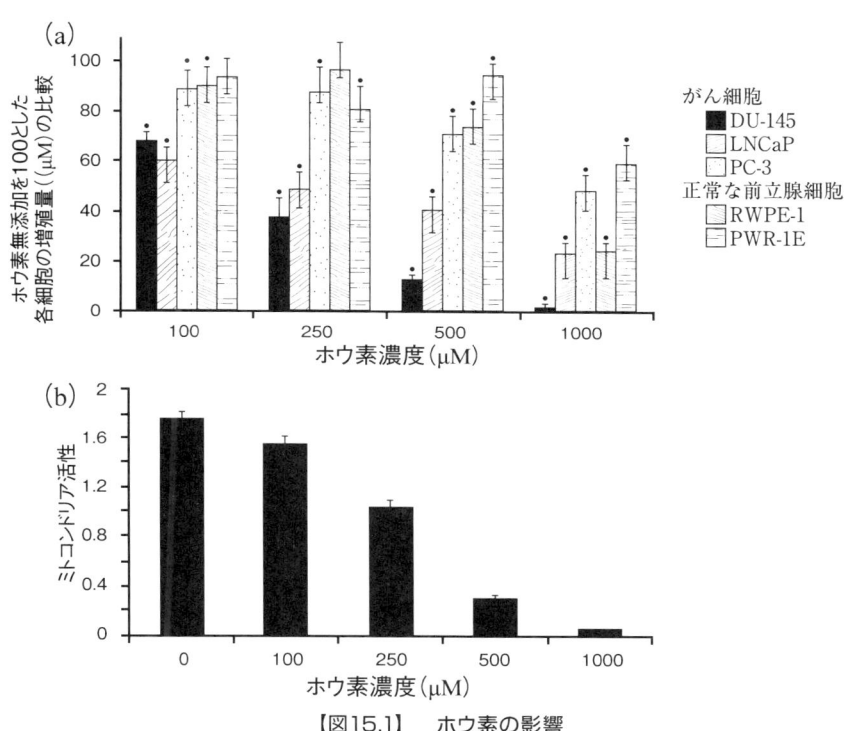

【図15.1】　ホウ素の影響
（a）前立腺細胞、（b）ミトコンドリア活性。（b）ではMTT法（ミトコンドリア活性の
　一般的な比色による測定法）OD590μm。
（出典）Barranco and Eckhert（2004）

にがんでは、あらゆるがんに抑制効果がある。関節炎の一種であるリウマチの
患者は血清中ホウ素含量が、健康な人の2分の1程度で、ホウ素不足であるが、
毎日ホウ素を6mg摂取すると症状が緩和する。脳梗塞や高血圧、心不全にま
でホウ素は効果がある。筆者が驚いたのはまず、がんに対する抑制効果である。

　図15.1に前立腺がん細胞に対するホウ素の影響を示す。同じ前立腺がん細
胞でも種々の種類がある。図（a）の左の三つの縦棒は前立腺がん細胞、後の
二つは正常な前立腺細胞である。正常な細胞でも高濃度のホウ素を投与すると
障害を受けるが、がん細胞はホウ素により死滅しやすい。図（b）は前立腺が
ん細胞のミトコンドリア活性を示している。ホウ素濃度が高くなるほど、がん

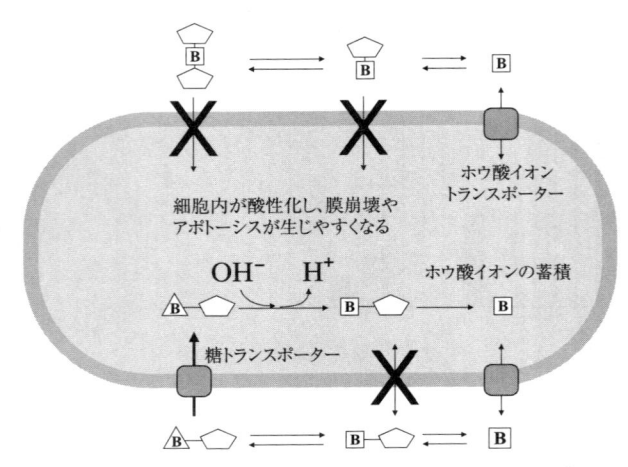

【図15.2】　がん細胞がアポトーシスを生じるメカニズム
がん細胞は糖吸収力が高い。イオン化されていない糖ホウ酸エステルは、糖トランスポーター
から細胞内に入り、弱アルカリ性の細胞内ではホウ酸が急速にイオン化し細胞内を酸性にす
る。なおホウ酸イオントランスポーターが障害を受けているがん細胞ほど、感受性は高くなる。
（出典）Scorei and Popa（2013）

細胞のミトコンドリアが多く死滅していることが分かる。そのメカニズムの一
部も明らかになっており、一例を図 15.2 に示す。がん細胞は絶えず増殖を繰
り返しているため、多くの養分を必要とする。精子も同様である。特に糖分や
核酸塩基を必要とする。図は、糖や核酸塩基に結合したホウ素が、それらと一
体となってがん細胞に取り込まれる様子を示している。

　ホウ素の生体内での存在形態であるが、pH7 以下の水溶液中では図 15.3 に
示す trigonal（以下、△）のホウ酸の形で存在する。それが細胞内のような弱
アルカリ性下では水（H_2O）から水酸基（OH）をとって、tetragonal（以下、B）
のホウ酸イオン（マイナスの陰イオン）になり水素イオン（H^+）を生成する。

　ホウ酸は図 15.4、15.5 に示すリボースのような、シス位に OH を二つ持つ
ジオール基と結合しやすく、図 15.3 に示すような各種化合物を形成する。ホ
ウ素はシスジオールを有する果糖（フルクトース）とも結合しやすい。ATP、
NAD、RNA を構成しているリボースもシスジオールを持つ（図 15.4、15.5）。
がん細胞は遺伝子合成が活発なため、図 15.2 でホウ酸と結合するのはリボー

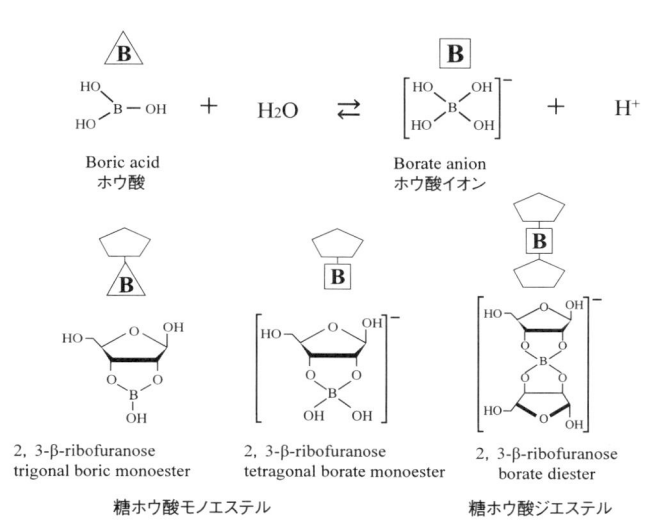

Boric acid
ホウ酸

Borate anion
ホウ酸イオン

2, 3-β-ribofuranose
trigonal boric monoester

2, 3-β-ribofuranose
tetragonal borate monoester

2, 3-β-ribofuranose
borate diester

糖ホウ酸モノエステル　　　　　　　　　　糖ホウ酸ジエステル

【図15.3】　ホウ酸と各種糖ホウ酸エステルの例
本稿ではtrigonalとtetragonalのホウ酸を△と□で示している。
（出典）Scorei and Popa（2013）

ATP:アデノシン3リン酸

リボース　　　　　　　　　デオキシリボース

OHがHとなり
Oが抜けている

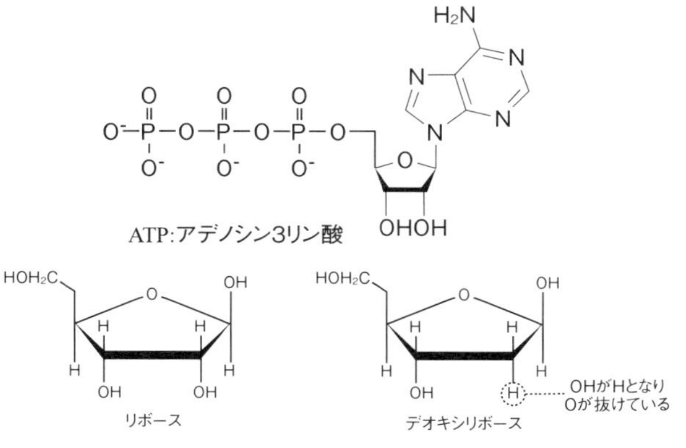

【図15.4】　ATPとリボース、デオキシリボースの構造
五炭糖であるリボースはRNAやATPの構成成分。デオキシリボースは
DNAの構成成分。（出典）Scorei and Popa（2013）

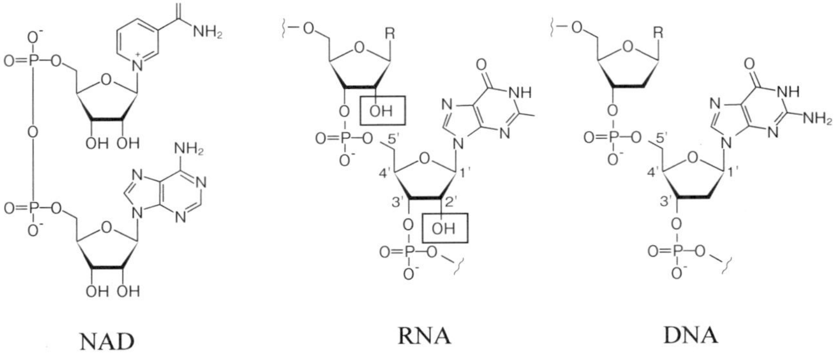

NAD　　　　　　　　　RNA　　　　　　　　DNA

【図15.5】　NADとRNA, DNAの構造の一部
NAD（ニコチンアミドアデニンジヌクレオチド）は、様々な脱水素酵素の補酵素として機能し、酸化型（NAD+）　および還元型（NADH）　の二つの状態を取り得る。RNA（リボ核酸）は、多くのリボヌクレオチドがホスホジエステル結合でつながっている。図はリボース、リン酸、グアニンから構成されたリボヌクレオチドが次の何かと結合しているRNA鎖の一部。RNAは高濃度のホウ素があれば、ホウ素と結合する。DNA（デオキシリボ核酸。deoxyribonucleic acid）は、OH基がないためホウ素とは結合しない。
（出典）Scorei and Popa（2013）

スも多いと考えられる。リボースが糖トランスポーターから細胞内に入るとき、イオン化していない⚠のホウ酸はリボースの影に隠れて細胞内に入ることができる。細胞内は弱アルカリ性のため⚠のホウ酸は、すぐに🅱のホウ酸アニオンになり、細胞内を酸性化し、膜崩壊などアポトーシスを生じやすくすると考えられている（Scorei and Popa, 2013）。

　なお、図 15.5 に示すように、RNA の水酸基は離れた位置に存在するのだが、高濃度のホウ素存在下ではホウ素と結合することが別途証明されている（Ricardo, et al., 2004）。

15.3　ホウ素はビタミンDの活性を高める

　ビタミン D 不足のラットやヒヨコにホウ素を投与することにより、ビタミン D 不足症状である骨形成不全が改善されることは、以前から知られていた（Hegsted, et al., 1991）。人間でも同様の効果が確認されている。ホウ素を投与

すると活性型ビタミンD濃度が高く維持されるのだが、それはホウ素が活性型ビタミンD分解酵素を阻害したり、合成酵素系を活性化したりするためと考えられている（Miljkovic, et al., 2004）。ホウ酸でも効果は認められるが、天然物として果物に存在するフルクトース（果糖）とホウ酸との化合物が細胞内の活性型ビタミンD濃度を顕著に高めることが明らかになっている（Reyes-Izquierdo, et al., 2012）。

　ホウ素摂取は女性ホルモン濃度の上昇だけでなく、ビタミンD活性の増大にも関与しており、この両者が骨粗しょう症の改善に貢献している。ビタミンDと骨合成に関する知見は古くからあったが、ビタミンDの抗がん作用に関しては1981年に初めて報告された（Abe, et al., 1981；Miyaura, et al., 1981）。現在では多くの疫学研究や基礎研究で証明されている。例えば、血中のビタミンD濃度の高い人はがん発生率が低いとされている。また日光浴により皮膚でビタミンDが合成されることはよく知られているが、北米の研究で、日射量の少ない高緯度地域の住民は、日射量の多い地域の住民よりもがんの発生率が高いことが確認されている（Garland, et al., 2006）。がん抑制に関与していることは確かめられているものの、過剰のビタミンD投与はカルシウム代謝を異常にするため副作用も多く、がん治療薬としてのビタミンD製剤は、誘導体も含めて現在まだ実用化されていない（岡野, 2014）。ホウ素についてはすでに数種の化合物が開発されている（Hosmane, 2012）。

　ホウ素は図15.1、15.2でも示したようにがん細胞に集まりやすいため、中性子線によるがんの放射線治療用途でもホウ素化合物が利用されている。具体的にはBPA（p-Boronophenylalanine）の誘導体がある。がん細胞ではアミノ酸トランスポーターが亢進しているのを利用している。

15.4　適量のホウ素摂取は出生率を増やし、死亡率を減らす

日本およびEUでは水道水質基準として、ホウ素は1mg/L以下と定められ

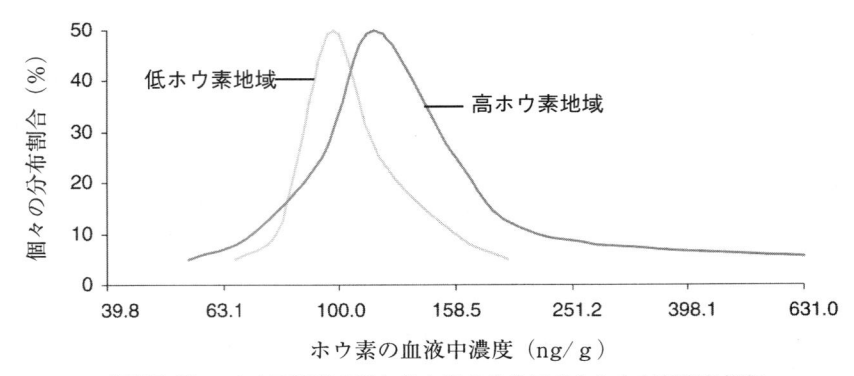

【図15.6】　ホウ素濃度の異なる水道水の住民の血中ホウ素濃度分布
健康な180人の分析結果。（出典）Yazbeck, et al.（2005）

ている。WHO の推奨する水道水質基準は、以前は 0.3 mg/L、2003 年は 0.5 mg/L 以下となっているが、地域により達成は難しいとのコメントも記載されている（WHO, 2003）。フランスでは 0.3 mg/L を超える都市もある。フランス北部（総人口 135 万 8498 人）の 1996 年時点の水道水のホウ素含有率と住民の死亡率、出生率、生まれた子供の性比などを調査した Yazbeck ら（2005）によると、調査対象 339 都市のホウ素含有率は、0 〜 0.09 mg/L：288 都市、0.10 〜 0.29 mg/L：36 都市、0.3 mg 〜 /L：15 都市だった。統計学上必要な人口調整後のそれら地域の出生率と死亡率は第 4 章の図 4.3 に示してある。フランスの全地域と比較すると、0.3 mg/L 以上の地域では、出生率が高く死亡率が低くなるとの結果が得られている。なお図には示していないが、高ホウ素摂取地域ではやや女児の出生率が高くなる傾向がみられた。ただしフランス全土と比較すると統計的に有意なものではなかった。同種の調査はトルコ（Sayli, et al., 1998）、中国（Huang, et al., 2009）でも行われているが、ほぼ同傾向の結果が得られている。

　ヒトの血清中ホウ素濃度についても説明しておきたい。図 15.6 に低ホウ素地域と高ホウ素地域の健康な住民（計 180 人）の血清中ホウ素濃度を示す。第 14 章の図 14.11、14.12 で示したようにミネラルには尿排出濃度無関係に血清中濃度が常にほぼ一定に保たれるグループと、血清中濃度と尿排出濃度が比例

する型があるが、ホウ素は尿中排出濃度比例型である（金澤ら，2008）。ホウ素は幸い、尿でもある程度の検査ができそうである。

15.5　ホウ素の1日摂取許容量（ADI）について

　ホウ素の安全性評価は、これまでにも国際連合食糧農業機関（FAO）／世界保健機関（WHO）合同食品添加物専門家会議（JECFA）によって1962年から始められているほか、欧州食品安全機関（EFSA, 2010）も2004年、2005年、2010年に行っている。いずれもホウ酸およびホウ砂は、遺伝毒性の懸念を引き起こさないと結論づけているが、ラット、マウス、イヌを用いた混餌投与試験で、ホウ酸およびホウ砂が雄の生殖系に有害影響を及ぼすことが立証されている。

　ラットを用いた毒性試験から算出したホウ素の無毒性量（NOAEL）である9.6 mg/kg/日を根拠として、安全係数として60倍*を適用し、ホウ素グループの1日摂取許容量（ADI）はホウ素（B）換算0.16 mg/kg/日に設定されている。先に15.1節で紹介したように成人のホウ素10 mg/日という摂取量は、成人の体重を62.5 kgとすると、ちょうどADIに相当する量（0.16 × 62.5 ＝ 10）である。

　さて、ホウ素の過剰障害だが、Weir and Fisher（1972）の原著論文によると、ホウ素1170 mg/Lの水を2年間飲んだラットやイヌでは睾丸の萎縮が起こり、ラットでは不妊になったそうだ。雌では乳の分泌も悪くなっている。ホウ素の過剰摂取はやはり危険である。生体内で最も活発にDNA合成をしているのは精子であり、がん細胞である。ホウ素は活発に働いている細胞に集まりやすいため、がんを抑制する一方で、精子にも影響する。ホウ酸ダンゴによってゴキブリやシロアリが死ぬのであるから、ヒトの場合にもホウ素の過剰摂取はやはり注意が必要だろう。

＊：通常、ADIの安全係数としては100倍が用いられるが、ホウ素の場合はすでに多くの使用例があり、60倍が採用されている（ADIの説明は第8章8.2節を参照してほしい）。

15.6　有機農業の農産物はホウ素含有率が高い

　ホウ素のすばらしい働きに驚いた筆者は、全 850 ページにも及ぶ "Boron Science"（Hosmane, 2012）を購入した。医薬からエレクトロニクス、化学触媒、最新の水素エネルギー貯蔵まで取り扱っている図書だが、「ホウ素と人間の健康と栄養」についての章もある。農業分野についても若干記載されており、慣行農法による農産物よりも、有機農産物のホウ素含有率が高そうだ。図 15.7 は多くの論文のデータをとりまとめたものである（Saman, et al., 2012）。

　風邪を引き、熱もあるときに、家族が用意してくれたリンゴジュースが優れた薬のように感じられたという経験のある方は多いと思う。「リンゴが赤くなれば、医者が青くなる」。古くからあることわざだが、筆者はホウ素の効果も大きいと思う。野菜も果物もジュースにすれば、1 日数 mg のホウ素摂取は可能である。

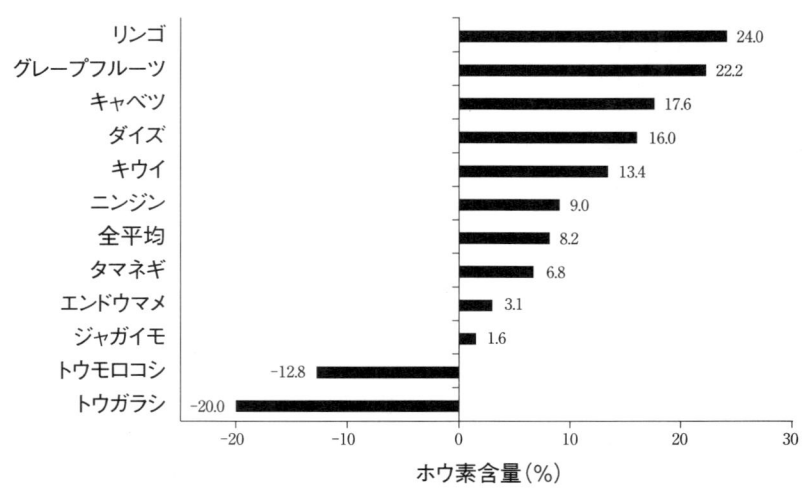

【図15.7】　有機農業生産物と慣行農業生産物のホウ素含量の比較
（出典）Hosmane（2012）

【表15.3】 作物による微量要素吸収量と堆肥の含有量（三浦半島の事例）

元素	作物による吸収量 （g/10a）			堆肥中含有量 （現物1tあたりg）		
	冬 ダイコン	春 キャベツ	合計	最小	最大	平均
B	32.1	36.9	68.9	2.1	16.9	9.1
Mn	13.3	19.6	32.9	105	167	13.7
Fe	100.8	100.5	201	148	5902	2430
Co	0.136	0.129	0.265	1.31	3.37	2.01
Ni	0.776	1.89	2.66	2.28	7.48	4.5
Cu	6.68	6.88	13.6	9.9	69.5	25.1
Zn	14.8	21.3	36	52	199	110
Mo	0.397	0.335	0.732	0.44	1.67	0.93

（出典）岡本（2000）

　表15.3に示すように日本の慣行農法でよく使われる家畜糞堆肥は、ホウ素含有率が低い。亜鉛について記述した際（第10章）にも触れたが、堆肥さえ施用していれば、微量元素は大丈夫だとする考えは間違っており、注意を喚起したい。慣行農法は通常三要素だけを施用しており、連作による土壌中微量元素の消耗と収量増による希釈の影響を受けているために、有機農法のホウ素含有率が慣行農法より高くなっているのだと考えられる。

　微量元素を補給するために慣行農法ではホウ素の葉面散布をしてほしい。市販の葉面散布剤なら、希釈倍率や散布回数も記載されているので、それを守ればよい。ホウ素の適量幅は小さいが、過剰なら葉が異常症状を示し、適量幅を作物が示してくれるので心配いらない。

15.7　おわりに

　適量であれば、ホウ素の人間への健康効果は非常に大きく、出生率上昇や寿命延長につながる。しかし、過剰障害にも注意したい。サプリメントによる摂取では過剰摂取の危険性がある。果物や野菜は最も安全で安心なホウ素供給源である。ラットやマウス、イヌでの実験結果のように睾丸が萎縮したり、精子が減ったりすれば大変である。

　農業関係者にはよく知られていることであるが、各種微量元素の中でも特

にホウ素過剰障害は現場でも発生しやすいものである。適正量を誤って、2～3倍量のホウ素を施用すると作物に障害が出る。また作物間差も大きい。ダイコンはホウ素を多く必要とするのだが、ダイコンに適切な土壌中ホウ素濃度は、サツマイモにとっては過剰なものであり、ホウ素過剰障害を生じる（渡辺，2006）。こうしたことも考えると、前述のように土壌にホウ素を残さない葉面散布による補給が安心である。

　2015年に、ホウ素に関する詳しい総説が発表されたので、表題だけでも紹介したい。「ホウ素ほど興味深いものはない」（Pizzorno, 2015）である。特に興味深いのは、ホウ素はRNAと結合するため地球上での生命進化にも関与してきた可能性が議論されていることである。

　もう一点、重要な事実がある。第1編の総括で示した長寿ホルモン（アディポネクチン）と次章で触れる骨ホルモン（オステオカルシン）の双方の活性化にもホウ素が関与していることがすでに先行研究で明らかになり、特許として公示されていることである（Pietrzkowski, et al., 2014）。ホウ素の多様な働きは想像以上だった。その働きについては、第16章の16.5節「骨ホルモン（オステオカルシン）」をぜひ読んでほしい。　　　　　　　　　　　　（渡辺和彦）

■文献

Abe, E., Miyaura, C., Sakagami, H., et al., 1981, Differentiation of mouse myeloid leukemia cells induced by 1 alpha,2 5-dihydroxyvitamin D3. *P. Natl. Acad. Sci. USA.*, 78:4990-4994.

Barranco, W.T. and Eckhert, C.D., 2004, Boric acid inhibits human prostate cancer cell proliferation. *Cancer Lett.*, 216:21-29.

Dinca, L. and Scorei, R., 2013, Boron in human nutrition and its regulations use. *J. Nutr. Ther.* 2:22-29.

EFSA（欧州食品安全機関）, 2010, Opinion on boron compounds、Scientific Committee on Consumer Safety, 1-28.

Epstein, E. and Bloom, A.J., 2005, Mineral Nutrition of Plants：Principles and Perspectives. 2nd ed., Sinauer Associates. Inc. Publishers.

Garland, C.F., Garland, F.C., Gorham, E.D., Lipkin, M., Newmark, H., Mohr, S.B. and Holick. M.F., 2006, The role of vitamin D in cancer prevention. *Am. J. Public Health*, 96:252-261.

Hegsted, M., Keenan, M.J., Siver, F. and Wozniak, P., 1991, Effect of boron on vitamin D deficient rats. *Biol. Tr. Elem. Res.*, 28:243-255.

Hosmane, N.S., ed., 2012, Boron Science：New Technologies and Applications, CRC Press.

Huang, B, et al., 2009, Relationships between distributions of longevous population and trace elements in the agricultural ecosystem of Rugao County, Jiangsu, China. *Environ. Geochem. Health*, 31:379-390.

金澤武道，金澤　聡，加賀谷美保子，打田悌治，2008，ミネラル 35 種の血清濃度評価法についての検討．日本未病システム学会雑誌，14: 220-223.

Miljkovic, D., Miljkovic. N. and McCarty, M.F., 2004, Up-regulatory impact of boron on vitamin D function-does it reflect inhibition of 24-hydroxylase? *Med. Hypotheses*, 63:1054-1056.

Miyaura, C., Abe, E., Kuribayashi, T., et al., 1981, 1 alpha,25-Dihydroxyvitamin D3 induces differentiation of human myeloid leukemia cells. *Biochem, Biophys. Res. Commun.*, 102:937-943.

Nielsen, F.H., 1992, Facts and fallacies about boron. *Nutr. Today*, 27:6-12.

Nielsen, F.H., Hunt, C.D., Mullen, L.M. and Hunt, J.R., 1987, Effect of dietary boron on mineral, estrogen, and testosterone metabolism in postmenopausal women. *FASEB J.*, 1:394-397.

岡本　保，2000，三浦半島畑地土壌の微量要素濃度の時系列変化と ICP 質量分析法による分析値の原子吸光法との比較．神奈川農総セ研報，141:23-30.

岡野登志夫 編，2014，ビタミン D と疾患 改訂版－基礎の理解と臨床への応用－、医薬ジャーナル社.

Penland, J.G., 1994, Dietary boron, brain function, and cognitive performance. *Environ. Health Persp.*, 102:65-72.

Pietrzkowski, Z.，（発明者），Vdf Futureceuticals, Inc（出願人），2014，Boron-containing compositions and methods therefor, 公告番号 US20140274919 A1, PCT　番号 PCT/US2012/038452, 公開日 2014 年 9 月 18 日，出願日 2012 年 5 月 17 日

Pizzorno, L., 2015, Nothing boring about boron. *Integrative Medicine*, 14（4）:35-48.

Reyes-Izquierdo, T., Nemzer, B., Gonzalez, A.E., Zhou, Q., Argumedo, R., Shu, C. and Pietrzkowsk, Z.B., 2012, Short-term intake of calcium fructoborate improves WOMAC and McGill scores and beneficially modulates biomarkers associated with knee osteoarthritis: a pilot clinical double-blinded placebocontrolled study. *J. Biomed. Sci.*, 4:111-122.

Ricardo, A., Carrigan, M.A., Olcott, A.N. and Benner, S.A., 2004, Borate minerals stabilize ribose. *Science*, 303:196.

桜井　弘 編，2006，生命元素事典，オーム社.

Saman, S., Foster, M. and Hunter, D., 2012, Boron for living: health and nutrition. In Hosmane, N.S. ed. Boron Science, CRC Press, pp73-90.

Sayli, B.S., Tuccar, E. and Ellan, A.H., 1998, An assessment of fertility in boron- exposed Turkish subpopulations. *Reprod. Toxicol.*, 12:297-304.

Scorei, R.I., and Popa, R., 2013, Sugar-borate esters-Potential chemical agents in prostate cancer chemoprevention. *Anticancer Agents Med. Chem.*, 13:901-909.

Warrington, K., 1923. The effect of boric acid and borax on broad bean and certain other plants. *Ann. Bot.*(London), 37:629-672.

渡辺和彦，2006，作物の栄養生理最前線，農山漁村文化協会.

渡辺和彦，2011，ミネラルの働きと人間の健康，農山漁村文化協会.

Weir, R.J., Jr. and Fisher, R.S., 1972, Toxicologic studies on borax and boric acid. *Toxicol. Appl. Pharmacol.*, 23:351-364.

WHO, 2003, Boron in Drinking-water, Background document for development of WHO Guidelines for Drinking-water Quality.

Yazbeck, C., Kloppmann, W., Cottier, R., Sahuquillo, J., Debotte, G. and Huel, G.,　2005,

Health impact evaluation of boron in drinking water: a geographical risk assessment in Northern France. *Environ. Geochem. Health*, 27:419-427.

第16章 ケイ素は骨ホルモン（オステオカルシン）を活性化

　「健康は土から生まれる」「いのちは食にあり」。両者とも故 中嶋常允氏の著書『食べもので若返り、元気で百歳』（2000年、地湧社発行）の第1章と第2章のタイトルである。同書の第2部は医者との対談で、そこに登場する竹熊宣孝氏は「土からの医療」、甲田光雄氏は「少食哲学」、森下敬一氏は「土づくりは長寿の原点」といった観点から、それぞれ土の重要性を論じている。

　これらの思想は、英国の有機農業の創始者である Eve Balfour 氏の "The Living Soil"（Balfour, 1943）にも通じる。彼女はレディング大学で女性として初めて農学を学び、卒業後、有機農法と慣行農法の長期にわたるほ場試験を実施し、有機農業の長所を体感している。彼女自身が92歳という当時としては長寿を全うしたことも、その後の有機農業普及の大きな力となっている。

　第15章の例（ホウ素含有率の高い有機農業のリンゴやフランスの水道水）で示したように、微量のホウ素が人間の長寿に関係することが分かっている。ミネラルの最新研究を精査し続けていると現代農業の欠点がみえてくる。三要素施肥だけでは、やがては作物体の微量元素含有率が低下するのは自明である。ホウ素やケイ素は学問上は人間の必須元素とされているが、一般には知られていないか、あるいはほとんど無視されているのが現状である。

　作物、特に野菜類はケイ素の少量しか存在しない水耕栽培でも栽培可能である。しかし、埃も入らないほど厳密に隔離され、ケイ素が欠如した水耕栽培では、トマト、キュウリ、ダイズでは花芽形成が異常になり、新葉の生育が異常になることが、三宅靖人氏らにより認められている（Miyake and Takahashi, 1978;1982;1985）。その後の研究はなされていないが、野菜でもケイ素が必須元

素になる可能性はある。ケイ素が野菜類から不足することだけを考えても人間の健康面からははなはだ不完全である。真摯に研究を続けている研究者の生データからは、人間の健康に必要な様々な微量元素の存在を知ることができる。例えば本章ではストロンチウム（Sr）の例（高血圧予防による心臓病予防効果）が出てくる。ストロンチウムは人間の必須元素としてはまだほとんど一般に認知されていない。すなわちミネラルと人の健康について、現在の研究はまだまだ不完全で発展途上にあるということが分かる。

　本章の結論を先にここで述べてしまおう。土に最も多く含まれているケイ素が骨の骨格となるコラーゲンを作り、ふわふわの肌を作ってくれる。ただそれだけではなく、人間の健康に関与する根幹遺伝子（アディポネクチン：長寿ホルモン）にも作用し、糖尿病、高血圧、高脂血症、動脈硬化性疾患を予防し、骨を強く強靱にする働きもある。さらには骨ホルモン（オステオカルシン）の効果までも考慮すると、ケイ素の健康作用は果てしなく大きい。

　冒頭に示したように「土はいのちの源」と看破された多くの先達の観察眼には敬意を表すべきだが、これはケイ素に注目すると理解しやすい。競争馬にケイ素を多く含む土「ゼオライト」を餌とともに給与すると、速く走り、しかも骨折も少なくなり競争馬寿命が長くなることが分かっている（Nielsen, et al., 1993）。のんびりと生きるのも人生だが、競争馬のように強くたくましく生きる力を、土に含まれるケイ素が与えてくれる。なお、甲田氏の少食の長所として、カロリー制限食が寿命遺伝子テロメアを保護する遺伝子を活性化すること（白澤, 2009）や、AMPキナーゼを活性化し、血清中の長寿ホルモン（アディポネクチン）が増加することも、すでに学問的に認められている。

　ケイ素は玄米や雑穀に多く含まれている。我々は馬ではないが、優秀な競争馬のように、強く、速く、しかも永く走り続けられる体力にあこがれる。女性にとっても、つややかな肌のもととなるコラーゲンを作ってくれるケイ素は魅力的なものだろう。

16.1 ケ イ 素

ケイ素（silicon）は原子量 28 の元素で、炭素の同属元素である。炭素と似て安定な 4 配位型化合物を容易に作る。地殻中には、酸素に次いで 2 番目に多く含まれる。ケイ素は酸素と反応性が高いので自然界に単体では存在せず、主に二酸化ケイ素（SiO_2）およびケイ酸塩（silicate）の形態で存在し、岩石の主要成分として土壌質量の 50 ～ 70％を占める。

ケイ素に関する最近の総説（Charles, et al., 2013）によるとヨーロッパや北米での平均摂取量は 1 日 20 ～ 50 mg だが、インドや中国では 140 ～ 200 mg である（Chen, et al., 1994；Anasuya, et al., 1996）。ケイ素摂取量の少ない国は股関節骨折による死亡率や障害率が多く、一方で中国やインドでは骨の障害率が非常に少ないという報告もある（Johnell and Kanis, 2004）。日本人のケイ素摂取量のデータは公表されていないが、欧米型食生活に近づいているため、ケイ素摂取量は欧米のように少なくなっていると予想される。フラミンガム子孫研究によるデータではケイ素摂取量が 1 日 40 ～ 50 mg の男性や閉経前の女性は骨密度が高くなっており、40 ～ 50 mg 程度が必要量と考えられるが、その約 4 倍量がインドや中国で摂取されており、200 mg でも過剰障害は生じていない。昔の日本人や中国人は牛乳をほとんど飲まないが骨は丈夫だった。このことも非常に重要で、明治初期、牛乳を飲まない日本人の骨が丈夫なことに海外の栄養研究者が驚いたとの逸話がある。なお、ケイ素で骨が強靭になるとのデータは日本でもマウスで示されている（上間ら, 2006）。

16.2 ウマが丈夫に速く走るようになる

Nielsen らは「日本ではニワトリやブタの餌に土の一種であるゼオライトを混入させている」との情報も参考に、ゼオライトを 2％加えた餌を与えて競争馬を飼育し、レントゲンで足を観察すると 3 番目の中手骨（長骨の一種）が明

らかに高密度になっていたという事実から研究をスタートしている。ここで紹介する試験（Nielsen, et al., 1993）では、表 16.1 に示す割合でゼオライトを混入させた餌で生後 6 カ月からウマを飼育している。そして、定期的に血漿中のケイ素分析をしている。表 16.1 は、試験開始後 180 日目の分析例である。すでに 180 日間も継続投与しているため、その日の食餌前（0 時間）でも血漿中ケイ素濃度は過去の処理量に応じてすでに高くなっているが、食後 9 時間目にはより高い濃度になっている。すなわち、ゼオライトに含まれる一部のケイ素は胃で可溶化され、腸など養分吸収組織から吸収され、血液中に入り体内を循環し、その後腎臓を通過し尿中に排出されるのだが、すべてが排出されるのではなく、一部は腎臓で再吸収されている。

　これらのウマのレース結果を表 16.2 に示す。数字の横の abc 等の違いは統計学的にその差が有効である（有意差がある）ことを示している。ゼオライト含有率の高い餌のほうが明らかにレースタイムがよくなっているが、ゼオライトが多ければ多いほどよいともいえない。この表によれば、適正量は含有率 1.86％である。表 16.1 の 9 時間後の血漿中ケイ素含有率もみてほしい。餌中のケイ素含有率が高ければ高いほど血漿中ケイ素濃度が高くなるとはいえないことが分かる。ケイ素にもやはり適量がある。

　図 16.1 は足の骨折など最初に故障が発生した競走馬について、過去の血漿中ケイ素濃度と全走行距離の関係を示したものである。血漿中ケイ素濃度が高いウマほど、競争馬寿命が長く、全走行距離が長いことが分かる。

　人間はウマではないが、元気で長生きしたいと誰もが願っている。ここに示したデータから、まさに健康は土から生まれているといえるだろう。なお久馬（2010）の図書から知ったのだが、妊婦が土を食べる習慣が今でもアフリカのタンザニア地方では残っているそうだ。丈夫な赤ちゃんが生まれるそうである。日本でも妊婦が壁土を食べる風習があったそうだ。人間の血液中ケイ素濃度までを調べたデータはまだないと思うが、競走馬のデータからの類推は可能である。

【表16.1】　餌中ゼオライト含有率の血漿中ケイ素濃度（mg/dL）に及ぼす影響（180日間処理後の例）

摂取後の時間	餌中のゼオライト含有率（%）				標準誤差（SEM）
	0（13）	0.92（15）	1.86（12）	2.8（13）	
0	2.94a	6.76b	6.45b	7.26b	0.32
1	2.98a	6.13b	5.56b	5.89b	0.25
3	2.88a	5.56b	5.74b	7.08c	0.26
6	3.35a	6.63b	7.88c	8.64c	0.32
9	2.82a	7.26b	8.95c	8.16c	0.36

（注）数字の後のabcの違いは、p＜0.1で有意。（　）内は供試馬の頭数。
（出典）Nielsen, et al.（1993）

【表16.2】　餌中ゼオライト含有率のレースタイム（秒）への影響

レース距離（m）	餌中のゼオライト含有率（%）				平均	標準誤差（SEM）
	0	0.92	1.86	2.8		
274	18.01t（24）	18w（32）	17.94n（17）	17.78u（25）	17.94z（98）	0.06
320	20.73ar（22）	20.73av（31）	20.31bo（18）	20.62abs（23）	20.62y（94）	0.06
366	23.27n（17）	23.3u（25）	22.79p（19）	22.87q（20）	23.07x（81）	0.09

（注）数字の後のabcの違いは、p＜0.05で有意。（　）内は供試馬の頭数。
（出典）Nielsen, et al.（1993）

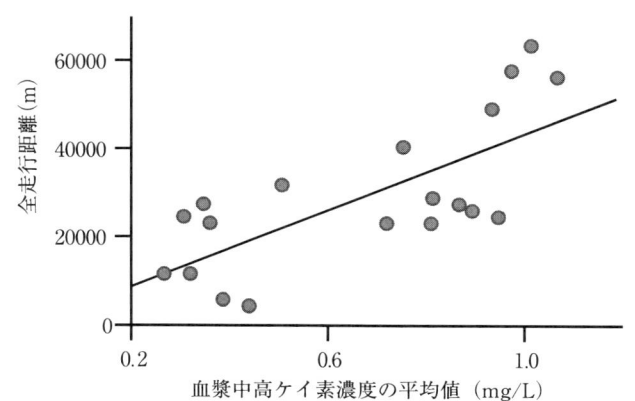

【図16.1】　血漿中ケイ素濃度と最初の故障までの走行距離の関係
6万mまで故障がない競走馬は10万m以上も走行を続ける。ここでは、それらのウマを除いている。（出典）Nielsen, et al.（1993）

16.3　ケイ素は骨を強化するだけではなく高血圧も予防する

　真栄平房子氏という、すばらしい研究者が琉球大学医学部にいた。2007 年 3 月にすでに定年退官しているが、現職時代は多忙で論文が書けなかったと、退官後は職につかず論文作成に専念し、英文誌に 4 報投稿している（Maehira, et al., 2008; 2009; 2011ab）。筆者は 2012 年に電話で話しただけだが、氏の研究姿勢とその成果に敬服している。

　真栄平氏は当初、深層海水の研究をしていた。ケイ素は深度とともに増加し、深度 612 m の深層海水は、表層海水の 25 〜 30 倍のケイ素を含む。この深層海水をマウスに与えると、表層海水や水道水と比較して、マウスの骨重量、骨成分、骨強度の改善効果がある旨を報告している（上間ら , 2006）。

　そこで、天然のケイ素資材に興味をもち、カルシウム源の食品添加物として日本健康・栄養食品協会が設定した原材料数種について、可溶性ケイ素を測定したところ、サンゴカルシウム（サンゴ砂、coral sand：CS）にケイ素の最大含有率を確認している。マウスの普通食に 0.5％および 3％ CS を添加し普通食餌のマウスと比較した試験例が図 16.2（上間ら , 2006）である。サンゴ粉末（CS）の化学成分は表 16.3 を参照してほしい。CS を餌に 3％混ぜるとマウスの骨の応力や弾性率も大きくなり骨が強靱になっていることが分かる。

　骨だけではなく、高血圧予防等にも効果があることや各種遺伝子発現への影響を調べた論文（Maehira, et al., 2011a）の内容を次に紹介する。自然発症高血圧ラット（SHR）に供試した餌の各種ミネラル含有率を表 16.3 に示す。骨形成にはカルシウムの影響も出るため、ここではカルシウム濃度はそろえている。4 週齢の雄ラットを購入し、通常の食餌を 2 週間与え、7 週齢になったラットを 1 群 8 匹とし、表 16.3 に示す 4 種の飼料で 15 週齢まで飼育し、収縮期血圧の変化を測定した（図 16.3）。コントロール（CT）に比較して他の 3 種の群で血圧が低下しているのが分かる。すなわちケイ素区と CS 添加区だけでなく、

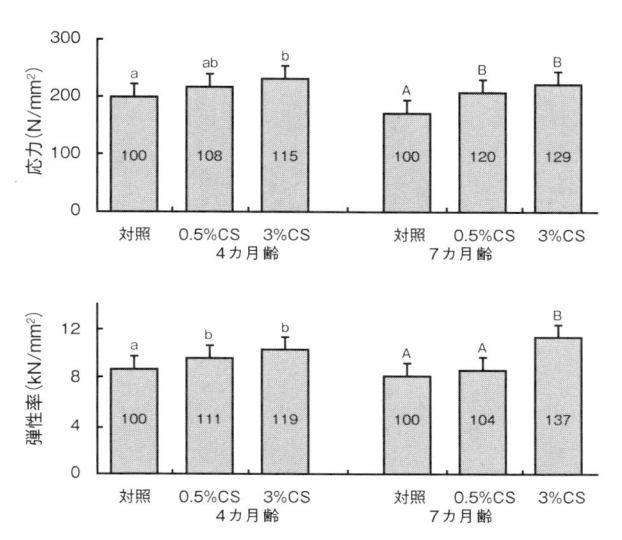

【図16.2】　大腿骨の機械的強度への効果
機械的骨強度の測定は島津材料試験機（EZ Test-100N）で行い、
大腿骨破断点付近の外径より求めた断面積を用い、応力、弾性率を
算出している。（出典）上間ら（2006）

【表16.3】　基本食餌とサンゴ粉末（CS）、および実験食餌中のミネラル含有率

ミネラル	基本食餌[*1]	CS	実験での食餌			
			CT	Si添加	CS	Sr添加
Ca（g/kg）	11.1[*2]	361.0	11.1	11.1	11.1	11.1
Mg	2.4[*3]	23.0	2.3	2.3	3.0	2.3
Na	2.4	3.2	2.3	2.3	2.4	2.3
K	8.7	0.2	8.5	8.5	8.4	8.5
P	8.3	0.0	8.1	8.1	8.1	8.1
Sr（mg/kg）	29.5	2800.0	28.7	28.7	113.0[*5]	758.0[*5]
Si	0.2[*4]	9.8	0.2	50.2[*5]	0.5[*5]	0.2
Fe	320.0	390.0	311.1	311.1	331.1	311.1
Zn	51.0	4.7	49.6	49.6	49.6	49.6
Cu	7.5	2.3	7.3	7.3	7.3	7.3
Mn	53.2	170.0	51.7	51.7	56.7	51.7

＊1：基本食餌はオリエンタル酵母工業製。＊2：Ca欠如食餌を作成し、炭酸カルシウム添加
またはCS添加。＊3：Mg欠如食餌を作成し、硫酸マグネシウムを添加。＊4：可溶性ケイ素を
モリブデンブルー法で測定。＊5：CTの2倍以上含有。
（出典）Maehira,et al.（2011a b）

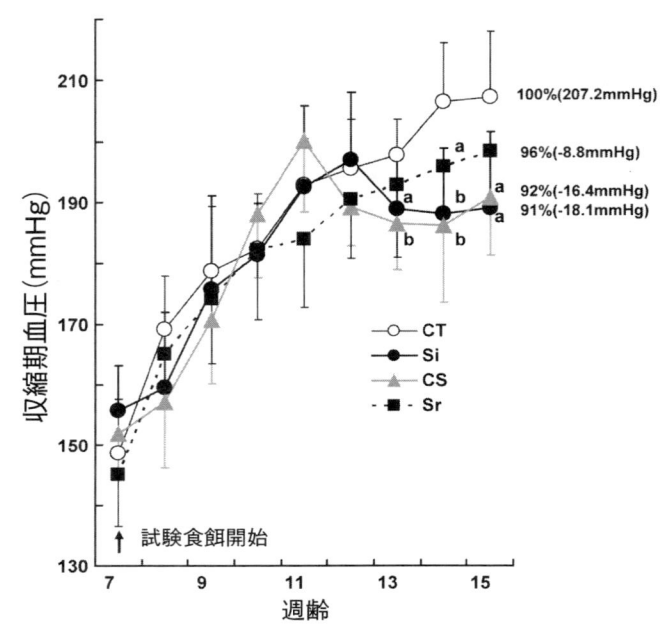

【図16.3】　各食餌区ラットの週齢と収縮期血圧
血圧の値はn=8の平均。CT（コントロール）と比較して、aはp＜0.05、
bはp＜0.005で有意。（出典）Maehira, et al.（2011a）

ストロンチウムにも効果があることを示している。表16.3のデータを考慮す
ると、CS の高血圧の予防効果はストロンチウムによるものであるといえる。

　飲料水中のストロンチウム含有率と高血圧による心臓病死とに負の相関関係
があることは、テキサス州における 45 年間の死亡原因調査データの統計解析
でも明らかになっている（Dawson, et al., 1978）。なお同調査で p ＜ 0.001 で負
の相関が認められた元素はストロンチウムとマグネシウムとリチウムで、p ＜
0.01 レベルでケイ素とカルシウムが認められている。

　真栄平氏らは給餌実験後のラット胸部大動脈からの RNA 抽出による多くの
種類の遺伝子発現について実験しているが、図16.4 に四つだけを抜粋引用する。

　ケイ素とともにストロンチウムを多く含む CS は、アンジオテンシノーゲ
ン（AGN）の合成遺伝子発現を低下させる。アンジオテンシノーゲンはいく

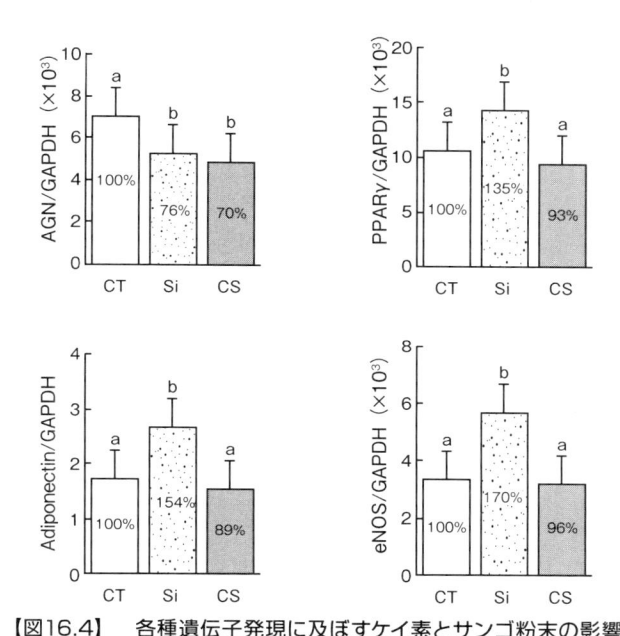

【図16.4】　各種遺伝子発現に及ぼすケイ素とサンゴ粉末の影響
試料はラット大動脈。ＣＴはコントロール、CSはサンゴ粉末。8ラットの平均値。abの違いは
ｐ＜0.05で有意差あり。遺伝子測定法は、細胞からRNAを抽出し、逆転写反応によりcDNA
を得、リアルタイム定量PCRでmRNAの発現量を定量。mRNAの発現量は、普遍的に発現し
ているGAPDH酵素のmRNA量（内部標準）に対するng比で表記されている。
（出典）Maehira, et al.（2011a）

つかの系を経て血管を収縮させ高血圧に関係する。この生成量が減少すること
は高血圧発症マウスにとってはよいことである。一方、ケイ素は、PPAR-γ
（peroxisome proliferator-activated receptor-γ：ペルオキシゾーム増殖剤応
答性受容体ガンマ）やアディポネクチン、一酸化窒素合成酵素（eNOS）など
の mRNA 合成を促進している。アディポネクチンは AMP キナーゼを活性化
する。それが脂肪を燃焼するだけでなく、筋肉細胞内にあるグルコーストラン
スポーター GULT4（血液中のグルコースを細胞内に入れる孔）を細胞膜に移
動させ、血液中のグルコースを筋肉内に取り込み、血中グルコースすなわち血
糖値を下げる。このことが非常に重要なのである。一酸化窒素合成酵素の血管
拡張などの作用機作については第8、9章の説明を参照してほしい。

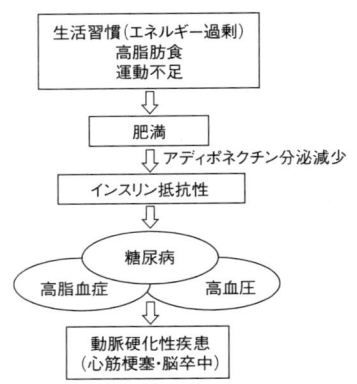

【図16.5】　肥満がインスリン抵抗性を増大させメタボリック
シンドロームを引き起こす過程
（出典）門脇ら（2004）

　余談になるが糖尿病対策に運動がよいのは、運動で ATP が消費され AMP が増加すると AMP キナーゼを活性化し、同様の系が活性化するためである。アディポネクチンは脂肪細胞で作られるのだが、肥満になると図 16.5 に示すように脂肪細胞からのアディポネクチン生成量が低下する。アディポネクチン生成量が低下するとインスリン抵抗性が増大し、糖尿病や高血圧、高脂血症になる。

　図 16.4 右上をみると、PPAR-γ の mRNA がケイ素で活性化されているのが分かる。PPAR-γ はアディポネクチンを活性化するほか、肥大した脂肪細胞を分解して減少させるとともに小型脂肪細胞を増加させたり、グルコースの取り込みを活性化したりする働きもある。

16.4　米やビールのケイ素は吸収されやすい

　ケイ素化合物の一部はオルトケイ酸 Si $(OH)_4$ として溶出し[*]、pH 9 以下では電荷を持たない中性分子として土壌養液中に 0.1 ～ 0.6 mM（Si で 2.8 ～ 16.8 mg/L）程度存在する。この形態のものを植物は主に吸収するのである。

＊：肥料用語のケイ酸（SiO_2）と紛らわしいので、筆者はオルトケイ酸と表現している。

pH 9以上になるとオルトケイ酸は乖離しケイ酸塩となる。また常温ではオルトケイ酸の濃度が 2 mM（56 mg/L）より高くなると重合してシリカ（silica）となる（間藤ら, 2010）。

　食物として摂取するケイ素はシリカの形をとっているものが多い。胃酸で可溶化され吸収されるが、吸収の程度は図 16.6 に示すように食物の種類によって異なる（Jugdaohsingh, et al., 2002）。尿から出てくるケイ素は小腸から吸収され血管に入り、腎臓を通じて尿に出てきている。すなわち体内に吸収されたケイ素である。一方、バナナのケイ素は腸を素通りし大便に出てきている。すなわち体内で利用されていないケイ素である。幸い米や玄米に含まれるケイ素は吸収されやすい。欧米での主食であるパンに含まれるケイ素の吸収率は米よりも低い。欧米での食事内容と骨密度の関係を調べた調査結果ではビールをよく飲む人の骨密度が高く、しかも英国では成人男性のケイ素摂取量の 40％はビールからであるとの報告もある（Jugdaohsingh, et al., 2002）。

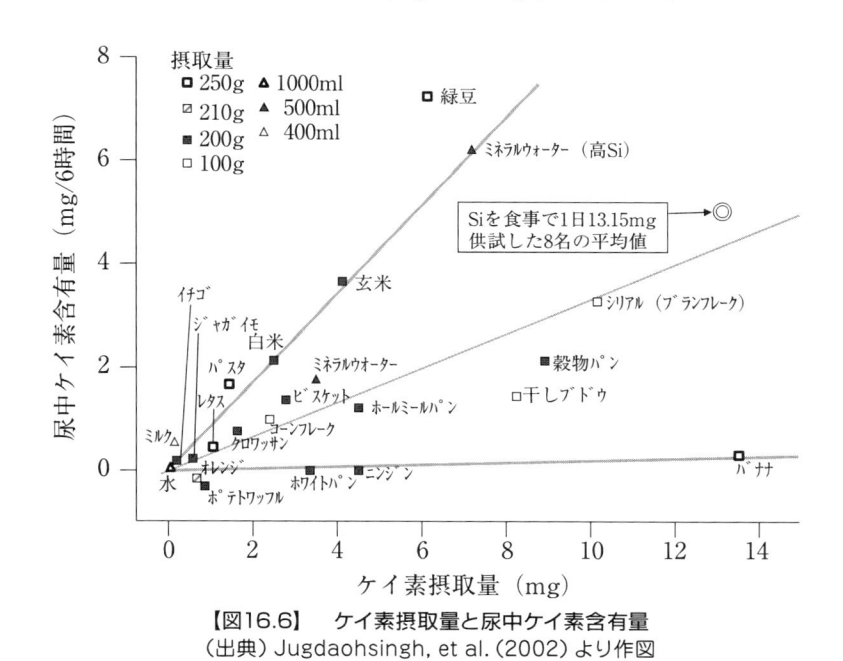

【図16.6】　ケイ素摂取量と尿中ケイ素含有量
（出典）Jugdaohsingh, et al.（2002）より作図

16.5　骨ホルモン（オステオカルシン）

　第 6 章で馬 建鋒 氏（53 ページ）も指摘しているように、ケイ素はコラーゲンタイプ1とともにオステオカルシンの合成も促進する。ただしラットの実験では、図16.7 に示すように、効果がみられるのは雌のみであるとの報告もある（Jugdaohsingh, et al., 2015）。2018 年 2 日 15 日放映の NHK「ガッテン！」は、オステオカルシンを「骨ホルモン」と分かりやすく表現し、それが運動刺激により活性化することにより、脳、膵臓等を活性化し、血糖値も低下すると紹介した。

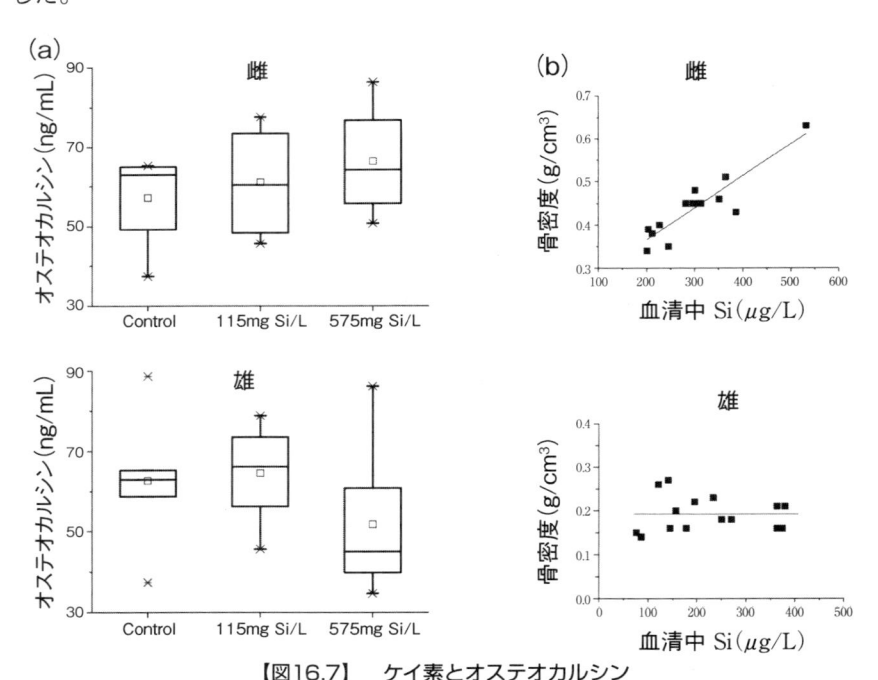

【図16.7】　ケイ素とオステオカルシン
（a）濃度の異なるケイ素水溶液90日間接取後の血清中オステオカルシン。コントロールは通常の食餌だが、水はケイ素なし、他の二つは有機ケイ素（MMST：図16.8参照）通常濃度と5倍濃度（高濃度）で飼育。（b）血清中ケイ素濃度と骨密度の関係。
（出典）Jugdaohssigh, et al.（2015）

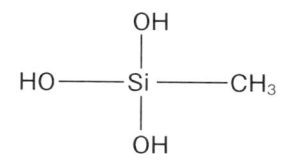

【図16.8】　人工の有機ケイ素（モノメチルシアネトリオール：MMST）
MMSTは通常4.1mM（115mg Si/L）、pH6.6の水溶液で使用。水には25℃で>1000mg/kg。
21mM（588mg Si/L）21℃で2カ月間重合は認められていない。人体実験でオルトケイ酸と
同等の効果報告がある。ただし、MMSTからオルトケイ酸ができる経路は未確定であるため、
EFSA（欧州食品安全機関）は安全性については、結論していない。フランス、ベルギーなどでは
1998年から、スペインでは2003年から、それぞれ合法的に販売されている。

　かつては骨は骨格を作るだけで何もしないと思われていた。ところが、2007
年、オステオカルシン（骨ホルモン）の研究をしていたコロンビア大学の
Karsenty氏が、血糖値の高いマウスにオステオカルシンを注射してみると、
マウスの血糖値は1回の注射で改善されることが発見され、一気にオステオカ
ルシンが注目されるようになった（Lee, et al., 2007）。

　その後もKarsenty氏らは研究を続け、現在は「骨は刺激を受けるとホル
モンや生理活性物質を出す内分泌器官である」ことが明らかとなっている
（Guntur and Rosen, 2012）。「ガッテン！」によれば骨への刺激は「カカト落
とし」を1日30回、連続でなくともその程度の回数を毎日すれば効果が出る
そうだ。大阪体育大学大学院の下河内洋平氏は、「軽いジャンプ」の場合と「カ
カト落とし」の場合で、体にどれくらいの負荷がかかっているかをチェックし
ており、軽いジャンプ：270kg、カカト落とし：190kgといった結果が得られ
ている。体にかかる負荷としては、「カカト落とし」は、ジャンプには負けるが、
体重の約3倍の負荷がかかるので、骨に与える瞬間的な負荷としては十分であ
るとのことである。

　番組では、東京医科歯科大学の中島友紀氏がコンピュータ画像で説明してい
たが、骨細胞は、脳の神経細胞のネットワーク用に長い細胞突起を伸ばして、
互いに情報伝達をしているそうだ。そのため、どれか1個に「頑張れ」との信
号がいくと、「みんなで頑張る」ので、全身の骨が活性化されるそうだ。その

刺激は、「カカト落とし」が最も適切で、国際医療福祉大学の太田博明氏がカカト落としの仕方を説明していた。

　骨による多くの臓器への活性化シグナルは非常に重要で、日本人研究者も多く Karsenty 氏とともに、あるいは独立して研究している。

　次に、すでに解明されている各臓器への影響の一端を示す。

　脳：神経細胞の結合を維持させて、記憶や認知機能を改善する

　肝臓：幹細胞の代謝を向上させて、肝機能を向上する

　心臓：動脈硬化を予防する

　腸：糖の栄養吸収を促進する

　精巣：男性ホルモンを増やし、生殖能力を向上する

　皮膚：骨芽細胞が作るコラーゲンは皮膚細胞のコラーゲンと同じ種類なので、しわの数を減らすとのデータがある

　腎臓：骨が作る「FGF23」というホルモンが血液をきれいにしてくれる。したがって腎機能を向上する。

胃と肺については、まだはっきり分かっていないそうだ。

　これまでの研究事例から判断すると、ケイ素のオステオカルシンを通じての効果は閉経前の女性に限られるかもしれない。しかし、「健康は土から」と考えている筆者は 193 ページで説明した長寿ホルモンとともに骨ホルモン（オステオカルシン）もケイ素の働きの一つとして取り込みたく思っている。

　なお、本稿執筆に当たり脳への影響を調べた Karsenty 氏らの論文（Oury1, et al., 2013）を読んでみた。オステオカルシンを生成しない雌マウスを用いて、妊娠中に外部からオステオカルシンを与えて骨ホルモンの作用をチェックし、オステオカルシンが神経伝達物質の産生や出生後の神経新生を促進し、不安やうつ様行動を防ぎ、空間学習や記憶を高めることを認めている。簡単に表現すると、「強靱な骨は強靱な心」も作ってくれるようである。骨ホルモンの働きはすばらしい。

16.6　おわりに

　「ケイ素について学びたい」と取材に来た記者から聞いたことだが、欧米では、ケイ素飲料が若い女性たちの間で流行しているそうだ。ケイ素は皮膚、爪、毛髪、気管、大動脈、腱など（骨との接続組織）に多く含まれている。体内のケイ素はコラーゲンやヒアルロン酸と結合して存在し、血液中のケイ素濃度が高いとコラーゲン合成能が高まることは古くから知られている（Carlisle, 1972；Reffitt, et al., 2003；Schwarz, 1973）。つややかな肌はコラーゲンとコンドロイチンやヒアルロン酸でできている。女性なら誰もがコラーゲンたっぷりの肌になりたいと思うだろう。

　最近の若い方は米を食べないそうだ。「私もお米は食べない」と、取材に来た若い女性記者から聞いた。「通販で安く買えるのです」と日本製の容器に入ったケイ素飲料水（海外の天然水）をみせてくれた。米を食べないその女性がケイ素飲料を数週間毎日飲んでみたところ、化粧のノリもよくなり、ケイ素の重要性を実感したため、私への取材を決定したそうだ。日本人は米を食べるものと考える筆者は時代遅れの人になってしまったようだ。米を食べない、しかもビールも飲まないのなら、ケイ素不足は日本でもあり得る。　　　　（渡辺和彦）

■文献

Anasuya, A., Bapurao, S. and Paranjape, P.K., 1996, Fluoride and silicon intake in normal and endemic fluorotic areas. *J. Trace Elem. Med. Biol.*, 10:149-155.

Balfour, A., 1943, The Living Soil, Faber & Faber.

Carlisle, E.M., 1972, Silicon: an essential element for the chick. *Science*, 178: 619.

Charles, T.P., Kenneth, J.K. and Joshua, R.L., 2013, Silicon: A Review of its potential role in the prevention and treatment of postmenopausal osteoporosis. *Int.J. Endocrinol.*, Article ID316783, 6pages（http://dx.doi.org/10.1155/2013/316783）

Chen, F., Cole, P., Wen, L., Mi, Z. and Trapido, E.J., 1994, Estimates of trace element intakes in Chinese farmers. *J. Nutr.*, 124:196-201.

Dawson, E.B., Frey, M.J., Moore, T.D. and McGanity, W.J., 1978, Relationship of metal metabolism to vascular disease mortality rates in Texas. *Am. J. Clin. Nutr.*, 31:1188-1197.

Guntur, A.R. and Rosen, C.J., 2012, Bone as an endocrine organ. *Endocr. Pract.*, 18:758-762.

Johnell, O. and Kanis, J.A., 2004, An estimate of the worldwide prevalence, mortality and disability associated with hip fracture. *Osteoporosis Int.*, 15: 897-902.

Jugdaohsingh, R., Anderson, S.H.C., Tucker, K.L., Elliott, H., Kiel, D.P., Thompson R.P.H. and Powel, J.J., 2002, Dietary silicon intake and absorption. *Am. J. Clin. Nutr.*, 75:887-893.

Jugdaohsingh, R., Watson, A.I.E., Bhattacharya, P., van Lenthe G.H. and Powell, J.J., 2015, Positive association between serum silicon levels and bone mineral density in female rats following oral silicon supplementation with monomethylsilanetriol. *Osteoporosis Int.*, 26:1405-1415.

門脇 孝, 山内敏正, 窪田直人, 2004, アディポネクチンと糖尿病・心血管病の分子メカニズム. 第128回日本医学会シンポジウム記録集「糖尿病と動脈硬化」, 34-45.

久馬一剛, 2010, 土の科学, PHP研究所.

Lee, N.K., Sowa, H., Hinoi, E., Ferron, M., Ahn, J.D., Confavreux, C., Dacquin, R., Mee, P.J., McKee, M., Jung, D.Y., Zhang, Z., Kim, J.K., Mauvais-Jarvis, F., Ducy, P. and Karsenty, G., 2007, Endocrine regulation of energy metabolism by the skeleton. *Cell*, 130: 456-469.

Maehira, F., Iinuma, Y., Eguchi, Y., Miyagi, I. and Teruya, S., 2008, Effects of soluble silicon compound and deep-sea water on biochemical and mechanical properties of bone and the related gene expression in mice. *J. Bone Miner. Metabol.*, 26:446-455.

Maehira, F., Miyagi, I. and Eguchi, Y., 2009, Effects of calcium sources and soluble silicate on bone metabolism and the related gene expression in mice. *Nutrition*, 25:581-589.

Maehira, F., Motomura, K., Ishimine, N., Miyagi, I., Eguchi, Y., and Teruya, S., 2011a, Soluble silica and coral sand suppress high blood pressure and improve the related aortic gene expressions in spontaneo.usly hypertensive rats. *Nutr. Res.*, 31:147-156.

Maehira, F., Ishimine, N., Miyagi, I., Eguchi, Y., Shimada, K., Kawaguchi, D. and Oshiro, Y., 2011b, Anti-diabetic effects including diabetic nephropathy of anti-osteoporotic trace minerals on diabetic mice. *Nutrition*, 27:488-495.

間藤 徹, 馬 建鋒, 藤原 徹, 2010, 植物栄養学第2版, 文永堂出版.

Mera, P., Laue, K., Ferron, M., Confavreux, C., Wei, J., Galan-Diez, M., Lacampagne, A., Mitchell, S.J., Mattison, J.A., Chen, Y., Bacchetta, J., Szulc, P., Kitsis, R.N., de Cabo, R., Friedman, R.A., Torsitano, C., McGraw, T.E., Puchowicz, M., Kurland, I. and Karsenty, G., 2016, Osteocalcin signaling in myofibers is necessary and sufficient for optimum adaptation to exercise. *Cell Metab.* 23:1078=1092.

Miyake, Y. and Takahashi, E., 1978, Silicon deficiency of tomato plants. *Jpn. J. Soil Sci. Plant Nutri.*, 24:175-189.

Miyake, Y. and Takahashi, E., 1982, Effect of silicon on the growth of cucumber plants in a solution culture. *Jpn. J. Soil Sci. Plant Nutri.*, 53:15-22.

Miyake, Y. and Takahashi, E., 1985, Effect of silicon on the growth of soybean plants in a solution culture. *Soil Sci. Plant Nutri.*, 31:625-634.

中嶋常允, 2000, 食べもので若返り, 元気で百歳, 地湧社.

Nielsen, B.D., Potter, G.D., Morris, E.L., et al., 1993, Training distance to failure in young racing quarter horses fed sodium zeolite A. *J. Equine. Vet. Sci.*,13:562- 567.

Ouryl, F., Khrimian, L., Denny, C.A., Gardin, A., Chamouni, A., Goeden, N., Huang, Y., Lee, H., Srinivas, P., Gao, X., Suyama, S., Langer, T., Mann, J.J., Horvath, T.L., Bonnin, A. and Karsenty, G., 2013, Maternal and offspring pools of osteocalcin influence brain development and functions. *Cell*, 135:228-241.

Reffitt, D.M., Ogston, N., Jugdaohsingh, R., Cheung, H.F., Evans, B.A., Thompson, R.P., Powell, J.J. and Hampson, G.N., 2003, Orthosilicic acid simulates collagen type1synthesis and osteoblastic differentiation in human osteoblast-like cells in vitro. *Bone*, 32:127-135.

琉球大学・コーラルバイオテック, 2008, 可溶性ケイ素および／またはストロンチウムを含有

する化合物を有効成分とする血糖上昇予防・治療剤，【公開番号】特開 2008-63279（P2008-63279A）【公開日】平成 20 年 3 月 21 日．

Schwarz, K., 1973, A bound form of silicon in glycosaminoglycans and polyuronides. *P. Natl. Acad. Sci. USA*, 70:608-1612.

白澤卓二，2009，長寿遺伝子をオンにする生き方，青春出版社．

Sripanyakorn, S., Jugdaohsingh, R., Elliott, H., Walker, C., Mehta, P., Shoukru, S., Tompson, R.P.H. and Powell, J.J., 2004, The silicon content of beer and its bioavailability in healthy volunteers. *Brit. J. Nutr.* 91:403-409.

上間優子，照屋亜沙美，宮城郁子，真栄平房子，2006，サンゴカルシウムのマウスにおける骨代謝と機械的骨強度への改善効果．日本栄養・食料学会誌，59:265-270.

渡辺和彦，1986，生理障害の診断法，農山漁村文化協会．

第17章

土壌のマンガン不足は作物のリノール酸を増加

　マンガンが高等植物の微量必須元素として国際的に認められたのは1922年であるが、それ以前から東京帝国大学ではドイツから招聘したOskar Kellner氏に続く2代目教授Oskar Loew氏の指導のもと、助手の麻生慶二郎氏らが研究を進めていた。そして、マンガンを必須元素としてでなく、刺激肥料として、農業上の生育促進効果を認めている（Aso, 1902）。当時（1900～1901年）東京帝国大学助教授だった鈴木梅太郎氏の著書『改訂肥料學原理』（1908年）以降、1949年に発行された三須英雄氏の『改訂肥料学』までのすべての肥料学の教科書に、麻生氏らのデータ（表17.1）が詳しく紹介されている。鈴木氏の著書ではポット試験の結果として2枚の写真とともに、6ページにわたりマンガンの効果を示している。

　しかし、1940年代までは農業生産現場でのマンガンの実用的利用はほとんどなされておらず、山﨑　傳　氏の言葉によると停頓（ていとん）の状態であった（山﨑, 1966）。この状態を破ったのは、静岡農業試験場の病理研究者、河合一郎氏によりなされた農業生産現場におけるマンガン欠乏症「大麦褐線萎黄病」の発見（1947年）である。河合氏のマンガン欠乏症対策や土壌中マンガンの可給性に関する研究（河合, 1950；河合ら, 1955）が広く知れると、多数の土壌肥料研究者が刺激を受け、マンガンについての研究を始めた。最終的には、老朽化水田における作土層からのマンガン溶脱メカニズムの発見へと発展している（山﨑, 1966）。「老朽化水田」とは、作土層の鉄やマンガンなどが不足している水田のことである。透水性のよい水田で長年イネを栽培していると、作土層の鉄やマンガンが下層に流亡してしまい、鉄、マンガンが不足状態になり、作土層

【表17.1】　マンガンの刺激肥料としての増収効果

作　物	増収(%)	作　物	増収(%)
エンドウ	46	ソバ	21
タバコ	44	キビ	20
サツマイモ	34	ハクサイ	20
水稲	33	ニンジン	20
ホウレンソウ	33	ゴマ	18
ツメクサ	30	チャの苗木	15
ダイコン	30	カラスムギ	9
オオムギ	23	ナス	5

（注）水稲は駒場農科大学、他は西ヶ原農事試験場の成績。10a当たり硫酸マンガン
5.6〜7.5kgを普通肥料に加えて施用。（出典）吉村（1921）より作成

は灰色を呈し、イネが実る頃になると還元状態の下層から硫化水素ガスが発生するようになる。鉄が十分あれば、硫化鉄ができて根は硫化水素から守られるのだが、鉄の不足した老朽化水田では、「秋落ち」といって、それまでの旺盛な生育が急に悪くなり、登熟も悪く収量が著しく低下する。硫化水素が根の呼吸を阻害するためである。こうした老朽化水田であっても、鉄やマンガン、ケイ素などを補給すれば、イネが健全に生育し、収量も大幅に増加する。

　このように専門外の研究者の発見が専門家を刺激する例は多い。次項で紹介する事例も同様である。多数の土壌肥料研究者が研究したにもかかわらず10年以上も原因が不明だったのだが、食品加工専門の研究者である永井耕介氏がマンガン欠乏症によるものであることを発見した。土壌肥料の専門家が分析を行う場合には通常、乾燥した土壌を用いるのだが、乾燥土壌には多くのマンガンが存在するため、マンガン欠乏は考えられなかったのである。常識に縛られない方法で研究したことが解明につながった。

17.1　有機物多量施用は水田でも畑でも　　マンガン欠乏症を誘発する

　さて、農業生産現場でのマンガンの話に戻ろう。表17.1のような生育促進効果は2作目、3作目になるとそれほど顕著なものではなくなってしまうため、しだいにマンガンは忘れ去られてきてしまったのだと思う。水稲等での30%

【表17.2】　堆肥連用土壌における土壌水分のマンガン分析値への影響

処理区	水溶性Mn(mg/kg DW)			交換性Mn(mg/kg DW)			ATP(nmol/g soil DW)			水分(%)		
	生土	生風乾	熱乾	生土	生風乾	熱乾	生土	生風乾	熱乾	生土	生風乾	熱乾
無堆肥	0.12	1.87	4.38	1.61	5.72	19.95	0.33	0.03	0.01	25.5	3.0	0
堆肥1t	0.11	1.75	6.12	0.99	6.12	24.65	0.76	0.06	0.00	26.7	4.7	0
堆肥3t	0.07	0.75	7.08	0.93	4.19	31.20	1.55	0.14	0.02	38.9	10.2	0

（注）供試土壌は兵庫県立農林水産技術総合センターの堆肥連用試験26年目の土壌。土壌分析用土壌を実験室内で湿潤処理10日後を生土、3日間湿潤処理後に室内で拡げ1週間自然乾燥したものを生風乾、105℃で乾燥したものを熱乾とした。マンガン分析等はすべて、そのままの水分状態で土壌を秤量し定量後、水分含量を補正し乾土換算値で表記した。
（出典）渡辺（2006）より抜粋

　もの増収は、標準区がよほどのマンガン欠乏条件でなければ実現できないものであり、通常の生産現場では考えられない。筆者が農業試験場に入った昭和43（1968）年頃には三要素肥料が施肥の中心で、多くの技術者はケイ素やカルシウム、ホウ素の重要性については語っても、微量元素であるマンガンの重要性について語ることは少なかった。

　すでに第15章の表15.3で紹介したが、堆肥中にはホウ素以外の微量元素は非常に豊富に存在する。土壌を通常の方法で分析すると、堆肥連用土壌はマンガン含有率が高い。兵庫県下のある地域の堆肥連用ほ場でシュンギクの葉縁部が黄化する生理障害が多数発生する事例があった。土壌pHが6.5以上の中性域にあることも一因だが、土壌中に多数存在するマンガン酸化菌が土壌中マンガンを不溶化していたことが主因である。表17.2に関連データを示すが、詳しくは筆者の著書（渡辺, 2006）を参照してほしい。先に少し紹介したように、通常の土壌分析では乾燥した土壌を分析する。すると、堆肥を多く連用した、すなわち有機物を多量に施用した土壌はマンガン含有率が高い。ところが同じ土壌をほ場水分状態のまま生土で分析すると、有機物多量施用土壌の可溶性マンガン含有率は低くなる。微生物活性の指標としてATPを測定すると、堆肥の多い生土では高い数値が得られる。すなわち生土に含まれる大量のマンガン酸化菌が土壌中の可溶性の二価マンガンを吸収されにくい不溶性の四価マンガンに変換していたのである。

　兵庫の事例ではシュンギクに外見上の生理障害が認められたが、作物が外見上の症状を示さない潜在的マンガン欠乏も多い。土壌中のマンガン不足が病害

【表17.3】　コムギ立枯病へのマンガンの効果

処　　　　　理　(kg/ha)			コムギ収量 (kg/ha)	発病程度 (%)
液体アンモニア施用	硝酸化成抑制剤 nitrapyrin	Mn施用		
0	0	0	480	31
45	0	0	1480	22
45	0.55	0	1824	12
45	0.55	1	3264	5

(注)窒素は株から30cm離れた所、10cmの深さに施用。硝酸化成抑制剤 (nitrapyrin) は、NH₃と同時施用。発病程度は不稔穂で早期登熟%。
(出典) Huber and Mburu (1983)

虫発生を助長することは海外では古くから知られている。マンガンは病原菌が根に侵入する際に分泌するペクチン分解酵素やタンパク質分解酵素の阻害剤でもあるのだ。マンガン酸化菌は硝酸イオンで活性化し、アンモニア態窒素で抑制される。硝酸イオンが多いと土壌中のマンガンがマンガン酸化菌により酸化され不溶化することも知られており、それを実験で示したのが表17.3である。

　肥料を液体アンモニアで施用すると、アンモニアによりマンガン酸化菌の作用が少し抑制され、硝酸化成抑制剤を施用すると、さらに土壌中の硝酸化成菌の作用が抑制され、コムギ立ち枯病の発病程度も減下していることが分かる。すなわち、硝酸イオンがマンガンの酸化を助長していたのである。前記の兵庫の事例もハウスでの栽培だったため硝酸イオンが多く蓄積していた。

　なお、水稲でも有機物の多量施用によってマンガン欠乏症が発生し不稔になることもある（六本木ら, 1987）。そのメカニズムも近年のトランスポーターの研究で明らかになっている。有機物の多量施用で水田土壌の酸化還元電位が低下すると二価鉄も二価マンガンも増加する。マンガンを吸収する根の輸送体は主として OsNramp5 輸送体が担っており、マンガンだけでなく二価鉄も輸送する（Sasaki, et al., 2012）。多量の鉄が土壌溶液中に共存すると拮抗作用でマンガン輸送が低下する。すなわち、有機物施用によるマンガン欠乏症は、畑とはメカニズムが異なるが、水田でも生じるのである。

　農業生産現場ではマンガン不足による病害虫発生に注意したい。イネごま葉枯病、センチュウに対するマンガン施用効果の事例をそれぞれ表17.4、図17.1に示す。作物のマンガン不足は表17.5に示すように根のリグニン含有率を低

【表17.4】　イネごま葉枯病に対するMnCl₂の効果

MnCl₂　10⁻³mol (Mn 55ppm 20ml) 可用区別	葉長 平均 (cm)	葉幅 平均 (cm)	葉面積100cm²当たり			罹病 率＊	発病抑 制率（%）
			大病斑 数	小病斑 数	計		
接種　216 時間前より加用	24.7	0.6	0	20	20	0.10	85.3
〃　　144 〃	24.8	0.6	1	28	29	0.15	77.9
〃　　24 〃	22.8	0.6	2	44	46	0.26	61.8
〃　　24 時間前に散布	23.3	0.6	2	64	66	0.35	48.5
〃　　144 〃	21.8	0.6	6	62	68	0.43	36.8
〃　　無加用無散布	22.3	0.6	14	80	94	0.68	0

（注）品種「京都旭」、水耕液中には鉄を加用していない。
＊：（罹病率）＝(2S₁＋0.5S₂)/100.〔S₁：大病斑数、S₂：小病斑数〕
（出典）赤井・福富（1954）

【表17.5】　コムギ幼植物におけるマンガン含有率（mg/kg乾物）とリグニン含有率（%乾物）

		マンガン含有率			
		4.2	7.8	12.1	18.9
リグニン 含有率	茎葉	4.0	5.8	6.0	6.1
	根	3.2	12.8	15.0	15.2

（出典）Brown et al.（1984）のデータをMarschner(1995)が計算し作成。

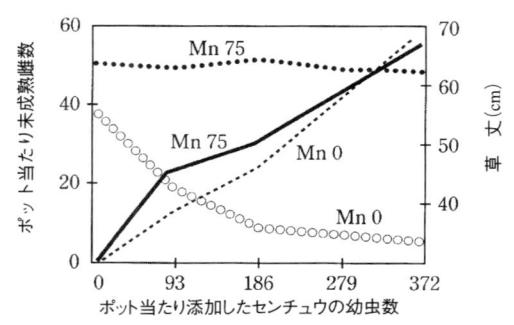

【図17.1】　Mn欠乏土壌におけるムギシストセンチュウ被害に対するMn施用効果
○、●：草丈。太線、破線：未成熟雌数。Mn75は土壌450g当たりMn75mg施用、
Mn0は無施用。
（出典）Wilhelm, et al.（1985）のデータよりMarschner（1995）が計算し作成。

下させるため、センチュウ被害を受けやすくなる。なお、マンガン不足になる
とごま葉枯病だけでなく、いもち病も発生しやすくなる。マンガン不足により
葉のα-リノレン酸含有率が低下するため、α-リノレン酸から生成するジャ
スモン酸合成量が低下し病害抵抗性が低下することも示唆されている（渡辺,
2009）。

17.2　マンガン不足は油脂生産量、品質に影響する

　ドイツの Marschner（1995）は、マンガンは作物の病害虫対策に有効な場面が多いだけでなく、特にマンガン施肥が作物の収量や子実油量を増やし、油脂成分内容に影響すると述べている。マンガン施肥がダイズのリノール酸含有率を減らし、オレイン酸含有率を上げる一方で（図17.2）、マンガンが不足するとリノール酸が増える。リノール酸は人体で合成できない必須脂肪酸であるが、現在は過剰摂取が問題になっている。

　関連研究としてカノーラでの例を図17.3 に示す。窒素施肥量を増やすと子実収量は増えるが、過剰施用は油脂含有率を低下させる。マンガン施用で油脂含有率が増加しているが、もちろん適量幅がある。

　マンガンが動物の栄養として必須の物質であるという証明は得られている。マウスの成成長に、またラットやマウスの卵巣の機能を正常に保つために必要な物質であることが1931 年に発見されており（Kemmerer, et al., 1931；Waddell, et al., 1931）、その後、軟骨発育不全がマンガン欠如で生じ、飼料にマンガンを加えることで防止できることも発見されている（Lyons and Insko, 1937）。ここで重要なことは、現在まで普通の食事をしている人間でマンガン不足は発生していないということである（アンダーウッド, 1975）。

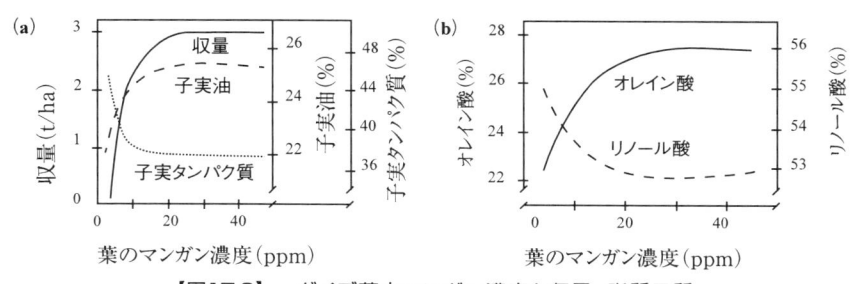

【図17.2】　ダイズ葉中マンガン濃度と収量、脂質品質
（a）子実収量、子実油・タンパク質への影響、（b）子実の脂肪酸組成への影響。
（出典）Wilson, et al. (1982) のデータよりMarschner (1995) が作図

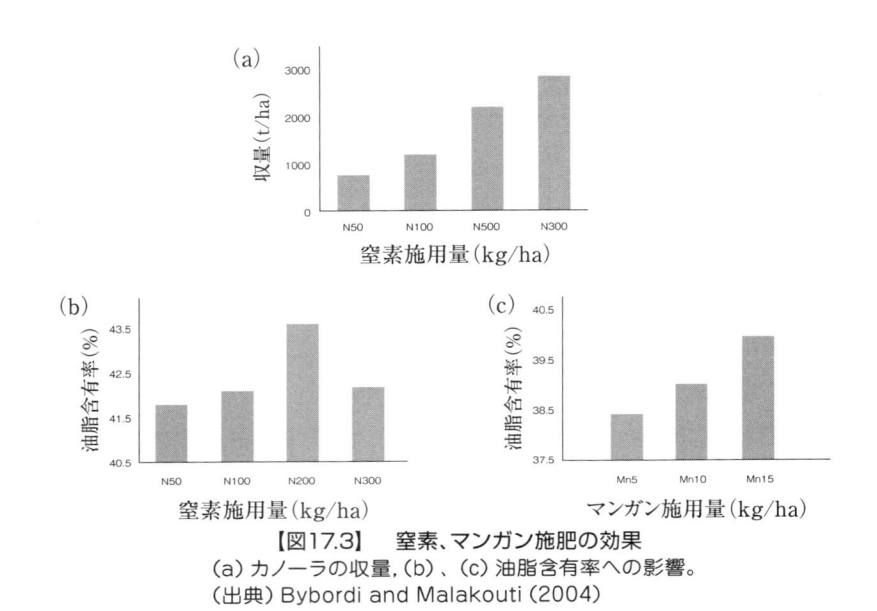

【図17.3】　窒素、マンガン施肥の効果
（a）カノーラの収量，（b）、（c）油脂含有率への影響。
（出典）Bybordi and Malakouti（2004）

17.3　コレステロール値の高い人のほうが
　　　 がんや脳卒中になりにくく長寿

　健康によかれと思って行った結果が、むしろ寿命を縮めると聞くと誰もが驚くと思う。筆者も子供のころから、「動物の油は悪い、植物油がよい」と聞かされてきたのだが、間違いだった。植物油のほうが悪かった。食べたらいけないと母から止められていたおいしいウシの脂身も食べてよかったのである。

　日本脂質栄養学会の初代会長でもある奥山治美氏の言葉を学会ウェブページより抜粋引用する。

　「長い間、コレステロールが動脈硬化・心疾患の元凶であると考えられてきた。そして、動物性脂肪がコレステロール値を上げ高リノール酸油がそれを下げるという観察から、バターよりマーガリンを！とか、高リノール酸油は善玉！というような栄養指導が続けられてきた。ところが実年（50 ～ 60 歳代）以上の

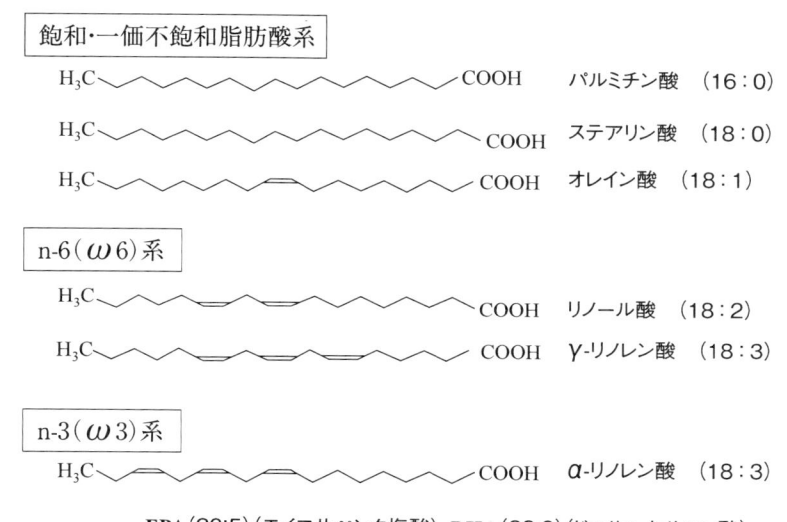

【図17.4】　各種脂肪酸の構造
（　）内は略称。脂肪酸は二重結合を持たない飽和脂肪酸と、二重結合を一つ持つ
不飽和脂肪酸、二重結合を二つ以上持つ多価不飽和脂肪酸がある。さらに二重結合の
位置が図左側のメチル基から数えて6番目から始まっているものをn-6（またはω-6）
系、3番目からのものをn-3（またはω-3）系と分類する。前者の代表はリノール酸で、
後者はα-リノレン酸である。

人では、『コレステロール値が高いほどがん死亡率が低く、長生きである』ことが分かってきた。そして、リノール酸のコレステロール低下作用は、1週間というような短期的な効果であって、長期的には動物性脂肪と差がない。そればかりではなく、リノール酸の摂取が多くてα-リノレン酸群が少ないと、組織がアラキドン酸で満たされる。それが動脈硬化・心疾患の他、アレルギー過敏症や欧米型がんの主要な危険因子であった。」

　読者の理解を助けるために、代表的な脂肪酸の構造式を図17.4 に、食用油の脂肪酸組成を表17.6 に示す（カノーラ油はナタネ油に該当する）。そして、脂肪酸の人体内での代謝経路を図17.5 に示す。ここで重要なことは、n-6 系脂肪酸、n-3 系脂肪酸はいずれも人体では合成できず、食事から摂取したリノール酸やα-リノレン酸から合成するということである。両者とも必須脂肪酸と呼

【表17.6】　主な食用油の脂肪酸組成（100g当たり）

食　品　名	飽和脂肪酸(g)	一価不飽和脂肪酸(g)	多価不飽和脂肪酸(g)	コレステロール(mg)
食塩不使用バター	52.43	18.52	2.05	220
ラード	39.29	43.56	9.41	100
ソフトタイプマーガリン	23.04	39.32	12.98	5
パーム油	47.08	36.70	9.16	1
オリーブ油	13.29	13.29	7.24	0
ナタネ油	7.06	60.09	26.10	2
米ぬか油	18.80	39.80	33.26	0
ゴマ油	15.04	37.59	41.19	0
ダイズ油	14.87	22.12	55.76	1
ヒマワリ油、ハイリノール	10.25	27.35	57.94	0
ヒマワリ油、ハイオレイック	8.74	79.90	6.79	0

（出典）七訂日本食品標準成分表2015年版より抜粋

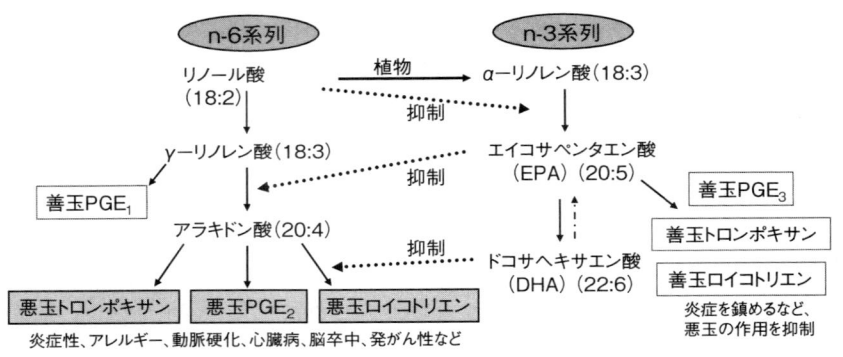

【図17.5】　脂肪酸の人体内での代謝経路と作用

PGは、ホルモン様物質、prostaglandin（プロスタグランジン）の略で、A〜Iと各種ある。
　善玉PGE1、PGE3：コレステロール代謝促進、がん細胞を殺すNK細胞の活性化、ホルモン分泌の正常化など。
　善玉PGE2：細菌侵入による炎症時に生じる。一時的ならよいが、慢性的に過剰に生産されると、自分自身の細胞も破壊してしまう。

ばれ、植物由来の脂肪酸である。魚類に多く含まれている EPA、DHA は α -リノレン酸からも人体内で合成できるが、その割合は 10 〜 15％程度で、魚類からの摂取が大部分である。

17.4　コレステロールの低値は死亡率を高める

「動物性脂肪とコレステロールの摂取を減らして、高リノール酸植物油を増やすと、血清コレステロール値が低下して、動脈硬化性疾患が予防できる」という、1950〜1960年代に確立したコレステロール仮説が、現在まで医療の現場で広く受け入れられてきた（林, 2011）。ところが、多くの介入試験の結果、図17.6に示すようにコレステロール値がある値以下に低下すると死亡率が増えることが判明している。コレステロール仮説には重要な誤りがあったのである（奥山ら, 2010）。自宅にニワトリを飼って機嫌よく卵を食べていた60歳くらいの知人が、健康を気遣う娘さんから、「毎日卵を2個も食べたら体によくない」といわれていたのだが、卵も毎日食べてよかったのである。

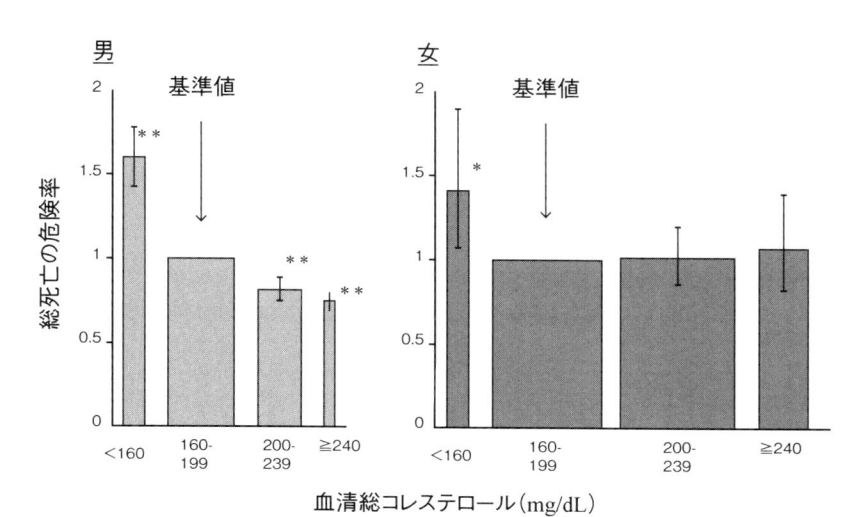

【図17.6】　血清総コレステロール値と総死亡率の関係（メタ分析）
1995年以降に発表された論文のうち、試験対象として、5000人以上の日本人を含むもので、メタ分析の行える5報を利用。カラム幅は対象者数にほぼ比例している。対象者延べ17万3539名。*：p=0.02、**：p＜0.0001。（出典）Kitamura, et al. (2008)

17.5　リノール酸の多い植物油脂の摂取は危険である

　わが国の食環境でみられる植物油脂供給増の方向は危険である。動物に有害作用を示す植物油脂の代わりに、動物性油脂を肥満にならない程度に摂取するのがよい。またリノール酸の多い油を摂取することにより不慮の死、すなわち自殺や暴力死、病名のつかない死亡などが増えることが日本で報告されており、世界的には殺人事件が増えるなどのデータもある（Hibbeln, 2004）。リノール酸の過剰摂取による抑制力の低下が根底にある可能性は否定できない。

　さらに、うつにはリノール酸摂取を減らし、α - リノレン酸を摂るのがよいとされている。α - リノレン酸から生成される DHA は脳や網膜のリン脂質に含まれる主要な成分である。妊娠・出産期には母親体内の n-3 系脂肪酸枯渇の危険性が無視できないほど高まり、その結果として産後のうつ病を発症する危険性に関与する可能性がある。健常者と比較してうつ病患者では n-3 系脂肪酸の蓄積量が有意に低く、表 17.7 に示すように n-6 系の n-3 系に対する比率が有意に高かったことが指摘されている（岡田ら, 2008）。

　2011 年にハーバード大学から発表された報告（1996 〜 2006 年の 10 年間にわたる 5 万 4632 人の 50 〜 77 歳の女性を対象とした調査）によれば、α - リノレン酸を豊富に摂取し、同時にリノール酸の摂取をひかえることは、図 17.7

【表17.7】　各種脂肪酸摂取量と摂取比率の躁うつ病発生相対危険度

脂肪酸	相対危険度	p値
α -リノレン酸（ALA）	0.81	0.009
EPA+DHA	0.96	0.57
リノール酸（LA）	1.33	0.003
アラキドン酸（AA）	1.06	0.54
ALA:LA	0.77	<0.001
n-3:n-6	0.74	0.003

　（注）ALA、EPA、DHAはn-3系、LA、AAはn-6系である。ALA単独よりもALA：LAのほうが
　p値<0.001、すなわち1000分の1の危険率で、信頼性が最も高い。
　（出典）Lucas, et al.. (2011)

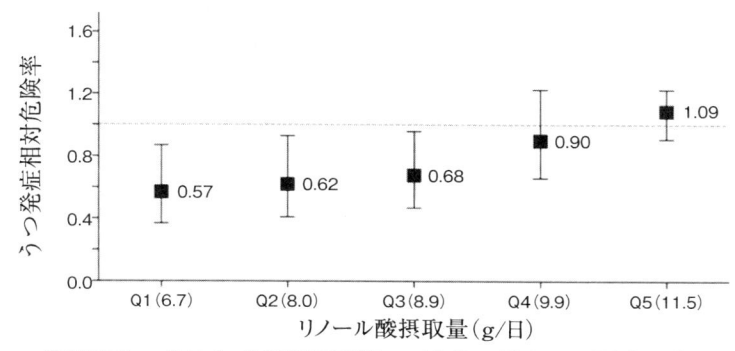

【図17.7】　各リノール酸摂取量群にα-リノレン酸0.5g/日与えた際の
うつ発症率（多変量解析結果）
リノール酸摂取量を減らしてα-リノレン酸摂取量を増やすと
うつ防止効果が高い。（出典）Lucas, et al.（2011）

に示すように、有意にうつ病の発生を減少させることが認められている（Lucas,
et al., 2011）。マンガン欠乏で作物のリノール酸含有率が増えることはよくな
いことであると理解してもらえたと思う。

　うつ防止にはα-リノレン酸を多く含むエゴマ油がよい。α-リノレン酸の
長所を知っている農業者たちが各地でエゴマを栽培している。多くの消費者に
その価値が広まれば栽培面積も増えると思う。　　　　　　　　（渡辺和彦）

■文献

赤井重恭，福富雅夫，1954，水稲の胡麻葉枯病感受性に及ぼすマンガンの影響．農及園，
　29:413-414.
Aso, K., 1902, On the physiologocal influence of manganese compounds on plants. *Bull. Coll.
　Agric. Imp. Univ. Tokyo*, 5:177-185.
Brown, P.H., Graham, R.D. and Nicholas, D.J.D., 1984, The effects of manganese and nitrate
　supply on the level of phenolics and lignin in young wheat plants. *Plant Soil*, 81:437-440.
Bybordi, A. and Malakouti, M.J., 2004, Effects of rates of N and Mn fertilizers on the yield
　and quality of two winter varieties of canola in region of East Azarbayjan. The Joint
　Agri and Natural Resources Symposium, Tabriz-Ganja, 1-16.
林　衛，2011，コレステロール大論争「動脈硬化学会 VS 脂質栄養学会」論点の腑分け．*Medical
　Bio.*, 3月号:73-78.
Hibbeln, J.R., Nieminen, L.R. and Lands, W.E., 2004, Increasing homicide rates and linoleic
　acid consumption among five Western countries, 1961-2000. *Lipids*, 39:1207-1213.
Huber, D.M. and Mburu, D.N., 1983, The relationship of rhizosphere bacteria to disease

tolerance, the form of N, and amelioration of take-all with manganese. Proc. 4th Inter. Cong. Plant Pathol., Melbourne, Australia, APS, St. Paul, MN.

河合一郎, 1950, 大麦褐線萎黄病（マンガン欠乏症）の治療法. 農及園, 25:201-203.

河合一郎, 森 喜作, 松田 明, 1955, 大麦褐線萎黄病（マンガン欠乏症）発生に及ぼす土壌中の可給態マンガンに関する一考察. 農及園, 30:1103-1104.

Kemmerer, A.R., Elvehjem, C.A. and Hart, E.B., 1931, Studies on the relation of manganese to the nutrition of the mouse. *J. Biol. Chem.*, 92:623-630.

Kirihara, Y., Iso, H., et al., 1994, High-density lipoprotein cholesterol and premature coronary heart disease in urban Japanese men. *Circulation*, 89:2533- 2539.

Kitamura, A., Sato, S., Kiyama, M., Imano, H., Iso, H., Okada, T., Ohira, T., Tanigawa, T., Yamagishi, K.,Nakamura, M., Konishi, M., Shimamoto, T., Iida, M. and Komachi, Y. , 2008, Trends in the incidence of coronary heart disease and stroke and their risk factors in Japan, 1964 to 2003: the Akita-Osaka study. *J.Am. Coll. Cardiol.*, 52:71-79.

Lucas, M., Mirzaei, F., OReilly, E.J., Pan, A., Willett, W.C., Kawachi, I., Koenen, K. and Ascherio, A., 2011, Dietary intake of n23 and n26 fatty acids and the risk of clinical depression in women: a10-y prospective follow-up study. *Am. J. Clin. Nutr.*, 93:1337-1343.

Lyons, M. and Insko, W.M., 1937, Chondrodystrophy in the chick embryo produced by manganese deficiency in the diet of the hen. *Ky. Agr. Exp. Sta. Bull.*, 371:61-75.

Marschner, H., 1995, Mineral Nutrition of Higher Plants, 2nd ed., Academic Press.

三須英雄, 1949, 改訂肥料學, 朝倉書店.

Muldoon, M.F., Manuck, S.B. and Matthews, K.A., 1990, Lowering cholesterol concentrations and mortality : a quantitative review of primary prevention trials. *BMJ*, 301:309-314.

岡田 斉, 谷久美子, 石原俊一ほか, 2008, Omega-3 多価不飽和脂肪酸の摂取とうつを中心とした精神的健康との関連性について探索的検討－最近の研究動向のレビューを中心に. 人間科学研究, 30:87-96.

奥山治美, 國枝英子, 市川祐子, 2008, 油の正しい選び方・摂り方, 農山漁村文化協会.

奥山治実, 浜崎智仁, 大櫛陽一, 他策定委員 編著, 2010, 長寿のためのコレステロールガイドライン, 中日出版社.

六本木和夫, 秋本俊夫, 鈴木清司, 1987, 水稲異常生育に対するマンガン施用の改善効果. 日本土壌肥料学会誌, 58:616-618.

Sasaki, A., Yamaji, N., Yokosho, K. and Ma, J.F., 2012, Nramp5is a major transporter responsible for manganese and cadmium uptake in rice. *Plant Cell*, 24:2155-2167.

鈴木梅太郎, 1908, 改訂肥料学原理, 成美堂.

アンダーウッド ,E.J.（日本化学会訳編）, 1975, 微量元素－栄養と毒性－, 丸善. [Underwood, E.J., 1971, Trace Elements in Human and Animal Nutrition, 3rd edition, Academic Press.]

Waddell, J., Steenbock, H. and Hart, E.B., 1931, Growth and reproduction on milk diets. *J. Nutr.*, 4:53-65.

渡辺和彦, 2006, 作物の栄養生理最前線, 農山漁村文化協会.

渡辺和彦, 2009, ミネラルの働きと作物の健康, 農山漁村文化協会.

Wilhelm, M.S., Fisher, J.M. and Graham, R.D.,1985, The effect of manganese deficiency and cereal cyst nematode infection on growth of barley. *Plant Soil*, 85:23-32.

Wilson, D.O., Boswell, F.C., Ohki, K., Parker., M.B., Shaman, L.M. and Jellum, M.D., 1982, Changes in soybean seed oil and protein as influenced by manganese nutrition. *Crop. Sci.*, 22:948-952.

山﨑 傳, 1966, 微量要素と多量要素, 土壌・作物の診断・対策, 博友社.

吉村清尚, 1921, 改訂版最新肥料學講義, 弘道館.

●編著者略歴

渡辺和彦（わたなべ かずひこ）

一般社団法人 食と農の健康研究所 理事長兼所長（2016年～）

［主な経歴］　1943年兵庫県生まれ。京都大学大学院修士課程修了後、兵庫県立農業試験場（現 兵庫県立農林水産技術総合センター）に勤務し、農林水産環境担当部長、農業大学校嘱託などを務める（1968 ～ 2016年）。
東京農業大学客員教授（2004 ～ 2014）、東京農工大学（1984 ～ 1989）、高知大学（1993 ～ 2003の内5年間）、大阪府立大学（2003）非常勤講師。
京都大学農学博士（1977）、日本土壌肥料学会賞（1980）、科学技術庁長官賞（1998）、全国農林関係試験研究機関場所長会「研究功労者表彰」（2004）。

［主な著書］　『人を健康にする施肥』（日本語版監修）全国肥料商連合会、2015年
『土と施肥の新知識』（共著）農文協、2012年
『ミネラルの働きと人間の健康』農文協、2011年
『わかりやすい園芸作物の栄養診断の手引き』誠文堂新光社、2010年
『ミネラルの働きと作物の健康』農文協、2009年
『作物の栄養生理最前線』農文協、2006年
『野菜の要素欠乏・過剰症』農文協、2002年（同ネパール語版：JICA、2003年）
『原色 生理障害の診断法』農文協、1986年（同中国語版：科学出版社、2017年）

肥 料 の 夜 明 け

肥料・ミネラルと人の健康

2018年9月18日　初版1刷発行
2019年1月22日　初版2刷発行

発行者　織 田 島 　修
発行所　化学工業日報社
〒103-8485　東京都中央区日本橋浜町3-16-8
電話　　　　03（3663）7935（編集）
　　　　　　03（3663）7932（販売）
振替　　　　00190-2-93916
支社　大阪　支局　名古屋、シンガポール、上海、バンコク

印刷・製本：ミツバ綜合印刷
DTP：創基
ISBN978-4-87326-703-6　C0043